"十四五"职业教育国家规划教材

"十三五"职业教育国家规划教材

高等职业教育计算机系列教材

信息技术

（基础模块）

杨殿生　张光亚　主　编

夏小翔　萧益民　廖　俊　胡燕刚
韩世芬　潘　涛　赵　敏　副主编

电子工业出版社

Publishing House of Electronics Industry

北京·BEIJING

内 容 简 介

本书在编写时充分贯彻了《高等职业教育专科信息技术课程标准（2021 年版）》的要求，结合了信息技术新的发展成果，充分考虑了高职学生的知识结构和学习特点，注重计算机基础知识的介绍及学生动手能力和信息素养的培养。

本书共 6 个项目，分别为文档处理、电子表格处理、演示文稿制作、信息检索、新一代信息技术概述、信息素养与社会责任，各项目的内容通过任务的形式逐步展开，符合高职院校项目化教学的要求，以及高职学生的学习特点。另外，本书配有微课视频，方便学生学习。

本书既可以作为高等职业院校计算机公共基础课程的教材，也可以作为参加计算机基础知识培训和全国计算机等级考试一级考试人员的培训教材。

图书在版编目（CIP）数据

信息技术：基础模块 / 杨殿生，张光亚主编. —北京：电子工业出版社，2023.7

高等职业教育计算机系列教材

ISBN 978-7-121-45439-4

Ⅰ.①信… Ⅱ.①杨… ②张… Ⅲ.①电子计算机－高等职业教育－教材 Ⅳ.① TP3

中国国家版本馆 CIP 数据核字（2023）第 068275 号

责任编辑：徐建军　　　　特约编辑：田学清
印　　刷：三河市良远印务有限公司
装　　订：三河市良远印务有限公司
出版发行：电子工业出版社
　　　　　北京市海淀区万寿路 173 信箱　　　邮编：100036
开　　本：787×1092　　1/16　　印张：17　　字数：446 千字
版　　次：2023 年 7 月第 1 版
印　　次：2025 年 8 月第 5 次印刷
定　　价：59.80 元

前　言

2021 年，教育部办公厅印发《高等职业教育专科信息技术课程标准（2021 年版）》（简称课标），强调信息技术涵盖信息的获取、表示、传输、存储、加工、应用等各种技术。信息技术已成为经济社会转型发展的主要驱动力，是建设创新型国家、制造强国、网络强国、数字中国、智慧社会的基础支撑。提升国民信息素养，增强个体在信息社会的适应力与创造力，对个人的生活、学习和工作，对全面建设社会主义现代化国家具有重大意义。

"信息技术"作为高职院校的一门公共基础课程，把立德树人作为基本要求，以培养有理想、敢担当、能吃苦、肯奋斗的新时代好青年为目标。信息技术课程已经成为高校学生的必修课，它为学生了解信息技术的发展趋势，熟悉计算机操作环境及工作平台，具备使用常用工具软件处理日常事务的能力，以及培养信息技术学科核心素养等奠定了良好的基础。

计算机信息技术的日新月异，要求学校的计算机教学也要不断改革和发展。特别是对于高职教育，教育理论、教育体系及教育思想正在不断探索之中。为促进计算机教学的开展，适应教学实际的需要和培养学生的应用能力，许多教材在内容选取及教学模式组织上已经不能适应高职教育的需要。因此，本书对信息技术基础模块教材从内容及组织模式上进行了不同程度的调整，使之符合当前高职教育的教学需要。

本书由长期从事计算机基础教育工作的教师编写，以 Microsoft 365（原 Office 365）办公软件为基础，采用"案例导向、项目驱动"的方法编写，将新的信息技术发展成果（涵盖大数据、云计算、物联网、人工智能等内容）贯穿于相关任务案例，强调基础性与实用性，注重综合应用能力、解决问题能力及团队协作精神的培养。本书把信息技术（基础模块）划分为六大项目，分别为文档处理、电子表格处理、演示文稿制作、信息检索、新一代信息技术概述、信息素养与社会责任，项目大都选择来自学习和工作岗位的典型案例作为教学内容，适应项目化教学要求，能够有效地提高学生的操作技能。

本书由鄂州职业大学的杨殿生、张光亚担任主编，由夏小翔、萧益民、廖俊、胡燕刚、韩世芬、潘涛、赵敏担任副主编。项目 1 由张光亚、廖俊编写，项目 2 由夏小翔编写，项目 3 由赵敏编写，项目 4 由萧益民编写，项目 5 由胡燕刚编写，项目 6 由潘涛编写。全书由韩世芬校对，由杨殿生统稿，肖力主审。

为了方便教师教学，本书配有电子教学课件及相关教学资源，请有此需要的教师登录华信教育资源网（www.hxedu.com.cn）注册后免费下载，如果有问题，则可以在网站留言板留言或与电子工业出版社联系（E-mail：hxedu@phei.com.cn）。

教材建设是一项系统工程，需要在实践中不断加以完善及改进。同时由于编者水平有限，书中难免存在疏漏和不足之处，敬请同行专家和广大读者予以批评指正。

编　者

目 录
Contents

项目 1

<<<<<

文档处理

项目介绍

文档处理是信息化办公的重要组成部分，它广泛应用于人们的日常生活、学习和工作等方方面面。本项目包含 Microsoft 365 文档的基本编辑、图片的插入和编辑、表格的插入和编辑、样式与模板的创建和使用、多人协同编辑文档等内容。Word 目前是最受欢迎的文档格式设置工具之一，利用它可以轻松、高效地组织和编写文档，是办公中对文档资料进行处理的首选软件。

素养目标

1. 理解"科技是第一生产力、人才是第一资源、创新是第一动力"。
2. 培养有责任心的工作态度和团队协作意识。

学习目标

1. 掌握文档的基本操作（如打开、复制、保存等），熟悉自动保存文档、联机文档、保护文档、检查文档、将文档发布为 PDF 格式、加密发布 PDF 格式文档等操作。
2. 掌握文本编辑、文本查找和替换、段落的格式设置等操作。
3. 掌握图片、图形、艺术字等对象的插入、编辑和美化等操作。
4. 掌握在文档中插入和编辑表格、对表格进行美化、灵活应用公式对表格中的数据进行处理等操作。
5. 熟悉分页符和分节符的插入，掌握页眉、页脚、页码的插入和编辑等操作。
6. 掌握样式与模板的创建和使用，掌握目录的制作和编辑等操作。

7. 熟悉文档不同视图和导航任务窗格的使用，掌握页面设置操作。
8. 掌握打印预览和打印操作的相关设置。
9. 掌握多人协同编辑文档的方法和技巧。

任务 1　制作基础类文档

1.1.1　任务描述

作为一名新员工，廖飞在入职后的前 3 个月要到公司的各个重要部门轮岗，他轮岗的下一个部门是公司的人事部，该部门的主要工作是向社会招聘各专业人才。组长要求他撰写招聘启事，于是他找到相关负责人确认了招聘岗位和招聘人数，最后使用 Word 的相关功能进行制作。

1.1.2　技术分析

1. 熟悉 Word 的工作界面

Word 的工作界面由"文件"菜单、快速访问工具栏、标题栏、窗口控制按钮、选项卡、智能搜索框、功能区、编辑区、状态栏、显示比例等部分组成，如图 1.1 所示。

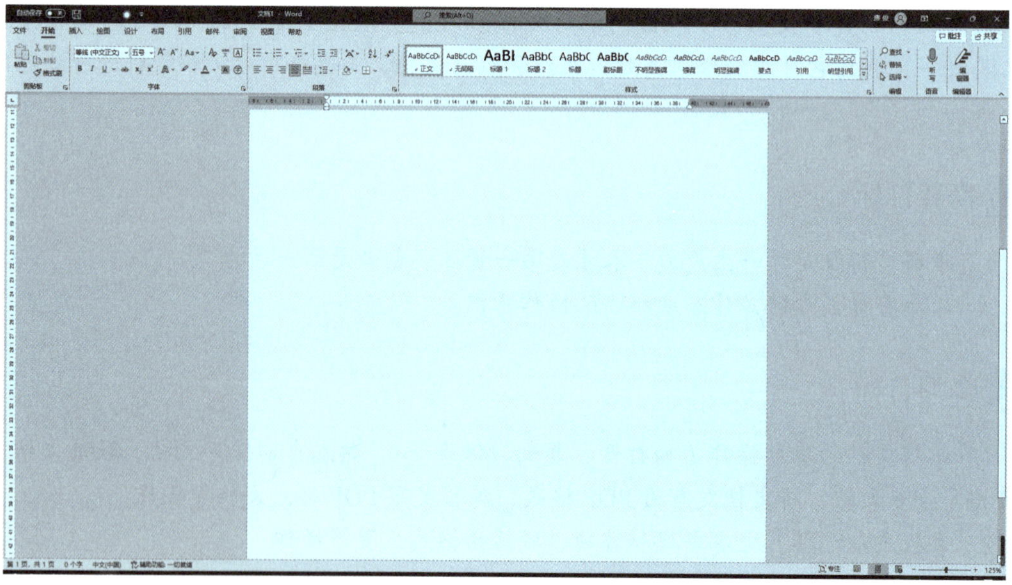

图 1.1　Microsoft 365——Word 的工作界面

Word 的工作界面中各组成部分的功能如下：
- "文件"菜单：利用该菜单中的相应命令可以实现对文档的新建、保存、打印等操作。
- 标题栏：显示文档的标题和类型。
- 窗口控制按钮：用于执行窗口的最大化、最小化或关闭操作。

- 选项卡：位于标题栏下方，包括"开始""插入"等选项卡标签。
- 智能搜索框：可以帮助用户快速寻找应用程序中的命令或档案中的文字、字词、词组的详细信息。
- 功能区：显示当前选项卡所包含的功能按钮。
- 编辑区：用于编辑和制作需要的文档内容。
- 状态栏：显示当前文档的状态信息，如页数、字数及输入法等。
- 显示比例：用于设置编辑区的显示比例，可以通过拖动滑块进行快速调整。

2. 文档的新建、复制、保存

1）新建文档

启动 Word，在初始界面中选择"文件"菜单中的"新建"命令，即可创建一个新的空白文档，如图 1.2 所示。

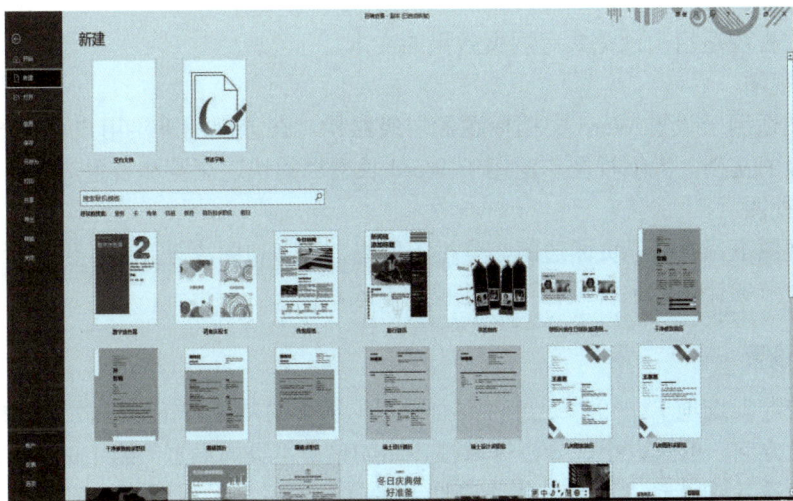

图 1.2　新建空白文档

2）复制文档的内容

对文档的内容进行复制的方法有以下 3 种：

① 选中要复制的文字后在文字上右击，在弹出的快捷菜单中选择"复制"命令，将鼠标指针移动到要粘贴的位置右击，在弹出的快捷菜单中选择"粘贴"命令。

② 选中要复制的文字后，用快捷键"Ctrl+C"进行复制，在要粘贴的位置单击，用快捷键"Ctrl+V"进行粘贴。

③ 选中要复制的文字后，单击"开始"选项卡，在"剪贴板"组中单击"复制"按钮，在要粘贴的位置单击，在"剪贴板"组中单击"粘贴"按钮即可完成复制。

3）保存文档

单击"快速访问工具栏"中的"保存"按钮，或者按"Ctrl+S"组合键，即可保存文档。

3. 视图

Word 提供了 5 种视图：页面视图、阅读视图、Web 版式视图、大纲视图和草稿视图，如图 1.3 所示。

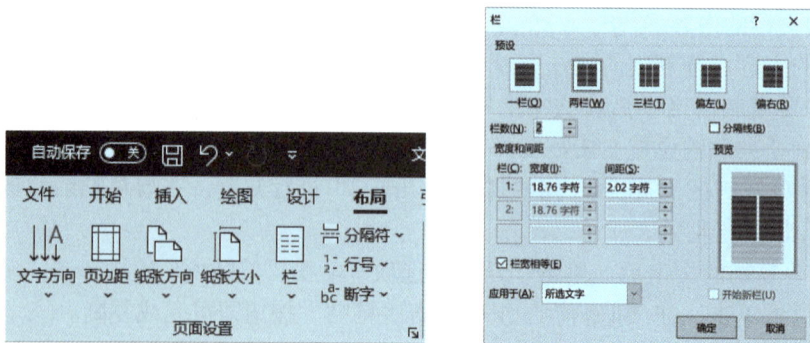

图1.3 "视图"选项组

1）页面视图

页面视图适用于概览整个页面的效果。在该视图下，可以显示出页面的大小和布局，用户可以编辑页眉和页脚、查看与调整页边距、处理分栏及图形对象等。

2）阅读视图

阅读视图适用于阅读长篇文章。在该视图下，原来的编辑区缩小，而文字大小保持不变。如果字数多，则它会自动分成多屏。

3）Web版式视图

Web版式视图适用于预览具有网页效果的文本。

4）大纲视图

大纲视图适用于设置Word文档标题的层级结构。在该视图下，用户可以方便地折叠和展开各种层级的文档。大纲视图广泛用于Word长文档的快速浏览和设置。

5）草稿视图

在草稿视图下，省略了页面边距、分栏、页眉、页脚和图片等元素，仅显示标题和正文。草稿视图是最节省计算机系统硬件资源的视图方式。

4. 页面设置

选择"布局"选项卡，可以通过"页面设置"组中的功能按钮来修改页面的文字方向、页边距、纸张方向、纸张大小、分栏等属性，比如单击"页面设置"组中的"栏"下拉按钮，在弹出的下拉菜单中选择"更多分栏"命令，会打开"栏"对话框，如图1.4所示，在该对话框中可以进行更详细的设置。

图1.4 "页面设置"组和"栏"对话框

5. 特殊文本的输入

1）插入符号和特殊符号

在"插入"选项卡的"符号"组中单击"符号"下拉按钮，在弹出的下拉菜单中选择"其他符号"命令,在弹出的"符号"对话框中可以选择对应的特殊符号,如图 1.5 所示。

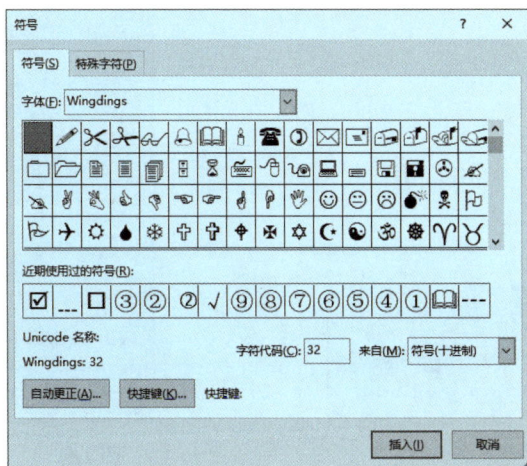

图 1.5 "符号"对话框

2)插入日期和时间

在"插入"选项卡的"文本"组中单击"日期和时间"按钮,在弹出的"日期和时间"对话框的"可用格式"列表框中可以选择要插入日期和时间的格式。如果勾选"自动更新"复选框,则会实时更新日期和时间,如图 1.6 所示。

图 1.6 "日期和时间"对话框

6. 字符格式化

在 Word 中,对字符的格式化处理包括设置字体、字形、字号、字体颜色、下画线、删除线、上标、下标等,如图 1.7 所示。单击"开始"选项卡中"字体"组右下角的扩展按钮 ⌐,在弹出的"字体"对话框中可以设置更丰富的字体格式,如图 1.8 所示。在选中格式化文本对象后,在弹出的"浮动工具栏"中也可以设置文本的格式,如图 1.9 所示。

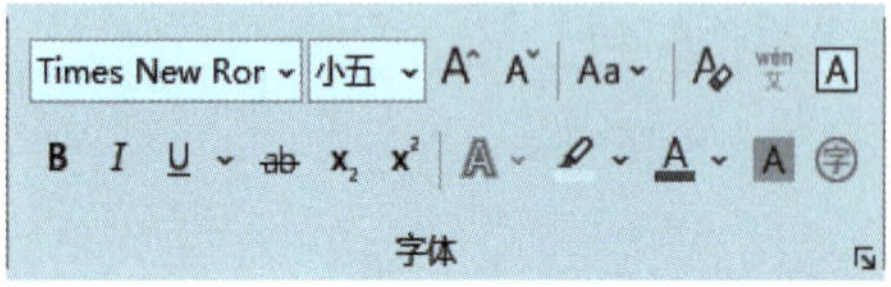

图 1.7　"字体"组

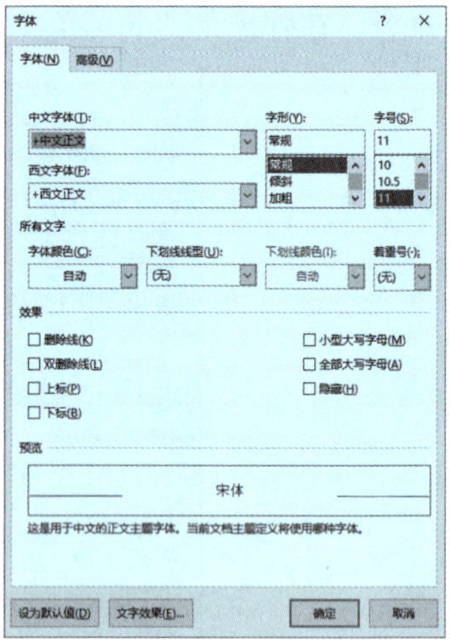

图 1.8　"字体"对话框^①

图 1.9　浮动工具栏

7. 段落格式化

在 Word 中，对段落的格式化处理包括设置段落的对齐方式、缩进、间距等。将鼠标指针定位在某个段落的任意一个位置或选择段落文本，即可设置该段落的格式。通过"开始"选项卡的"段落"组中的功能按钮可以设置项目符号、编号和对齐方式等，如图 1.10 所示。单击"段落"组中右下角的扩展按钮 ，在弹出的"段落"对话框中可以设置更丰富的段落格式，如图 1.11 所示。

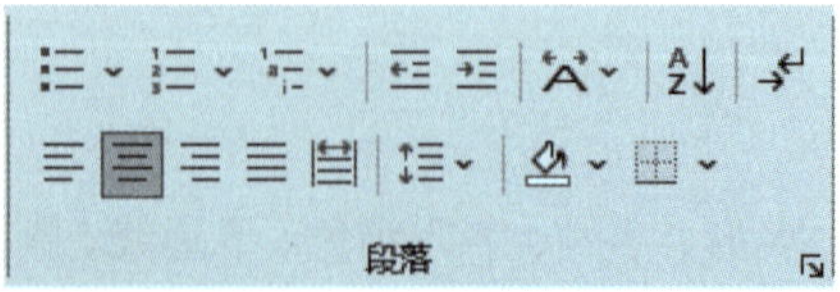

图 1.10　"段落"组

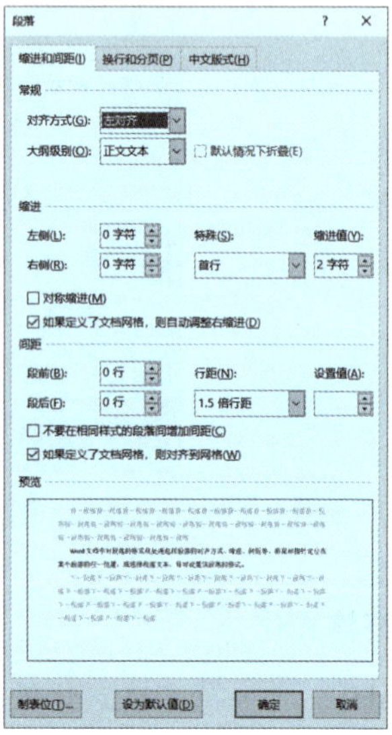

图 1.11　"段落"对话框

---

① 本书的图中出现的"下划线"为错误写法，正确写法为"下画线"。后文同。

8. 项目符号和编号

单击"开始"选项卡的"段落"组中的"项目符号"下拉按钮，在弹出的下拉菜单中选择"定义新项目符号"命令，在弹出的"定义新项目符号"对话框中包含了"符号"、"图片"和"字体"3 个按钮，如图 1.12 所示，单击某个按钮，在弹出的对应对话框中选择自己所需的符号。

设置编号的操作和设置项目符号的操作类似，只需在"编号库"中选择一种样式就可以了，如图 1.13 所示。

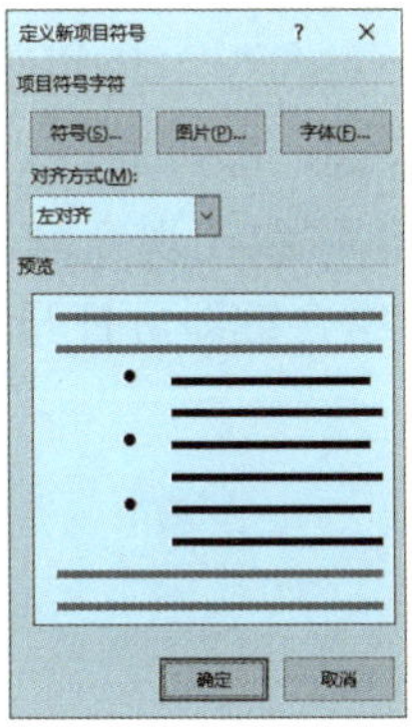

图 1.12 "定义新项目符号"对话框 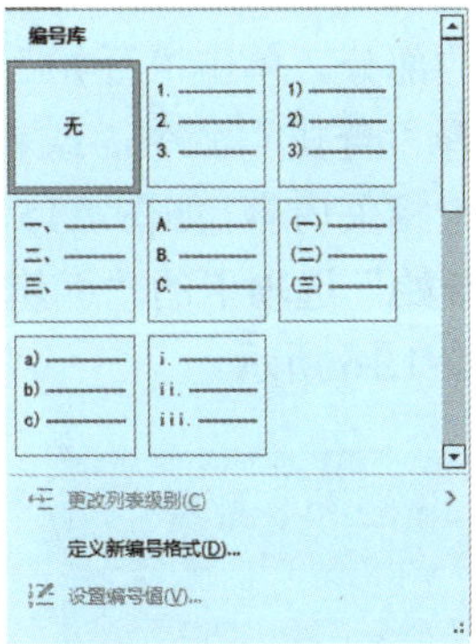   图 1.13 设置编号

9. 插入形状

单击"插入"选项卡的"插图"组中的"形状"下拉按钮，在弹出的下拉菜单中即可选择所需的图形形状，如图 1.14 所示，插入图形形状后，我们还可以对其进行编辑。

图 1.14 插入图形形状

10. 边框和底纹

我们在编辑 Word 文档时，有时为了文档的美观，需要对文字添加边框和底纹。在"开始"选项卡的"段落"组中单击"边框"下拉按钮 ⊞ ▾，在弹出的下拉菜单中选择"边框和底纹"命令，即可对文字进行设置，具体的操作我们会在后面的例子中讲解。

11. 查找与替换

我们在编辑文档的过程中有时会打错了一些字，这时可以使用查找与替换的方法来检查和修改错误的部分。单击"开始"选项卡的"编辑"组中的"查找"下拉按钮，在弹出的下拉菜单中选择"查找"命令，或者按键盘上的"Ctrl+F"组合键，即可通过"导航"窗格中的搜索框搜索相关内容，如图 1.15 所示，搜索结果将加上黄色的底纹出现在编辑区中。"替换"按钮也在"开始"选项卡的"编辑"组中，或者按"Ctrl+H"组合键即可打开"查找和替换"对话框，如图 1.16 所示。

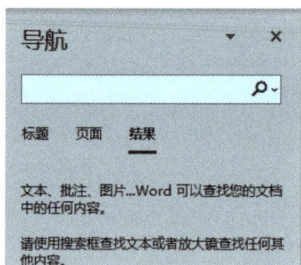

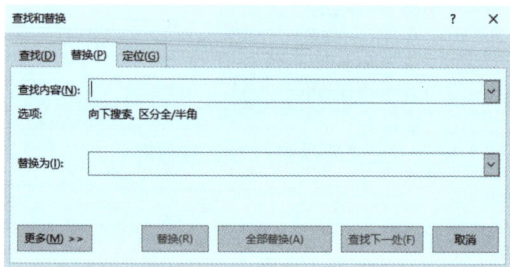

图 1.15　"导航"窗格　　　　　　　图 1.16　"查找和替换"对话框

12. 将 Word 文档转换为 PDF 文件

PDF 是一种通用文件格式，它能够保存任何源文档的所有字体、格式、颜色和图形。PDF 文件具有以下优点：

- 阅读方便：在 Web 上下载文件的同时可以快速地显示页面。
- 适合打印：它可以在任何打印机上准确地打印原稿中的每一个字符、颜色及图像。
- 适合阅览：PDF 文件可以放大到 800% 而依然很清晰。
- 加密安全：能够控制机密文件的访问权限。

将 Word 文档转换为 PDF 文件的操作方法为：首先选择"文件"菜单中的"另存为"命令，在右侧的"另存为"界面中单击"浏览"按钮，在弹出的"另存为"对话框的"保存类型"下拉列表中选择"PDF"选项，然后将文件名设置好，最后单击"保存"按钮即可。如果想对 PDF 文件设置密码，则可以在"另存为"对话框中单击"选项"按钮，在弹出的"选项"对话框的"PDF 选项"选区中，勾选"使用密码加密文档"复选框即可完成设置。

1.1.3　示例演示——制作公司招聘启事

微课：制作公司招聘启事

廖飞在公司的人事部工作了几个月后，因公司业务发展的需要，新成立了销售部门，需要向社会招聘相关的销售人才，公司经理要求廖飞制作招聘启事。接到任务后，他找到相关负责人确认了招聘岗位和招聘人数，最后使用 Word 的相关功能进行制作。公司招聘启事制作完成后的效果如图 1.17 所示。

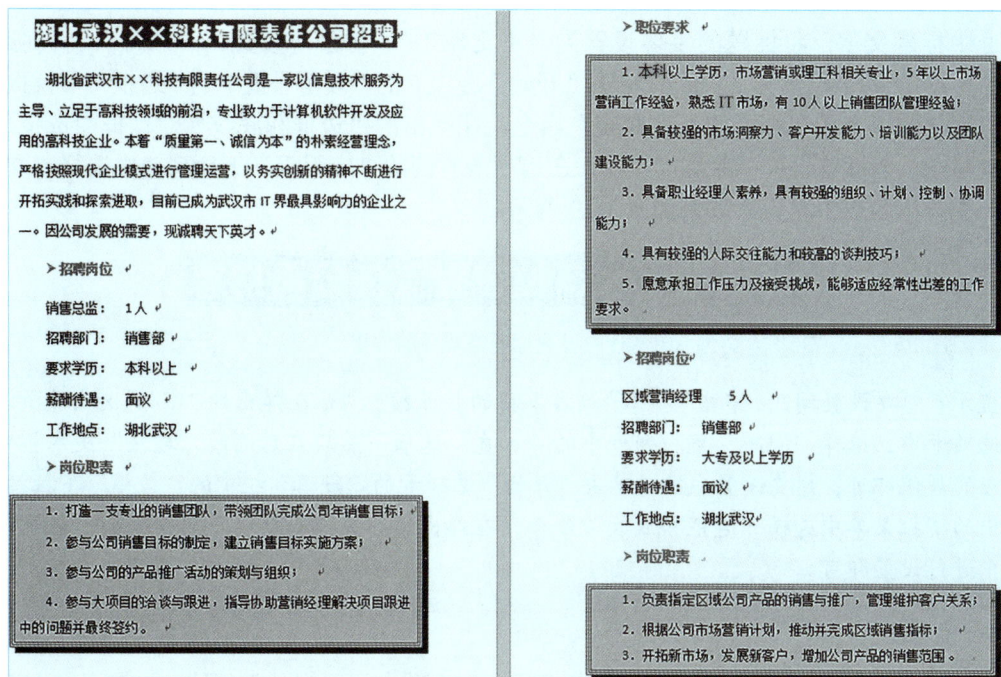

图 1.17 公司招聘启事制作完成后的效果

1. 输入文字内容

启动 Word，打开素材文件，如图 1.18 所示。

图 1.18 打开素材文件

2. 设置标题格式

选中标题文字，将标题的字体设置为"华文琥珀"，将字号设置为"二号"，将间距设置为"加宽"，磅值设置为"1 磅"；单击"开始"选项卡的"段落"组中的"边框"下拉按钮，在弹出的下拉菜单中选择"边框和底纹"命令，在弹出的"边框和底纹"对话框中选择"底纹"选项卡，为标题设置"深红"底纹，在选项卡右侧的"应用于"下拉列表中选择"文字"选项；设置标题居中对齐。效果如图 1.19 所示。

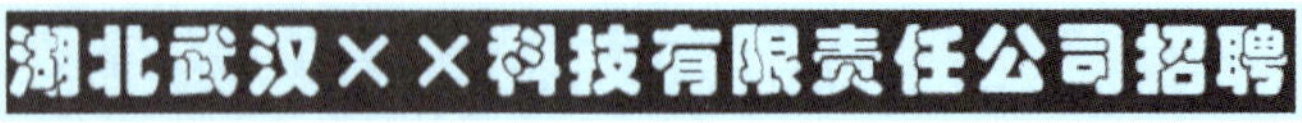

湖北武汉××科技有限责任公司招聘

图 1.19　设置标题格式后的效果

提示： 想要设置间距，单击"字体"组右下角的扩展按钮，在弹出的"字体"对话框的"高级"选项卡中，选择"间距"下拉列表中的"加宽"选项，然后在后面的"磅值"文本框中设置相应的数值即可；想要设置底纹，单击"开始"选项卡的"段落"组中的"边框"下拉按钮，在弹出的下拉菜单中选择"边框和底纹"命令，在弹出的"边框和底纹"对话框的"底纹"选项卡中进行设置即可。

3. 设置正文格式

（1）选中除标题以外的正文文本，在"开始"选项卡的"字体"组中，在字体下拉列表框中选择"仿宋"选项，在字号下拉列表框中选择"四号"选项。单击"开始"选项卡的"段落"组中右下角的扩展按钮，在弹出的"段落"对话框的"缩进和间距"选项卡的"间距"选区中，设置行距为"单倍行距"，单击"确定"按钮，如图 1.20 所示。

（2）选中除标题以外的正文文本，在"开始"选项卡的"段落"组中，单击右下角的扩展按钮，打开"段落"对话框，在"缩进和间距"选项卡的"缩进"选区中，在"特殊"下拉列表中选择"首行"选项，并将缩进值设置为"2 字符"，单击"确定"按钮，使得每个段落都首行缩进两个字符。效果如图 1.21 所示。

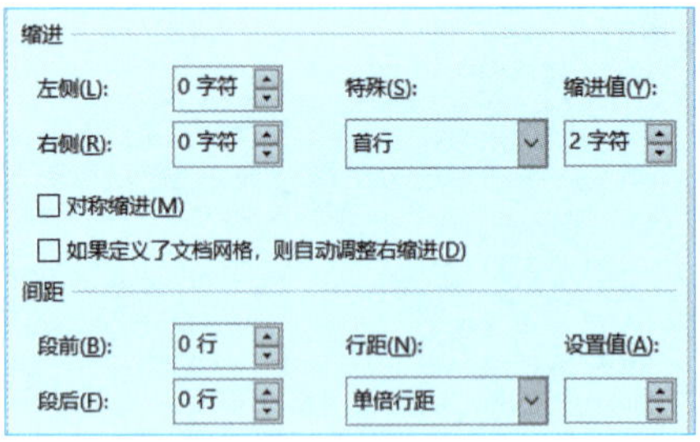

图 1.20　设置单倍行距

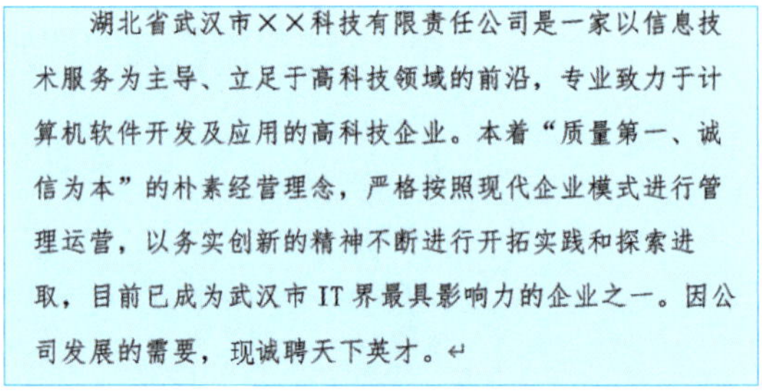

图 1.21　设置首行缩进后的效果

（3）选中"招聘岗位""岗位职责""职位要求"等二级标题，设置字体颜色为"深红"，设置字号为"四号"，加粗，设置二级标题的段前间距和段后间距均为"1 行"，设置二级标题的行距为"多倍行距，3"。

4. 添加项目符号

（1）按住键盘上的"Ctrl"键，选择"招聘岗位""岗位职责""职位要求"下的介绍文字内容，单击"开始"选项卡的"段落"组中的"项目符号"下拉按钮 ⋮☰ ，在弹出的下拉菜单中选择合适的项目符号，如图 1.22 所示。单击"开始"选项卡的"字体"组中的"加粗"按钮 **B**，效果如图 1.23 所示。

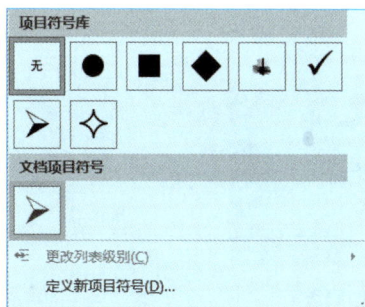

图 1.22　选择项目符号

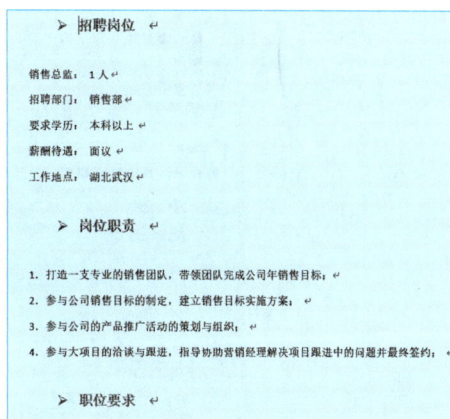

图 1.23　添加项目符号并加粗后的效果

提示： 在使用项目符号时，可以使用"开始"选项卡的"剪贴板"组中的"格式刷"按钮 格式刷 来复制格式。单击"格式刷"按钮，可以复制格式一次。双击"格式刷"按钮，可以复制格式多次。操作完"格式刷"以后，再次单击"格式刷"按钮即可退出格式刷的操作。

5. 为文档添加边框和底纹

（1）选中"岗位职责"和"职位要求"下的介绍文字内容，在"开始"选项卡的"段落"组中单击"边框"下拉按钮 ⊞ ，在弹出的下拉菜单中选择"边框和底纹"命令，打开"边框和底纹"对话框，在"边框"选项卡左侧的"设置"选区中先单击"方框"，使介绍文字内容产生方框效果，再单击"阴影"，将线条的样式设置为"三线"，颜色设置为"红色"，宽度设置为"0.5 磅"，在"应用于"下拉列表中选择"段落"选项，如图 1.24 所示。

图 1.24　添加阴影边框

（2）选择"底纹"选项卡，为选中的文字内容添加"白色，背景 1，深色 15%"底纹，如图 1.25 所示。

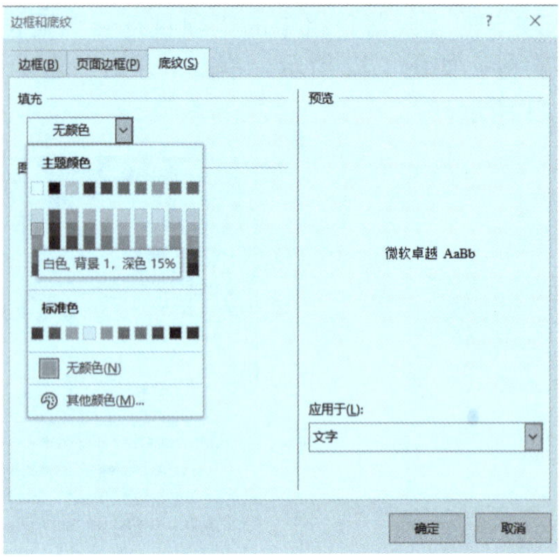

图 1.25　为选中的文字内容添加底纹

6. 保护文档

为了防止其他人随意查看文档信息，可以使用 Word 中的"保护文档"功能来对文档进行保护，其操作方法如下所述。

选择"文件"菜单中的"信息"命令，在右侧的"信息"界面中单击"保护文档"按钮
，然后在弹出的下拉菜单中选择"用密码进行加密"命令，如图 1.26 所示。

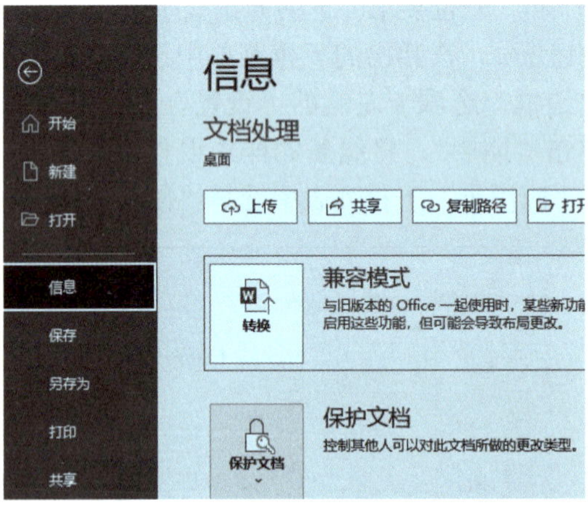

图 1.26　单击"保护文档"按钮

在弹出的"加密文档"对话框的"密码"文本框中输入密码，然后单击"确定"按钮，在弹出的"确认密码"对话框的"重新输入密码"文本框中输入确认密码，最后单击"确定"按钮，并对当前文档进行保存，如图 1.27 所示。

提示： 对文档进行加密还有另外一种方法，即选择"文件"菜单中的"另存为"命令，在右侧的"另存为"界面中单击"浏览"按钮，在弹出的"另存为"对话框的"工具"下拉列表中选择"常规选项"选项，在弹出的"常规选项"对话框的相应文本框中输入密码，也可以为文档提供加密保护。

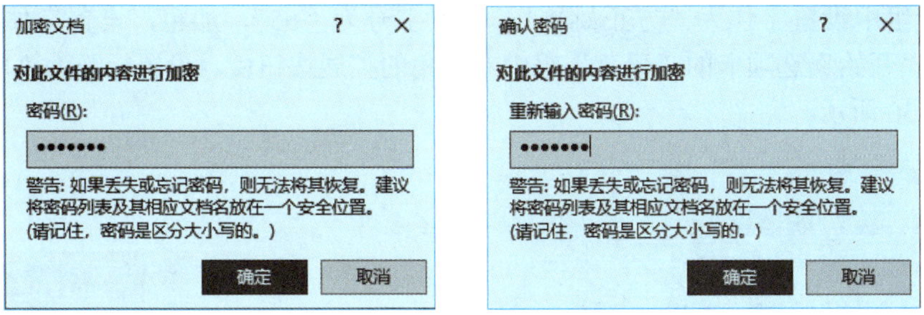

图 1.27　设置加密密码

1.1.4　任务实现——制作多部门的联合公文

微课：制作多部门的联合公文

为了增进兄弟公司员工之间的友谊，根据多部门的讨论与部署，决定举办一场运动会，为期一天。现需要制作一份活动通知并发文，通知各单位提前做好准备，同时让员工们踊跃参加。联合公文制作完成后的效果如图 1.28 所示。

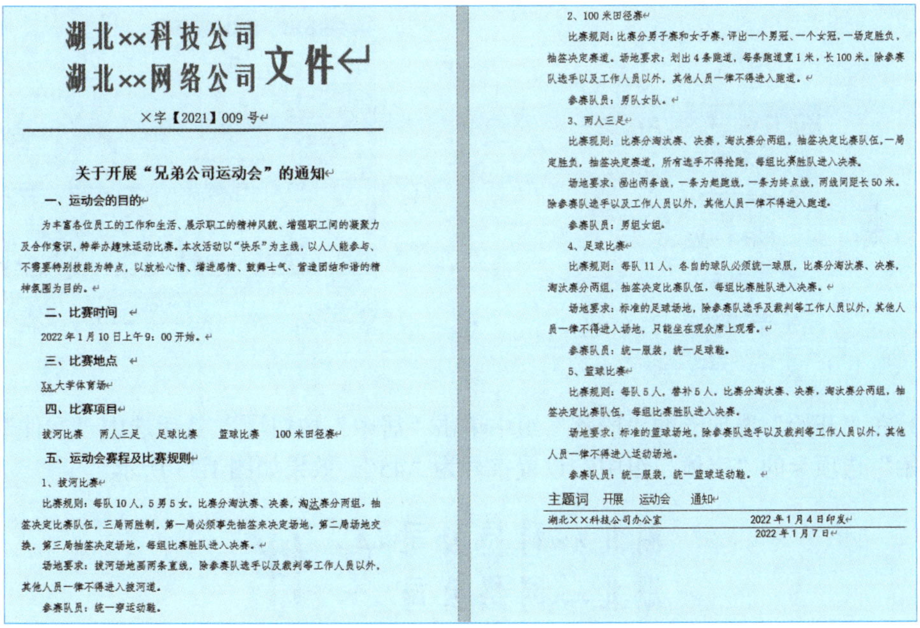

湖北××科技公司
湖北××网络公司 文件

×字【2021】009 号

关于开展“兄弟公司运动会”的通知

一、运动会的目的

为丰富各位员工的工作和生活、展示职工的精神风貌、增强职工间的凝聚力及合作意识，特举办趣味运动比赛。本次活动以“快乐”为主线，以人人能参与、不需要特别技能为特点，以放松心情、增进感情、鼓舞士气、营造团结和谐的精神氛围为目的。

二、比赛时间

2022 年 1 月 10 日上午 9：00 开始。

三、比赛地点

Xx 大学体育场

四、比赛项目

拔河比赛　两人三足　足球比赛　篮球比赛　100 米田径赛

五、运动会赛程及比赛规则

1、拔河比赛

比赛规则：每队 10 人，5 男 5 女。比赛分淘汰赛、决赛，淘汰赛分两组，抽签决定比赛队伍，三局两胜制，第一局必须事先抽签来决定场地，第二局场地交换，第三局抽签决定场地，每组比赛胜队进入决赛。

场地要求：拔河场地画两条直线，除参赛队选手以及裁判等工作人员以外，其他人员一律不得进入拔河道。

参赛队员：统一穿运动鞋。

2、100 米田径赛

比赛规则：比赛分男子赛和女子赛，评出一个男冠、一个女冠，一场定胜负，抽签决定赛道。场地要求：划出 4 条跑道，每条跑道宽 1 米，长 100 米。除参赛队选手以及工作人员以外，其他人员一律不得进入跑道。

参赛队员：男队女队。

3、两人三足

比赛规则：比赛分淘汰赛、决赛，淘汰赛分两组，抽签决定比赛队伍，一局定胜负，抽签决定赛道，所有选手不得抢跑，每组比赛胜队进入决赛。

场地要求：画出两条线，一条为起跑线，一条为终点线，两线间距长 50 米。除参赛队选手以及工作人员以外，其他人员一律不得进入跑道。

参赛队员：男组女组。

4、足球比赛

比赛规则：每队 11 人，各自的球队必须统一球服，比赛分淘汰赛、决赛，淘汰赛分两组，抽签决定比赛队伍，每组比赛胜队进入决赛。

场地要求：标准的足球场地，除参赛队选手及裁判等工作人员以外，其他人员一律不得进入场地，只能坐在观众席上观看。

参赛队员：统一服装，统一足球鞋。

5、篮球比赛

比赛规则：每队 5 人，替补 5 人，比赛分淘汰赛、决赛，淘汰赛分两组，抽签决定比赛队伍，每组比赛胜队进入决赛。

场地要求：标准的篮球场地，除参赛队选手以及裁判等工作人员以外，其他人员一律不得进入运动场地。

参赛队员：统一服装，统一篮球运动鞋。

主题词　开展　运动会　通知

湖北××科技公司办公室　2022 年 1 月 4 日印发

2022 年 1 月 7 日

图 1.28　联合公文制作完成后的效果

1. 页面设置和正文的输入

启动 Word，打开素材文件。单击“布局”选项卡的“页面设置”组中的“页边距”下拉按钮，在弹出的下拉菜单中选择“自定义页边距”命令，在弹出的“页面设置”对话框中设置页边距，如图 1.29 所示。

2. 设置文件头

（1）选中“湖北 ×× 科技公司湖北 ×× 网络公司文件”文本内容，在“开始”选项卡的"字体"组中设置字体为"方正姚体"，设置字号为"65"，加粗，设置字体颜色为"红色"。单击"开始"选项卡的"段落"组中右下角的扩展按钮⤸，设置行距为"单倍行距"。效果如图 1.30 所示。

图 1.29 "页面设置"对话框

图 1.30 设置文件头后的效果

（2）选中"湖北××科技公司湖北××网络公司"文本内容，单击"开始"选项卡的"段落"组中的"字符缩放"按钮 ✕⁻，在弹出的下拉菜单中选择"双行合一"命令，如图 1.31 所示。在弹出的"双行合一"对话框中设置"双行合一"，如图 1.32 所示，单击"确定"按钮即可。

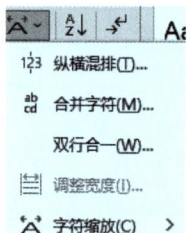

图 1.31 选择"双行合一"命令

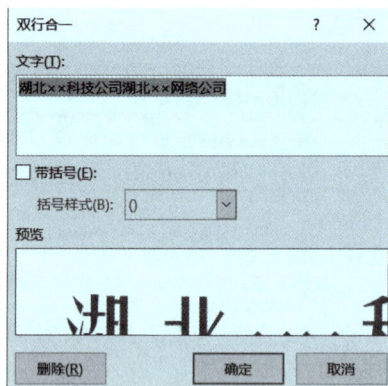

图 1.32 "双行合一"对话框

（3）在"开始"选项卡的"段落"组中单击"居中"按钮 ≡，然后选中"文件"二字，在"开始"选项卡的"字体"组中，设置字号为"45"。效果如图 1.33 所示。

图 1.33 设置后的效果

提示：如果对"双行合一"的效果不满意，则可以通过空格进行调整。如果发文机关超过两个，则可以用插入表格的方法来实现多行合并显示，也可以通过在"段落"对话框中将行距设置为"固定值"来设置多个公司名称的行距，然后用插入文本框的方式输入"文件"二字，适当调整"文件"二字的大小，最后将多个公司名称和文本框中的"文件"二字进行排列即可。

（4）选中文字"×字【2021】009 号"，在"开始"选项卡的"字体"组中设置字体为"仿宋"，设置字号为"16"。单击"段落"组中的"居中"按钮 ≡，然后单击"段落"组中右下角的扩展按钮⏷，设置行距为"单倍行距"。效果如图 1.34 所示。

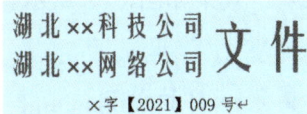

图 1.34　设置发文号后的效果

（5）单击"插入"选项卡的"插图"组中的"形状"下拉按钮，在弹出的下拉菜单的"线条"组中选择"直线"，如图 1.35 所示。在发文号下方合适位置按住鼠标左键的同时按住"Shift"键，水平拖动鼠标即可绘制一条水平直线。选中直线，单击"形状格式"选项卡的"形状样式"组中的"形状轮廓"下拉按钮，在弹出的下拉菜单的"标准色"组中选择"红色"，然后选择"粗细"→"3 磅"，如图 1.36 所示。文件头设置完成后的效果如图 1.37 所示。

图 1.35　选择"直线"

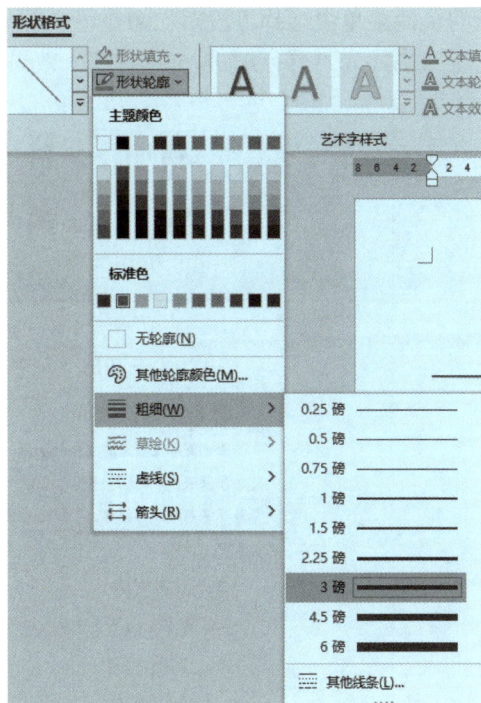

图 1.36　设置形状格式

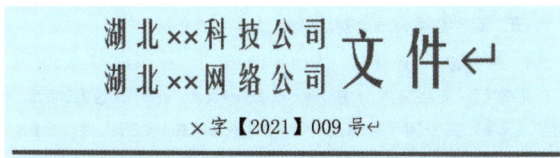

图 1.37　文件头设置完成后的效果

3. 设置正文格式

（1）选中文件标题文字"关于开展'兄弟公司运动会'的通知"，在"开始"选项卡的"字体"组中设置字体为"宋体"，设置字号为"18"，加粗。单击"段落"组中的"居中"按钮三，然后单击"段落"组中右下角的扩展按钮囗，在弹出的"段落"文本框中设置段前间距为"2行"，设置行距为"单倍行距"。效果如图1.38所示。

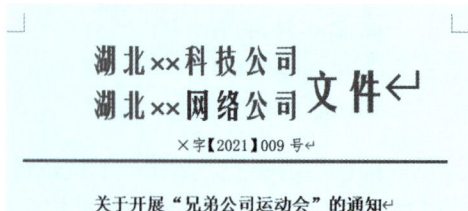

图1.38　设置文件标题文字后的效果

（2）选中除文件标题文字以外的所有正文内容，在"开始"选项卡的"字体"组中设置字体为"仿宋"，设置字号为"12"。保持文字处于选中状态，在选中的文字上右击，然后在弹出的快捷菜单中选择"段落"命令，在弹出的"段落"对话框中设置行距为"1.5倍行距"，设置特殊格式为"首行缩进，2字符"。效果如图1.39所示。

图1.39　设置文件正文内容后的效果

（3）按住键盘上的"Ctrl"键不放，然后依次选中"一、运动会的目的"、"二、比赛时间"、"三、比赛地点"、"四、比赛项目"和"五、运动会赛程及比赛规则"等文字内容，将字体设置为“黑体”，加粗，将字号设置为“14”。保持文字处于选中状态，在选中的文字上右击，然后在弹出的快捷菜单中选择“段落”命令，在弹出的“段落”对话框中设置行距为“1.5 倍行距”。效果如图 1.40 所示。

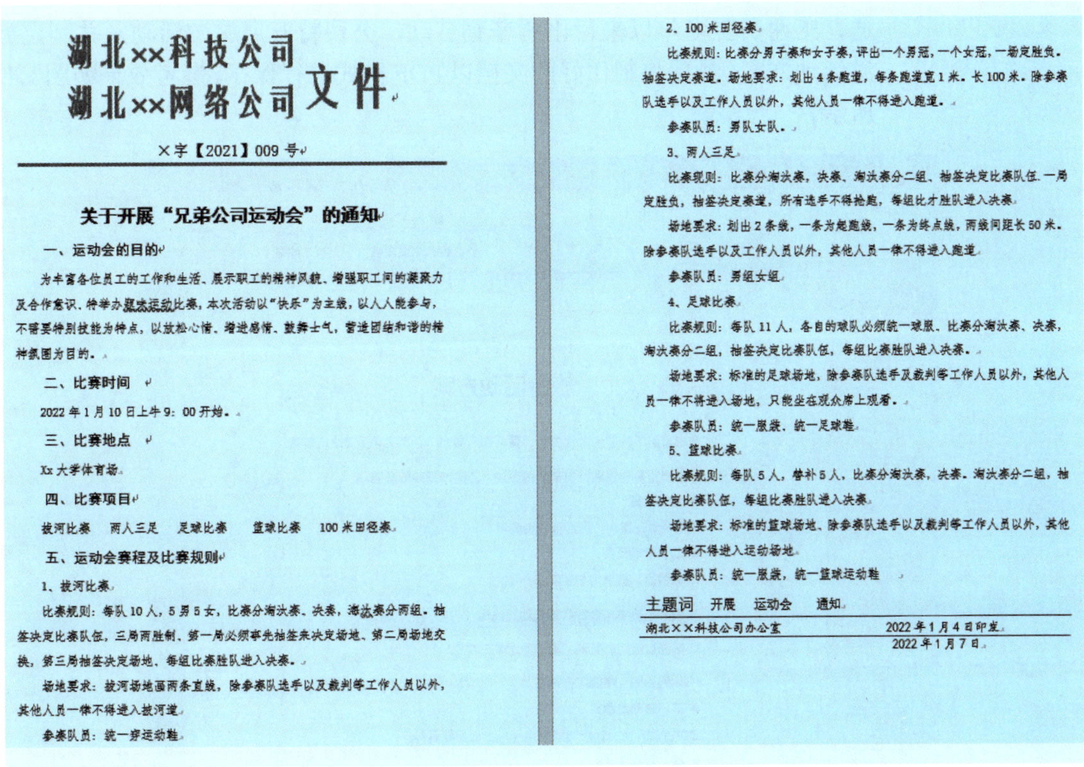

湖北××科技公司
湖北××网络公司 文件

×字【2021】009 号

关于开展“兄弟公司运动会”的通知

一、运动会的目的

为丰富各位员工的工作和生活、展示职工的精神风貌、增强职工间的凝聚力及合作意识、特举办趣味运动比赛，本次活动以“快乐”为主线，以人人能参与，不需要特别技能为特点，以放松心情、增进感情、鼓舞士气，营造团结和谐的精神氛围为目的。

二、比赛时间

2022 年 1 月 10 日上午 9：00 开始。

三、比赛地点

Xx 大学体育场

四、比赛项目

拔河比赛　两人三足　足球比赛　篮球比赛　100 米田径赛

五、运动会赛程及比赛规则

1、拔河比赛

比赛规则：每队 10 人，5 男 5 女，比赛分淘汰赛、决赛，淘汰赛分两组。抽签决定比赛队伍，三局两胜制、第一局必须事先抽签来决定场地、第二局场地交换，第三局抽签决定场地、每组比赛胜队进入决赛。

场地要求：拔河场地画两条直线，除参赛队选手以及裁判等工作人员以外，其他人员一律不得进入拔河道

参赛队员：统一穿运动鞋

2、100 米田径赛

比赛规则：比赛分男子赛和女子赛，评出一个男冠，一个女冠，一场定胜负。抽签决定赛道。场地要求：划出 4 条跑道，每条跑道宽 1 米。长 100 米。除参赛队选手以及工作人员以外，其他人员一律不得进入跑道。

参赛队员：男队女队。

3、两人三足

比赛规则：比赛分淘汰赛，决赛、淘汰赛分二组、抽签决定比赛队伍. 一局定胜负，抽签决定赛道，所有选手不得抢跑，每组比才胜队进入决赛

场地要求：划出 2 条线，一条为起跑线，一条为终点线，两线间距长 50 米。除参赛队选手以及工作人员以外，其他人员一律不得进入跑道

参赛队员：男组女组

4、足球比赛

比赛规则：每队 11 人，各自的球队必须统一球服、比赛分淘汰赛、决赛，淘汰赛分二组，抽签决定比赛队伍，每组比赛胜队进入决赛。

场地要求：标准的足球场地，除参赛队选手及裁判等工作人员以外，其他人员一律不将进入场地，只能坐在观众席上观看。

参赛队员：统一服装、统一足球鞋

5、篮球比赛

比赛规则：每队 5 人，替补 5 人，比赛分淘汰赛，决赛。淘汰赛分二组，抽签决定比赛队伍，每组比赛胜队进入决赛

场地要求：标准的篮球场地、除参赛队选手以及裁判等工作人员以外，其他人员一律不得进入运动场地

参赛队员：统一服装，统一篮球运动鞋

主题词　开展　运动会　通知

湖北××科技公司办公室　　2022 年 1 月 4 日印发

2022 年 1 月 7 日

图 1.40　设置正文细节部分后的效果

4. 设置文件尾部

（1）选中“主题词”文字，在“开始”选项卡的“字体”组中设置字体为“黑体”，设置字号为“16”。选中“开展　运动会　通知”文字，设置字体为“宋体”，设置其余文字的字体为“楷体”，字号为“12”。

（2）单击“插入”选项卡的“插图”组中的“形状”按钮，在弹出的下拉菜单的“线条”组中选择“直线”，在“主题词”文字内容下方按住鼠标左键的同时按住键盘上的“Shift”键，水平拖动鼠标绘制两条水平直线，也可以先绘制出一条直线，然后保持直线处于选中的状态下，按住键盘上的“Ctrl”键不放，利用鼠标左键来拖动直线，我们会发现直线被复制出来了。效果如图 1.41 所示。

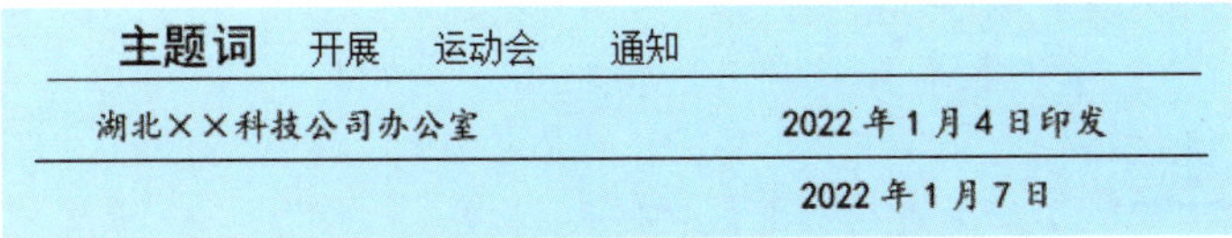

主题词　开展　运动会　通知

湖北××科技公司办公室　　2022 年 1 月 4 日印发

2022 年 1 月 7 日

图 1.41　设置文件尾部后的效果

微课：制作旅游活动方案

1.1.5 能力拓展——制作旅游活动方案

为丰富员工的业余文化生活，强化部门与部门、员工与员工之间的沟通，感谢员工多年以来付出的辛勤劳动，公司特开展旅游活动，并制定旅游活动方案，最后将制作好的文档以 PDF 格式进行保存。参考效果如图 1.42 所示。

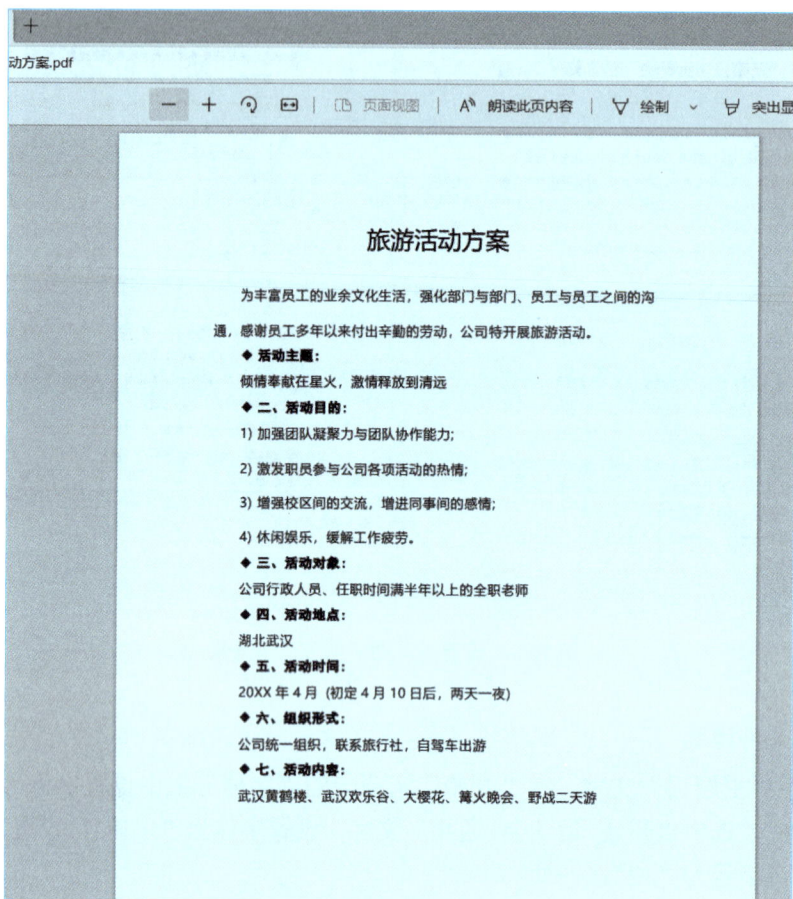

图 1.42 旅游活动方案 PDF 文件的参考效果

任务 2 制作表格类文档

1.2.1 任务描述

元旦将至，为了增强员工之间的凝聚力，丰富企业文化生活，同时给员工们一个展示自己才华的舞台，公司领导决定举办一场晚会。接到任务的廖飞和管理部的同事正在策划公司的元旦晚会活动，他们需要制作一份"元旦晚会节目报名表"来了解员工们的文艺特长和表演意愿。廖飞决定用 Word 来制作报名表。

1.2.2 技术分析

1. 插入表格

插入表格的方法有 3 种：插入自动表格、插入指定行和列的表格、绘制表格。

1）插入自动表格

单击"插入"选项卡的"表格"组中的"表格"下拉按钮，在弹出的下拉菜单的表格区域中按住鼠标左键不放进行拖动，待拖动到所需的表格行数和列数后松开鼠标左键，或者不按住鼠标左键，直接在表格区域中拖动鼠标指针，到达所需的表格行数和列数后单击，同样可以创建表格，如图 1.43 所示。

2）插入指定行和列的表格

单击"插入"选项卡的"表格"组中的"表格"下拉按钮，在弹出的下拉菜单中选择"插入表格"命令，打开"插入表格"对话框，在该对话框中设置所需表格的列数和行数，然后单击"确定"按钮即可创建表格，如图 1.44 所示。

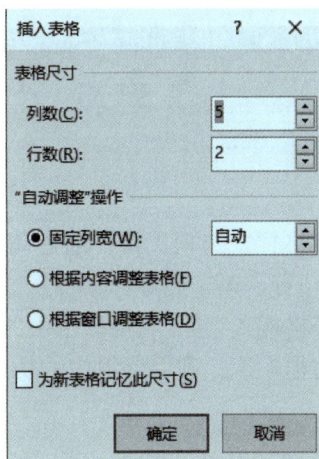

图 1.43 "表格"按钮　　　　图 1.44 "插入表格"对话框

3）绘制表格

通过自动插入只能插入比较规则的表格，对于一些比较复杂的表格，可以手动绘制。单击"插入"选项卡的"表格"组中的"表格"下拉按钮，在弹出的下拉菜单中选择"绘制表格"命令，此时鼠标指针变成了铅笔的形状，在需要插入表格处按住鼠标左键不放进行拖动即可。如果我们操作错误了，则可以用"橡皮擦"工具 进行修改。

2. 编辑"布局"

表格的编辑操作应遵循"先选中，后操作"的原则。在选中表格或表格元素后，选择"表格工具"扩展功能区的"布局"选项卡，利用该选项卡中的功能按钮就可以对表格进行基本属性编辑、行或列单元格操作、对齐方式设置和表格数据操作等，如图 1.45 所示。

图 1.45 "表格工具"扩展功能区的"布局"选项卡

- "表"组：利用该组中的功能按钮，可以编辑表格的基本属性、对隐藏的表格显示网格线等。
- "绘图"组：利用该组中的功能按钮，可以绘制或擦除表格边线等。
- "行和列"组：利用该组中的功能按钮，可以对表格插入行、列，也可以对表格的行或列进行删除等。
- "合并"组：利用该组中的功能按钮，可以对表格进行合并、拆分等操作。
- "单元格大小"组：利用该组中的功能按钮，可以对表格的大小进行设置。
- "对齐方式"组：利用该组中的功能按钮，可以对表格中的对象设置各种对齐方式。
- "数据"组：利用该组中的功能按钮，可以对表格中的数据进行排序、计算等操作。

3. 编辑"表设计"

在选中表格或表格元素后，通过"表格工具"扩展功能区的"表设计"选项卡中的功能按钮，可以编辑表格样式、设计表格或单元格的边框和底纹等，如图 1.46 所示。

图 1.46 "表格工具"扩展功能区的"表设计"选项卡

- "表格样式选项"组：通过勾选该组中的复选框，可以设置表格的标题行、汇总行、镶边行、第一列等。
- "表格样式"组：利用该组中的功能按钮，可以设置表格或单元格的样式和底纹的颜色。
- "边框"组：利用该组中的功能按钮，可以设置表格或单元格的边框样式及颜色。

4. 文本与表格互换

针对有规律的文本内容，Word 文档可以将其转换成表格形式。同样地，表格内容也可以转换成排列整齐的文本。

1）文本转换成表格

选中需要转换成表格的文本，单击"插入"选项卡的"表格"组中的"表格"下拉按钮，在弹出的下拉菜单中选择"文本转换成表格"命令，在弹出的"将文字转换成表格"对话框中设置完成后，单击"确定"按钮，即可把文本转换成表格，如图 1.47 所示。

2）表格转换成文本

单击表格左上角的全选按钮 ⊞ 后，单击"表格工具"扩展功能区的"布局"选项卡的"数据"组中的"转换为文本"按钮，如图 1.48 所示。在弹出的"表格转换成文本"对话框的"文字分隔符"选区中选择合适的文字分隔符，单击"确定"按钮，即可把表格转换成文本，如图 1.49 所示。

图 1.47　"将文字转换成表格"对话框

图 1.48　"转换为文本"按钮

图 1.49　"表格转换成文本"对话框

5. 数字转换

单击"插入"选项卡的"符号"组中的"编号"按钮，在弹出的"编号"对话框的"编号类型"下拉列表框中选择"壹，贰，叁 …"选项，如图 1.50 所示，单击"确定"按钮，即可完成阿拉伯数字向大写中文数字的转换，但小数是无法显示的。

6. 图片的插入

Word 中的图文混排功能非常强大，使用该功能可以在文档中的任意位置插入图片。单击"插入"选项卡的"插图"组中的"图片"下拉按钮，通过弹出的下拉菜单中的命令来选择要插入的图片，如图 1.51 所示。

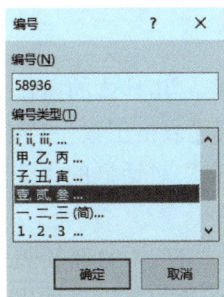

图 1.50　"编号"对话框

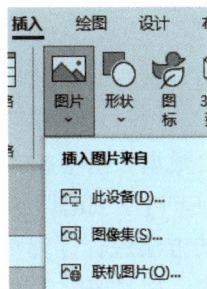

图 1.51　"图片"下拉按钮

7. 图片的编辑

在插入图片后，我们需要对图片进行各种操作。单击图片后，可以通过"图片格式"选项卡中的功能按钮进行相应的设置，如图 1.52 所示。

图 1.52　"图片格式"选项卡

- "调整"组：利用该组中的功能按钮，可以对图片的基本属性进行修改，包括删除背景、亮度 / 对比度的校正、颜色和艺术效果等的设置。
- "图片样式"组：利用该组中的功能按钮，可以对图片的样式进行设置。
- "辅助功能"组：利用该组中的功能按钮，可以对图片进行介绍。
- "排列"组：利用该组中的功能按钮，可以对图片的位置、文字环绕方式、对齐、旋转等进行设置。
- "大小"组：利用该组中的功能按钮，可以对图片进行裁剪、调整大小等操作。

8. 排序

选中表格中需要排序的数据后，单击"表格工具"扩展功能区的"布局"选项卡的"数据"组中的"排序"按钮，在弹出的"排序"对话框中设置"主要关键字"及排序的方式，如图 1.53 所示。

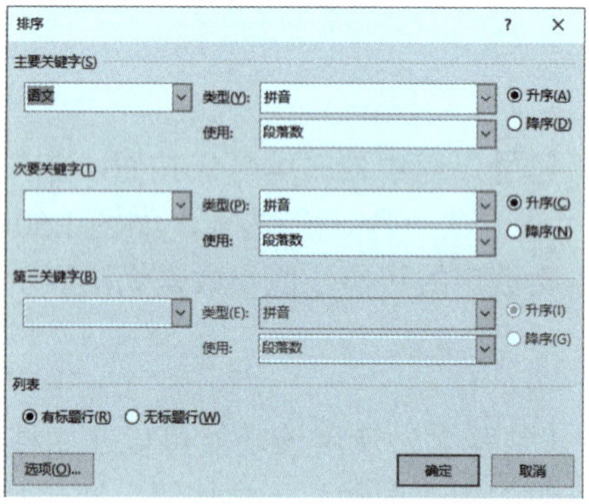

图 1.53　"排序"对话框

9. 求和函数

当表格中出现数据时，使用 Word 也可以实现简单的计算，其具体的操作方法为：将插入点定位到"张三"行与"总分"列交叉的单元格中，然后单击"表格工具"扩展功能区的"布局"选项卡的"数据"组中的"公式"按钮，在弹出的"公式"对话框的"公式"文本框中输入"=SUM(LEFT)"，如图 1.54 所示。

用更新域的方法进行计算更方便。把得到的第一个结果"271"全部复制到"总分"列的其余单元格中，接着按键盘上的"F9"键，则所有的计算结果都可以显示出来，如图 1.55 所示。

图 1.54　"公式"对话框及计算结果

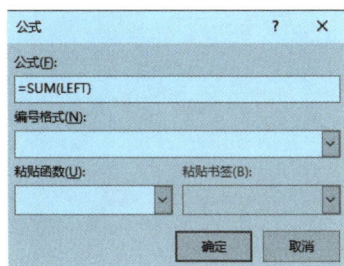

姓名↵	语文↵	数学↵	计算机↵	总分↵
张三↵	80↵	96↵	95↵	271↵
李四↵	75↵	93↵	98↵	266↵
王五↵	85↵	97↵	96↵	278↵

图 1.55　计算结果

10.　多人协同编辑文档

当我们在编辑文档时，经常需要多人在线上同时进行编辑、修改及一些其他的操作，这时我们可以利用 Microsoft 365 提供的"多人协同编辑"功能来完成此类操作。在编辑前，我们需要在微软官网上注册电子邮件或电话号码，注册后就可以进行多人线上编辑了。其操作方法如下：

① 准备好要协作的文档。

② 单击页面右上角的"共享"按钮，在弹出的"共享"窗格中单击"OneDrive- 个人"。

③ 上传至"OneDrive"，单击"登录"按钮，把注册好的电子邮件及密码输入好，单击"保存"按钮即可实现文档共享。

④ 在"发送链接"区域中输入需要一起编辑文档的人员所注册的电子邮件，单击"发送"按钮即可。

1.2.3　示例演示——制作公司十佳歌手报名表

为了丰富企业文化生活，让员工们拥有一个施展才艺、展示自我的舞台，同时培养员工之间的合作精神和协作精神，公司决定举办一场"十佳歌手"晚会。廖飞作为晚会策划的成员，需要设计一份"十佳歌手报名表"十佳歌手报名表制作完成后的效果如图 1.56 所示。

微课：制作公司十佳歌手报名表

1.　创建表格

（1）启动 Word，创建一个新的空白文档。单击"布局"选项卡的"页面设置"组中的"页边距"下拉按钮，在弹出的下拉菜单中选择"自定义页边距"命令，在弹出的"页面设置"对话框中，设置左页边距和右页边距均为 2 厘米，如图 1.57 所示。

（2）将鼠标指针定位在文档的首行，输入标题文字"十佳歌手报名表"，选中标题文字，设置文字的字体为"黑体"，设置字号为"小二"，居中对齐。

图 1.56　十佳歌手报名表制作完成后的效果

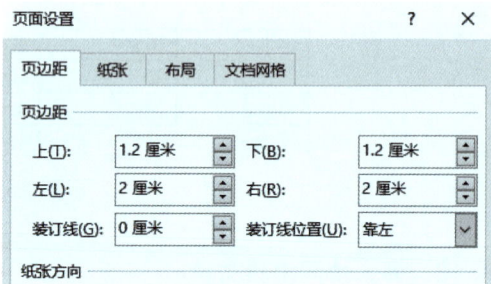

图 1.57　"页面设置"对话框

（3）将鼠标指针定位至标题的下一行，选择"插入"选项卡，单击"表格"组中的"表格"下拉按钮，在弹出的下拉菜单中选择"插入表格"命令，打开"插入表格"对话框。在"表格尺寸"选区中，将列数设置为"5"，将行数设置为"14"，如图 1.58 所示。单击"确定"按钮，效果如图 1.59 所示。

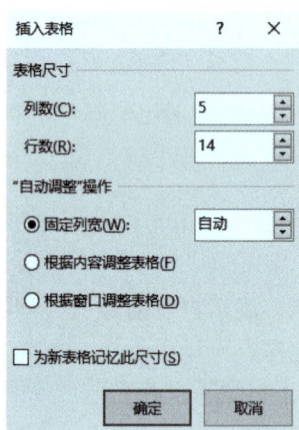

图 1.58　"插入表格"对话框

图 1.59　表格显示效果

2. 单元格的合并和拆分

（1）选中表格第 1 行的 5 个单元格并右击，在弹出的快捷菜单中选择"合并单元格"命令。使用同样的方法将第 5 列的第 2 行～第 5 行单元格进行合并，按行分别合并第 6 行、第 7 行的第 2 列～第 5 列单元格，将第 8 行和第 11 行～第 14 行的 5 个单元格按行分别合并，效果如图 1.60 所示。接着在第 12 行的单元格中右击，在弹出的快捷菜单中选择"拆分单元格"

命令，打开"拆分单元格"对话框，如图 1.61 左图所示，将行数设置为"1"，将列数设置为"3"，然后单击"确定"按钮，用同样的方法对第 13 行和第 14 行的单元格进行操作，效果如图 1.61 右图所示。

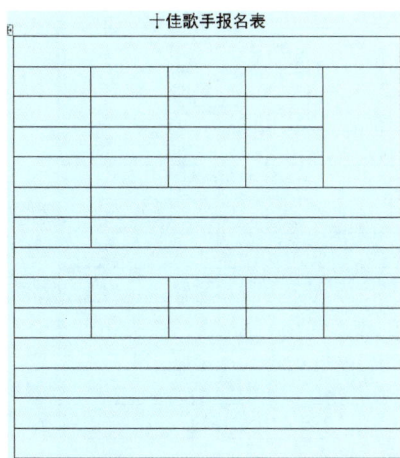

图 1.60　合并单元格后的效果　　　　图 1.61　"拆分单元格"对话框和拆分单元格后的效果

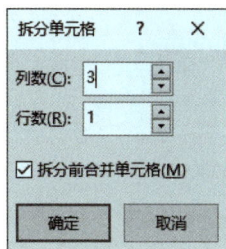

（2）单击该表格，表格的左上角会出现田按钮，右击该按钮，在弹出的快捷菜单中选择"表格属性"命令，打开"表格属性"对话框，在"行"选项卡中设置行的指定高度为"1.2 厘米"，如图 1.62 所示，单击"确定"按钮。

（3）在第 2 行第 1 个单元格内部右击，在弹出的快捷菜单中选择"表格属性"命令，在弹出的"表格属性"对话框的"列"选项卡中设置列的指定宽度为"2.8 厘米"，如图 1.63 所示，单击"确定"按钮。用同样的方法对其他单元格的列宽进行设置。

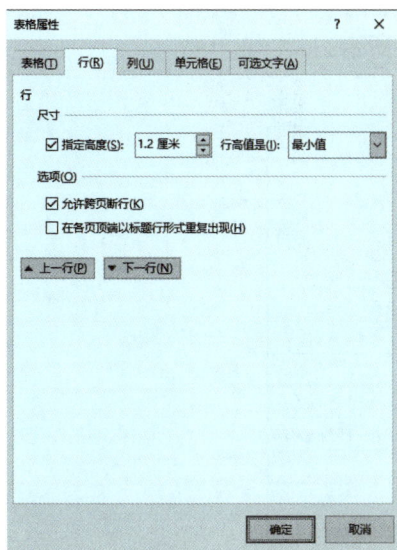

图 1.62　设置行的指定高度　　　　　图 1.63　设置列的指定宽度

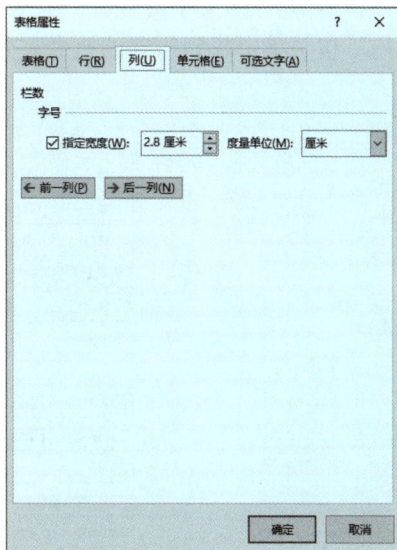

（4）表格的大部分轮廓已经设置完成，接下来处理细节。通过单击表格左上角的田按钮，选中该表格的所有单元格，在"表格工具"扩展功能区的"布局"选项卡的"对齐方式"组

中单击"水平居中"按钮，如图1.64所示，使单元格中的文字水平和垂直居中对齐，效果如图1.65所示。

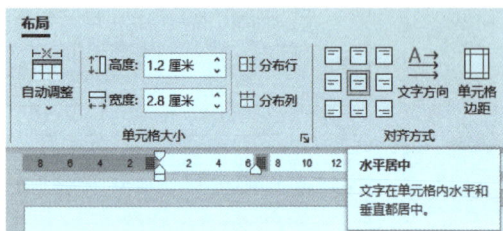

图1.64　"水平居中"按钮

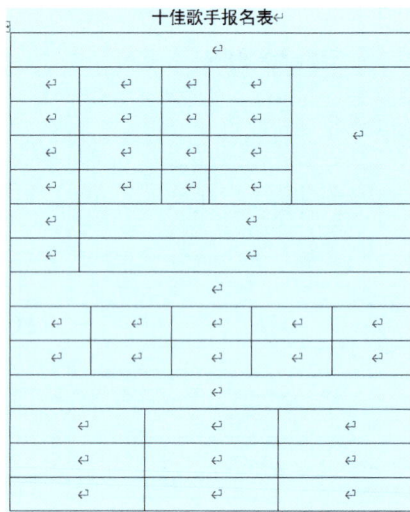

图1.65　设置表格居中对齐后的效果

3. 单元格内容的输入及表格的美化

（1）在表格中输入相应的文字内容，按住键盘上的"Ctrl"键，分别选中"个人基本情况"、"个人擅长"和"个人简介"文字，将选中文字的字体设置为"黑体"，字号设置为"小三"号，加粗；将第1列和第3列文字内容的字体设置为"仿宋"，字号设置为"四号"，加粗；将第2列和第4列文字内容的字体设置为"楷体"，字号设置为"四号"。在输入"个人擅长"下面第9行和第10行的文字内容时，单击"插入"选项卡的"符号"组中的"符号"下拉按钮，在弹出的下拉菜单中找到需要的符号。效果如图1.66所示。

图1.66　输入文字内容并进行设置后的效果

（2）选中表格第1行的"个人基本情况"单元格，然后右击，在弹出的快捷菜单中选择

"表格属性"命令，在弹出的"表格属性"对话框的"表格"选项卡中单击"边框和底纹 …"按钮，打开"边框和底纹"对话框，在"底纹"选项卡的"填充"下拉列表中选择"橙色，个性色 2，淡色 40%"，如图 1.67 所示，单击"确定"按钮，即可设置第 1 行单元格的底纹。用相同的方法为"个人擅长"和"个人简介"单元格设置同样的底纹。

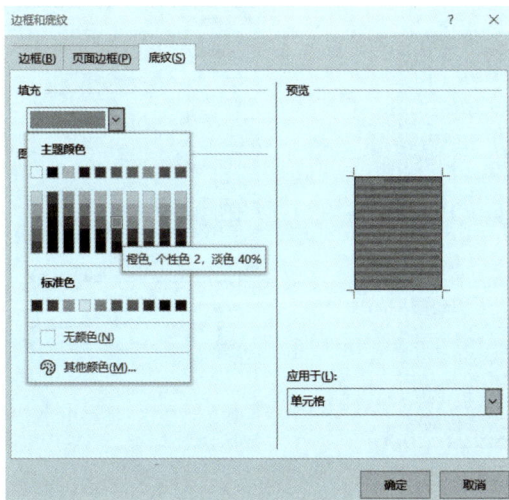

图 1.67　设置表格底纹

（3）将鼠标指针定位在右上角的单元格内部，单击"插入"选项卡的"插图"组中的"图片"下拉按钮，在弹出的下拉菜单中选择"此设备"命令，如图 1.68 所示，在弹出的"插入图片"对话框中找到要插入的图片，单击"插入"按钮，即可插入图片。效果如图 1.69 所示。

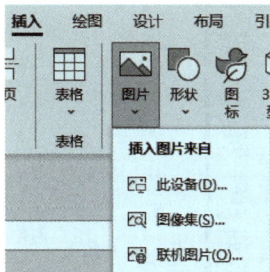

图 1.68　"图片"下拉按钮

图 1.69　插入图片后的效果

4. 边框的设置

单击表格中的任意单元格，在表格的左上角会出现田按钮，单击田按钮，对表格进行全选，在表格处于选中的状态下右击，在弹出的快捷菜单中选择"表格属性"命令，在弹出的"表格属性"对话框中单击"边框和底纹..."按钮，如图1.70所示。

打开"边框和底纹"对话框，在"边框"选项卡的"样式"列表框中选择适合的线条，"颜色"和"宽度"可以自己进行合理的设置，最后单击"确定"按钮即可完成操作，如图1.71所示。

图1.70　"表格属性"对话框　　　　图1.71　"边框和底纹"对话框

微课：制作班级成绩表

1.2.4　任务实现——制作班级成绩表

学校期末考试结束了，辅导员要求学习委员江雪制作班级成绩表，她决定用Word的相关功能制作班级成绩表。班级成绩表制作完成后的效果如图1.72所示。

计算机学院2021级动漫专业成绩表

序号	姓名	PS	FLASH	MAYA	3D	非线编	总分	平均分
1	安一臣	85	90	75	76	82	408	81.6
2	孙 荣	86	85	85	85	86	427	85.4
3	李家龙	82	80	80	86	87	415	83
4	张 硕	80	88	75	82	82	407	81.4
5	张 博	83	86	83	80	80	412	82.4
6	陈 晨	75	75	86	75	75	386	77.2
7	齐雪宁	86	70	72	72	76	376	75.2
8	王雪怡	89	74	80	73	84	400	80
9	冯 胜	73	65	76	83	76	373	74.6
10	李 尚	76	69	79	84	73	381	76.2
11	张 宇	75	80	73	73	70	371	74.2
12	陈 磊	68	88	70	83	64	373	74.6
13	张 东	69	83	75	84	68	379	75.8
14	杜 鑫	72	82	76	75	62	367	73.4
15	李雪菲	86	72	73	76	68	375	75
16	徐 豪	84	69	85	65	68	371	74.2
17	陈 慧	82	72	65	64	63	346	69.2
18	杨一航	75	76	83	62	75	371	74.2
19	张 芳	73	80	80	87	80	400	80

图1.72　班级成绩表制作完成后的效果

1. 打开素材文件

启动 Word，打开素材文件。

2. 设置标题文字格式、表格内容对齐及美化表格

（1）选中标题文字，将文字的格式设置为“黑体，小二，加粗，居中对齐”，并将表格中的文字设置为水平和垂直居中对齐，效果如图 1.73 所示。

计算机学院 2021 级动漫专业成绩表

序号	姓名	PS	FLASH	MAYA	3D	非线编	总分	平均分
1	安一臣	85	90	75	76	82		
2	孙　荣	86	85	85	85	86		
3	李家龙	82	80	80	86	87		
4	张　硕	80	88	75	82	82		
5	张　博	83	86	83	80	80		
6	陈　晨	75	75	86	75	75		
7	齐雪宁	86	70	72	72	76		
8	王雪怡	89	74	80	73	84		
9	冯　胜	73	65	76	83	76		
10	李　尚	76	69	79	84	73		
11	张　宇	75	80	73	73	70		
12	陈　磊	68	88	70	83	64		
13	张　东	69	83	75	84	68		
14	杜　鑫	72	82	76	75	62		
15	李雪菲	86	72	73	76	68		
16	徐　豪	84	69	85	65	68		
17	陈　慧	82	72	65	64	63		
18	杨一航	75	76	83	62	75		
19	张　芳	73	80	80	87	80		

图 1.73　设置标题文字格式和表格内容对齐后的效果

在完成标题文字格式和表格内容对齐的设置后，接着设置表格的底纹、外边框和线条。

（2）设置表格的底纹：选中第 1 列的单元格并右击，在弹出的快捷菜单中选择“表格属性”命令，在弹出的“表格属性”对话框的“表格”选项卡中单击“边框和底纹 ...”按钮，打开“边框和底纹”对话框，如图 1.74 所示。

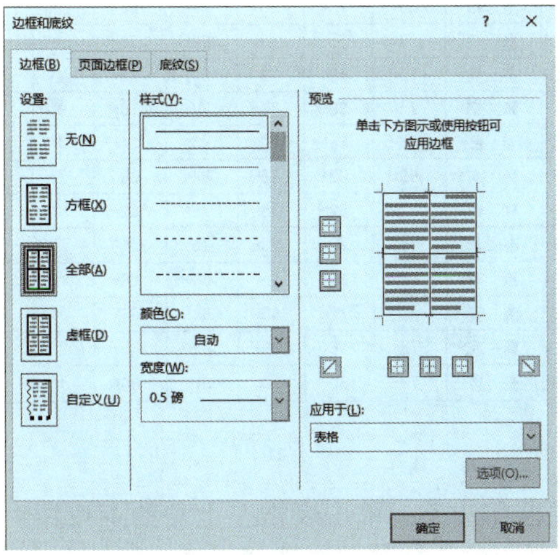

图 1.74　“边框和底纹”对话框 1

选择"底纹"选项卡，在"填充"下拉列表中选择"其他颜色"选项，在弹出的"颜色"对话框中选择"自定义"选项卡，在"RGB"颜色模式下设置：红色为255，绿色为242，蓝色为204，如图1.75所示。

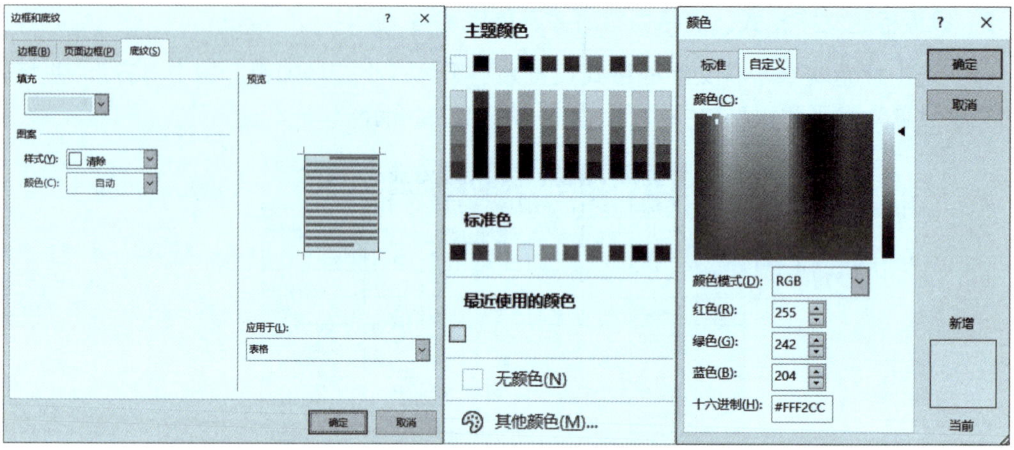

图1.75　设置表格的底纹

用相同的方法为其他单元格设置底纹。将"总分"和"平均分"两个单元格的底纹设置为"标准色：橙色"，将从"姓名"单元格到"非线编"单元格这6个单元格的底纹设置为"橙色，个性色2，淡色60%"。设置表格的底纹后的效果如图1.76所示。

计算机学院 2021 级动漫专业成绩表

序号	姓名	PS	FLASH	MAYA	3D	非线编	总分	平均分
1	安一臣	85	90	75	76	82		
2	孙　荣	86	85	85	85	86		
3	李家龙	82	80	80	86	87		
4	张　硕	80	88	75	82	82		
5	张　博	83	86	83	80	80		
6	陈　晨	75	75	86	75	75		
7	齐雪宁	86	70	72	72	76		
8	王雪怡	89	74	80	73	84		
9	冯　胜	73	65	76	83	76		
10	李　尚	76	69	79	84	73		
11	张　宇	75	80	73	73	70		
12	陈　磊	68	88	70	83	64		
13	张　东	69	83	75	84	68		
14	杜　鑫	72	82	76	75	62		
15	李雪菲	86	72	73	76	68		
16	徐　豪	84	69	85	65	68		
17	陈　慧	82	72	65	64	63		
18	杨一航	75	76	83	62	75		
19	张　芳	73	80	80	87	80		

图1.76　设置表格的底纹后的效果

（3）设置表格的外线框和线条：单击表格左上角的按钮对表格进行全选，在表格处于选中的状态下右击，在弹出的快捷菜单中选择"表格属性"命令，在弹出的"表格属性"

对话框的"表格"选项卡中单击"边框和底纹 ..."按钮，打开"边框和底纹"对话框，如图 1.77 所示。

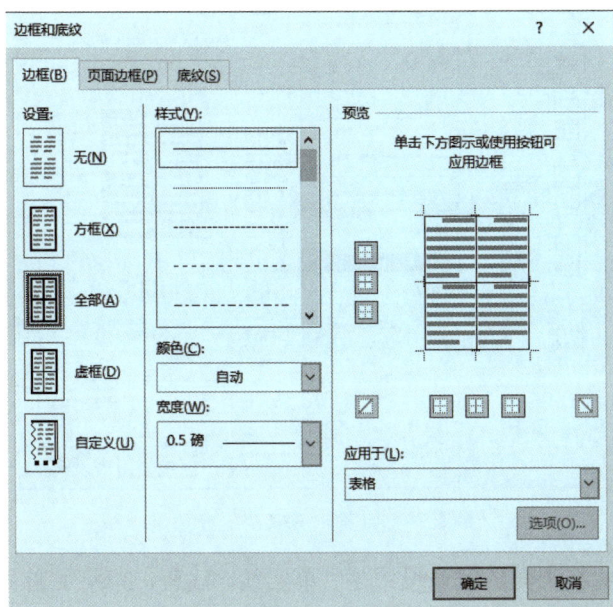

图 1.77 "边框和底纹"对话框 2

在"预览"区域中依次单击外边框对应的按钮，先取消对外边框的选择，如图 1.78 所示，再按照要求对外边框进行设置。

图 1.78 取消对外边框的选择

在"样式"列表框中选择"三实线"选项，将颜色设置为"标准色：紫色"，然后在"预览"区域中单击外边框对应的按钮，如图 1.79 所示。

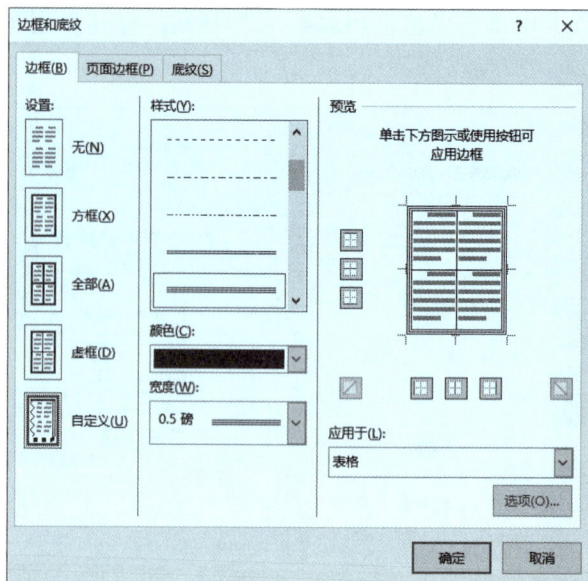

图 1.79　设置"三实线"外边框

　　将表格第 1 行单元格下面的线条设置为"单实线，浅蓝，3 磅"。首先选中第 1 行单元格，然后打开"边框和底纹"对话框，在"边框"选项卡的"预览"区域中单击第 1 行单元格下面那条线对应的按钮，取消对该线条的选择，如图 1.80 所示。

图 1.80　取消对线条的选择

　　在"样式"列表框中选择"单实线"选项，将颜色设置为"浅蓝"，宽度设置为"3 磅"，在"预览"区域中再次单击之前取消的线条对应的按钮，如图 1.81 所示。

　　用同样的方法把第 1 列单元格右侧的线条设置为"单实线，浅蓝，3 磅"。设置表格的外边框和内部线条后的效果如图 1.82 所示。

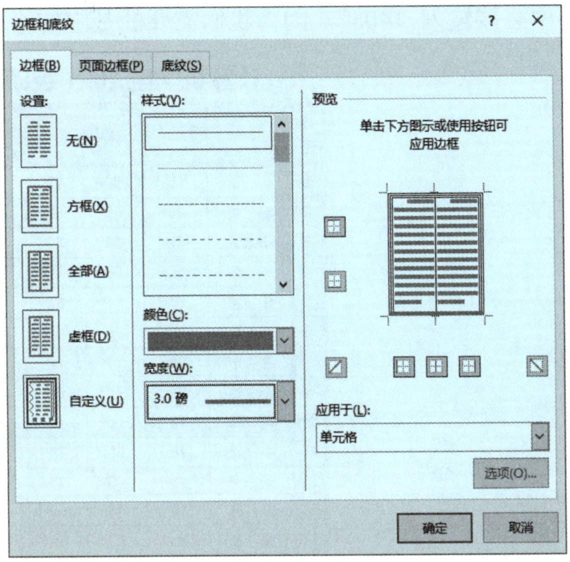

图 1.81　设置"单实线"线条

图 1.82　设置表格的外边框和内部线条后的效果

3. 利用公式求和

（1）将插入点定位到"总分"列，在"表格工具"扩展功能区的"布局"选项卡的"数据"组中单击"公式"按钮，打开"公式"对话框，在"公式"文本框中输入"=SUM(LEFT)"，如图 1.83 所示。

（2）把得到的第一个结果"408"全部复制到"总分"列的其余单元格中（注意：只能

是复制，不要在单元格中直接输入"408"，因为我们需要的是它的格式），如图 1.84 所示。

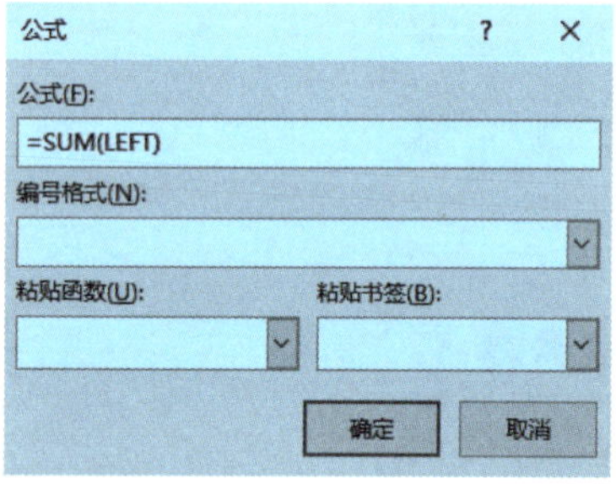

图 1.83 "公式"对话框 1

图 1.84 复制求和的格式

（3）在所有的"408"都处于被选中的状态下按键盘上的"F9"键，则所有的求和结果都可以计算出来了，如图 1.85 所示。

图 1.85 求和的结果

4.　利用公式求平均值

（1）将插入点定位到"平均分"列，在"表格工具"扩展功能区的"布局"选项卡的"数据"组中单击"公式"按钮，打开"公式"对话框，在"公式"文本框中输入"=AVERAGE(C2:G2)"，如图1.86所示。

（2）这时我们只能一个一个地求平均值，因为我们采用的是单元格的方式求和，简单的方法是先利用公式"=AVERAGE(LEFT)"求平均值，再利用公式"=SUM(LEFT)"求和。结果如图1.87所示。

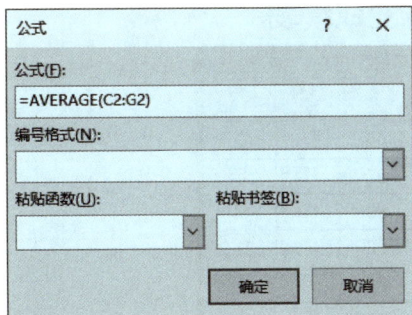

公式	?	×
公式(F):		
=AVERAGE(C2:G2)		
编号格式(N):		
粘贴函数(U):	粘贴书签(B):	
确定	取消	

图1.86　"公式"对话框2

计算机学院2021级动漫专业成绩表

序号	姓名	PS	FLASH	MAYA	3D	非线编	总分	平均分
1	安一臣	85	90	75	76	82	408	81.6
2	孙 荣	86	85	85	85	86	427	85.4
3	李家龙	82	80	80	86	87	415	83
4	张 硕	80	88	75	82	82	407	81.4
5	张 博	83	86	83	80	80	412	82.4
6	陈 晨	75	75	86	75	75	386	77.2
7	齐雪宁	86	70	72	72	76	376	75.2
8	王雪怡	89	74	80	73	84	400	80
9	冯 胜	73	65	76	83	76	373	74.6
10	李 尚	76	69	79	84	73	381	76.2
11	张 宇	75	80	73	73	70	371	74.2
12	陈 磊	68	80	70	83	72	373	74.6
13	张 东	69	83	75	84	68	379	75.8
14	杜 鑫	72	82	76	75	62	367	73.4
15	李雪菲	86	72	73	76	68	375	75
16	徐 豪	84	69	85	65	68	371	74.2
17	陈 慧	82	72	65	64	63	346	69.2
18	杨一航	75	76	83	62	75	371	74.2
19	张 芳	73	80	80	87	80	400	80

图1.87　求平均值的结果

5.　排序

单击表格左上角的全选按钮，在"表格工具"扩展功能区的"布局"选项卡的"数据"组中单击"排序"按钮，打开"排序"对话框，按照要求，首先在"主要关键字"下拉列表中选择"平均分"选项，然后选中"降序"单选按钮，最后单击"确定"按钮，如图1.88所示。

修改多余的浅蓝色单实线和紫色三实线，效果如图1.89所示。

提示："公式"对话框中的默认公式为求和函数"=SUM(ABOVE)"，如果需要其他函数，则可以在"粘贴函数"下拉列表中进行选择。另外，默认方向是向上计算（ABOVE），如果需要其他方向，则可以自行更改：向左计算（LEFT），向右计算（RIGHT），向下计算（BELOW）。

计算机学院 2021 级动漫专业成绩表

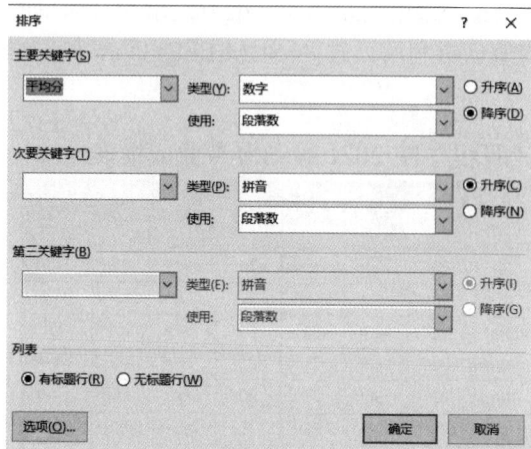

序号	姓名	PS	FLASH	MAYA	3D	非线编	总分	平均分
2	孙 荣	86	85	85	85	86	427	85.4
3	李家龙	82	80	80	86	87	415	83
5	张 博	83	86	83	80	80	412	82.4
1	安一臣	85	90	75	76	82	408	81.6
4	张 硕	80	88	75	82	82	407	81.4
8	王雪怡	89	74	80	73	84	400	80
19	张 芳	73	80	80	87	80	400	80
6	陈 晨	75	75	86	75	75	386	77.2
10	李 尚	76	69	79	84	73	381	76.2
13	张 东	69	83	75	84	68	379	75.8
7	齐雪宁	86	70	72	72	76	376	75.2
15	李雪菲	86	72	73	76	68	375	75
9	冯 胜	73	65	76	83	76	373	74.6
12	陈 磊	68	88	70	83	64	373	74.6
11	张 宇	75	80	73	73	70	371	74.2
16	徐 豪	84	69	85	65	68	371	74.2
18	杨一航	75	76	83	62	75	371	74.2
14	杜 鑫	72	82	76	75	62	367	73.4
17	陈 慧	82	72	65	64	63	346	69.2

图 1.88　"排序"对话框及排序后的效果

计算机学院 2021 级动漫专业成绩表

序号	姓名	PS	FLASH	MAYA	3D	非线编	总分	平均分
2	孙 荣	86	85	85	85	86	427	85.4
3	李家龙	82	80	80	86	87	415	83
5	张 博	83	86	83	80	80	412	82.4
1	安一臣	85	90	75	76	82	408	81.6
4	张 硕	80	88	75	82	82	407	81.4
8	王雪怡	89	74	80	73	84	400	80
19	张 芳	73	80	80	87	80	400	80
6	陈 晨	75	75	86	75	75	386	77.2
10	李 尚	76	69	79	84	73	381	76.2
13	张 东	69	83	75	84	68	379	75.8
7	齐雪宁	86	70	72	72	76	376	75.2
15	李雪菲	86	72	73	76	68	375	75
9	冯 胜	73	65	76	83	76	373	74.6
12	陈 磊	68	88	70	83	64	373	74.6
11	张 宇	75	80	73	73	70	371	74.2
16	徐 豪	84	69	85	65	68	371	74.2
18	杨一航	75	76	83	62	75	371	74.2
14	杜 鑫	72	82	76	75	62	367	73.4
17	陈 慧	82	72	65	64	63	346	69.2

图 1.89　修改多余的单实线和三实线后的效果

1.2.5 能力拓展——多人协同编辑文档

为了让同事们能更有效地完成工作，廖飞决定编写一本关于 Office 办公软件的书籍。于是他找到了夏老师和赵老师一起来编写，要求利用"多人协同编辑文档"的方法制作。

微课：多人协同编辑文档

（1）廖飞负责文档处理部分的 5 个任务，如图 1.90 所示。

（2）夏老师负责电子表格处理部分的 5 个任务，如图 1.91 所示。

（3）赵老师负责演示文稿制作部分的 5 个任务，如图 1.92 所示。

1.文档处理

□项目介绍

文档处理是信息化办公的重要组成部分，它广泛应用于人们日常生活、学习和工作等方方面面。本项目包含 Office 365 文档的基本编辑、图片的插入和编辑、表格的插入和编辑、样式与模板的创建和使用、多人协同编辑文档等内容。目前是最受欢迎的文档格式设置工具，利用它可以更轻松、高效地组织和编写文档，是办公中文档资料处理的首选软件。

□任务安排

任务 1 制作基础类文档

任务 2 制作表格类文档

任务 3 制作宣传类文档

任务 4 制作部件合并类文档

任务 5 制作长文档

2.电子表格处理

□项目介绍

电子表格处理是信息化办公的重要组成部分，在数据分析和处理中发挥着重要的作用，广泛应用于财务、管理、统计、金融等领域。

□任务安排

任务 1 制作职工工资表

任务 2 制作销售数据统计分析表

任务 3 制作人事信息数据表

任务 4 制作销售数据统计图

任务 5 制作产品采购销售分析表

3.演示文稿制作

□项目介绍

演示文稿制作是信息化办公的重要组成部分，借助演示文稿制作工具，可快速制作出图文并茂、富有感染力的演示文稿，并且可通过图片、视频和动画等多媒体形式展现复杂的内容，从而使表达的内容更容易理解。本项目包含演示文稿制作、动画设计、母版制作和使用、演示文稿放映和导出等内容。

□任务安排

任务 1 制作"个人简历"演示文稿

任务 2 制作"岗位竞聘"演示文稿

任务 3 制作"工作总结"演示文稿

任务 4 制作"员工培训"演示文稿

任务 5 制作"表彰大会"演示文稿

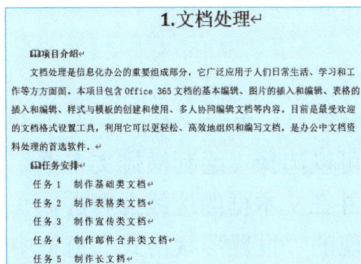

图 1.90　文档处理部分　　　　图 1.91　电子表格处理部分　　　　图 1.92　演示文稿制作部分

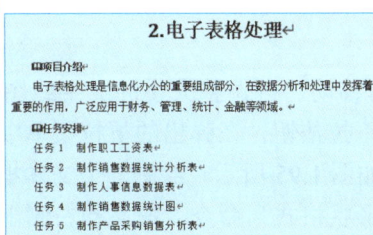

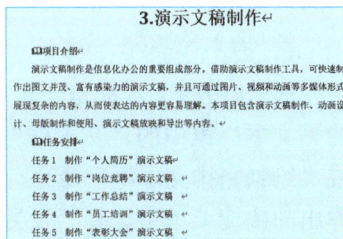

任务 3　制作宣传类文档

1.3.1 任务描述

为了扩大公司的社会影响力和知名度，公司人事部、综合管理部联合人工智能学院开展技能竞赛活动，旨在通过竞赛选拔人才、储备人才。廖飞作为校企合作的联络人，要为本次竞赛活动制作宣传海报和大赛指南。

1.3.2 技术分析

1. 插入形状背景图片

单击"插入"选项卡的"插图"组中的"形状"下拉按钮，在弹出的下拉菜单的"矩形"组中选择"矩形"，绘制一个矩形形状，将矩形形状移动到合适位置并调整矩形形状的大小，右击矩形形状，在弹出的快捷菜单中选择"设置形状格式"命令，在文档的右侧会出现"设置形状格式"窗格，在"填充"列表中选中"图片或纹理填充"单选按钮（此时窗格的标题变为"设置图片格式"，如图 1.93 所示），在"图片源"选区中单击"插入 ..."按钮，在弹出的"插入图片"对话框中选择"来自文件"，如图 1.94 所示，找到需要插入的背景图片，单击"插入"按钮，即可完成形状背景图片的设置。

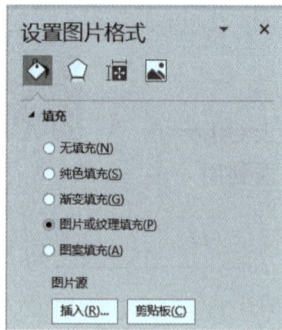

图 1.93　"设置图片格式"窗格

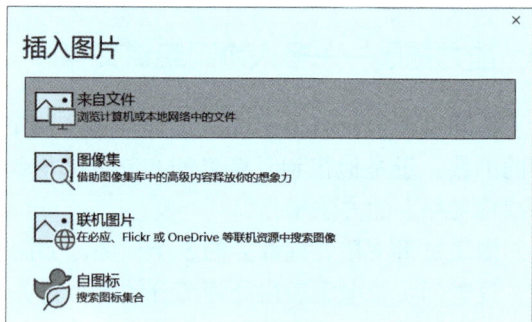

图 1.94　"插入图片"对话框

2. 插入文本框

　　Word 中的文本框是一种可移动、可调整大小的文字或图形容器。单击"插入"选项卡的"文本"组中的"文本框"下拉按钮，在弹出的下拉菜单中可以选择"绘制横排文本框"或"绘制竖排文本框"命令，如图 1.95 所示。绘制一个文本框并在文本框的边线上右击，在弹出的快捷菜单中选择"设置形状格式"命令，在文档右侧出现的"设置形状格式"窗格中可以对文本框的格式进行设置，如图 1.96 所示。

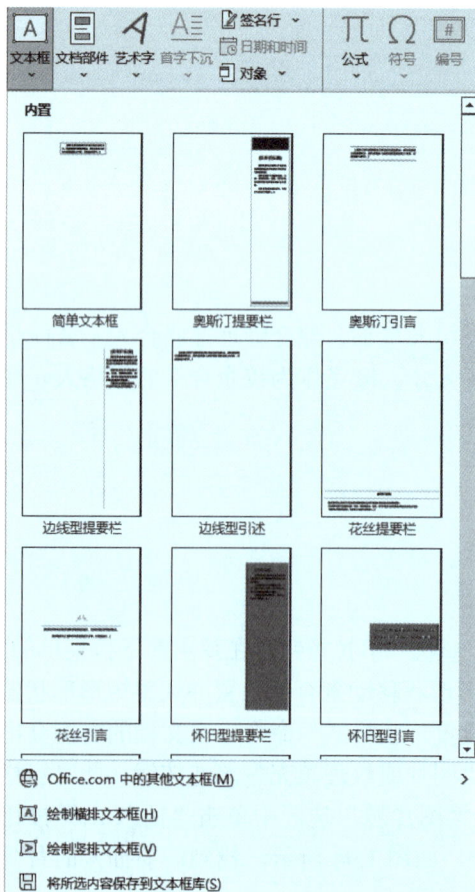

图 1.95　"文本框"下拉按钮

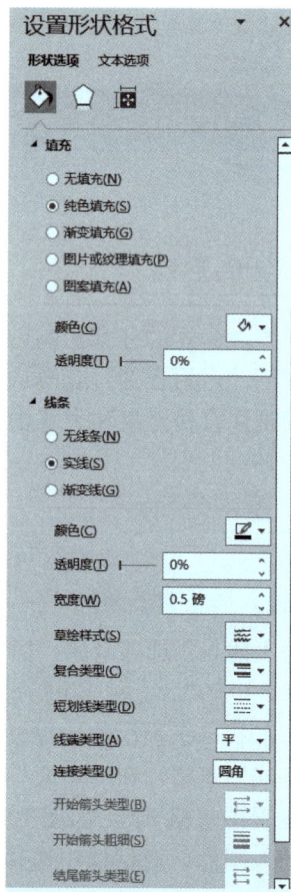

图 1.96　"设置形状格式"窗格

3. 形状的制作与设置

形状包括线条、矩形、基本形状、箭头总汇、公式形状、流程图、星与旗帜、标注等 8 种类型，通过不同类型的自选图形组合，可以制作出具有不同效果的图形。

当在文档中绘制完图形后，单击绘制的图形，Word 中就会显示"形状格式"选项卡，其中包含了"插入形状"组、"形状样式"组、"艺术字样式"组、"文本"组、"辅助功能"组、"排列"组和"大小"组，如图 1.97 所示。

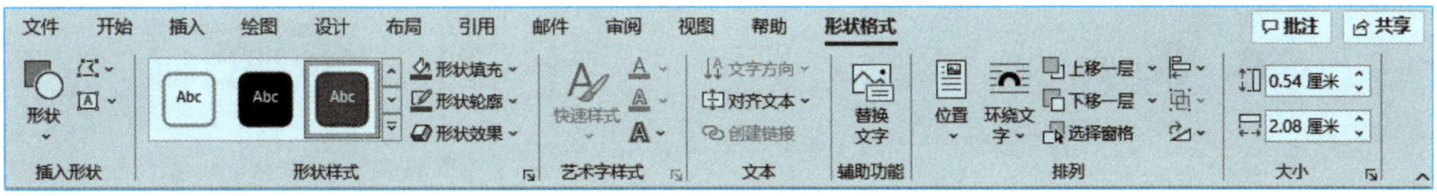

图 1.97　"形状格式"选项卡 1

当我们在编辑 Word 文档时，如果需要同时选中多个文本框、形状，则可以在按住键盘上的"Shift"键的同时选中多个对象。当我们需要对齐形状时，可以在"形状格式"选项卡的"排列"组中单击"对齐"下拉按钮，在弹出的下拉菜单中可以根据自己的需要选择相应的命令，如图 1.98 所示。当我们需要将多个对象进行组合时，可以在"形状格式"选项卡的"排列"组中单击"组合"下拉按钮，在弹出的下拉菜单中选择"组合"命令，如图 1.99 所示。

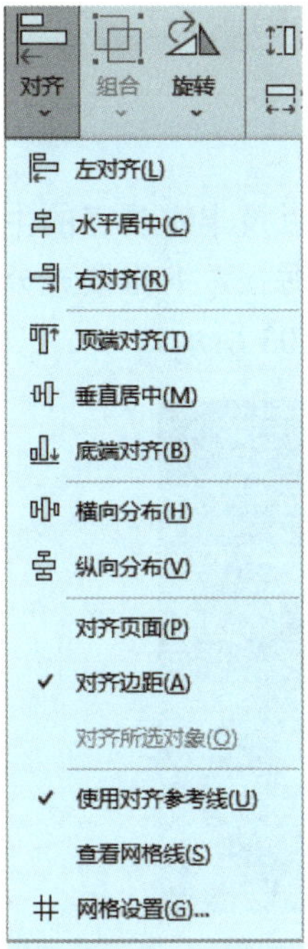

图 1.98　"对齐"按钮

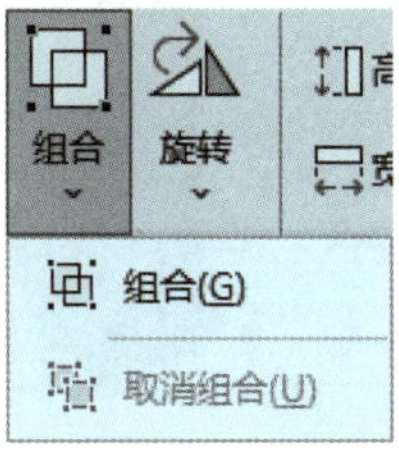

图 1.99　"组合"按钮

4. 插入艺术字

在 Word 文档中，可以以图形或图片的形式将艺术字插入文档中，并且可以对文字进行编辑。单击"插入"选项卡的"文本"组中的"艺术字"下拉按钮，在弹出的下拉菜单中选择自己需要的艺术字样式即可，如图 1.100 所示。在文本框中输入文字，即可完成艺术字的插入，如图 1.101 所示。

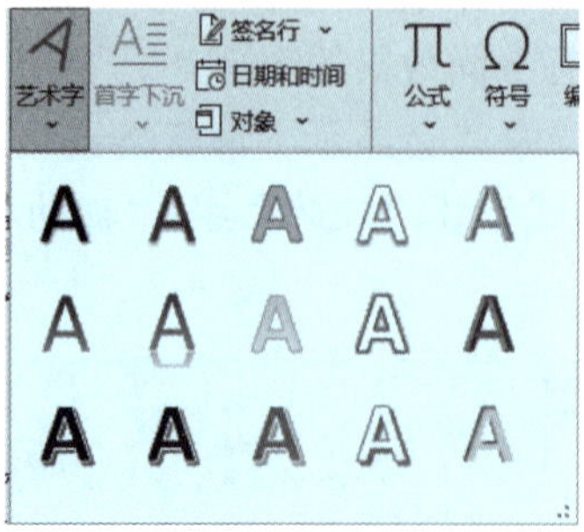

图 1.100　"艺术字"按钮

图 1.101　插入艺术字后的效果

　　如果需要对艺术字进行设置，则可以先选中编辑好的艺术字，然后选择"形状格式"选项卡，根据实际情况可以分别在"形状样式"组或"艺术字样式"组中对其进行设置，如图 1.102 所示。

图 1.102　"形状格式"选项卡 2

1.3.3　示例演示——制作大赛海报

微课：制作大赛
海报

　　为了扩大公司的社会影响力和知名度，以及丰富员工的生活，公司决定策划一场舞蹈大赛。小刘需要设计一张大赛海报，海报要充分体现本次大赛的内容。大赛海报制作完成后的效果如图 1.103 所示。

图 1.103　大赛海报制作完成后的效果

1. 设置页面

　　在"布局"选项卡的"页面设置"组中单击"纸张大小"下拉按钮，通过弹出的下拉菜单中的命令将纸张大小设置为 A3，如图 1.104 所示。单击"纸张方向"下拉按钮，通过弹出的下拉菜单中的命令将纸张方向设置为"横向"。

2.　插入形状背景图片

（1）在"插入"选项卡的"插图"组中单击"形状"下拉按钮，在弹出的下拉菜单的"矩形"组中选择"矩形"，绘制一个与页面一样大小的矩形形状，调整矩形形状的位置，使矩形形状刚好覆盖纸张。

（2）右击矩形形状，在弹出的快捷菜单中选择"设置形状格式"命令，在文档的右侧会出现"设置形状格式"窗格，在"填充"列表中选中"图片或纹理填充"单选按钮（此时窗格的标题变为"设置图片格式"），如图 1.105 所示。在"图片源"选区中单击"插入 ..."按钮，在弹出的"插入图片"对话框中选择"来自文件"，找到背景图片"bg.jpg"，单击"插入"按钮，即可完成形状背景图片的设置。

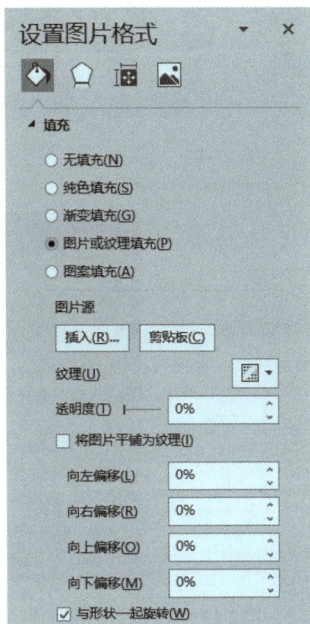

图 1.104　"纸张大小"下拉按钮　　　图 1.105　"设置图片格式"窗格

（3）按住键盘上的"Shift"键，拖动图片 4 个角中的任意一个角，图片的大小将会按等比例调整，然后按住鼠标左键不放拖动图片，直到图片出现绿色的"田字格"线条（出现绿色的"田字格"线条表示图片已经到了页面的中间位置），这时我们可以松开鼠标左键，效果如图 1.106 所示。

（4）选中图片，在"图片格式"选项卡的"排列"组中单击"环绕文字"下拉按钮，在弹出的下拉菜单中选择"衬于文字下方"命令，如图 1.107 所示。

3.　插入文本框

（1）单击"插入"选项卡的"文本"组中的"文本框"下拉按钮，在弹出的下拉菜单中选择"绘制横排文本框"命令，在需要插入文本框处按住鼠标左键不放，拖动生成一个文本框，并输入文字：2022 年首届"舞王"杯。选中文本框，单击"开始"选项卡的"段落"组中的"居中"按钮，使之居中对齐。单击"形状格式"选项卡的"形状样式"组中的"形状填充"下拉按钮，在弹出的下拉菜单中选择"无填充"命令，单击"形状轮廓"下拉按钮，在弹出的下拉菜单中选择"无轮廓"命令，使文本框不显示。将字体设置为"黑体"，字号设置为"72"，字体颜色设置为"红色"，加粗，并调整文本框的大小和位置。效果如图 1.108 所示。

图 1.106　插入背景图片后的效果　　　　　　图 1.107　选择"衬于文字下方"命令

图 1.108　插入文本框并输入文字后的效果

（2）用同样的方法插入 1 个文本框，并输入文字"湖北 ×× 科技公司宣传部"，将字体设置为"黑体"，字号设置为"60"，字体颜色设置为"深蓝"，加粗。并使文本框在页面中居中对齐。效果如图 1.109 所示。

图 1.109　插入多个文本框并输入文字后的效果

4. 绘制直线

单击"插入"选项卡的"插图"组中的"形状"下拉按钮,在弹出的下拉菜单的"线条"组中选择"直线",在按住鼠标左键的同时按住"Shift"键,水平拖动鼠标即可绘制一条水平直线。选中直线,在"形状格式"选项卡的"形状样式"组中单击"形状轮廓"下拉按钮,在弹出的下拉菜单中将粗细设置为"1.5 磅",颜色设置为"黄色",如图 1.110 所示。

用调整文本框的方法来调整直线的位置和长度,使直线在页面中居中。在直线处于选中的状态下,在"形状格式"选项卡的"形状样式"组中单击"形状效果"下拉按钮,在弹出的下拉菜单中选择"发光"命令,设置发光的参数为"发光:11 磅;橙色,主题 6",如图 1.111 左图所示。大赛海报的最终效果如图 1.111 右图所示。

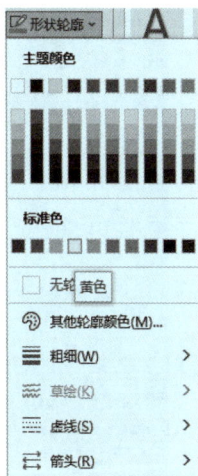

图 1.110　设置形状轮廓

图 1.111　设置发光的参数及大赛海报的最终效果

1.3.4　任务实现——制作个人简历封面

小赵已经工作一段时间了,他想找一份自己喜欢并且有挑战性的新工作,所以需要制作一份个人简历,他决定使用 Word 的相关功能进行制作。个人简历封面制作完成后的效果如图 1.112 所示。

微课:制作个人
简历封面

1. 选择封面

新建一个空白文档后,单击"插入"选项卡的"页面"组中的"封面"下拉按钮,在弹出的下拉菜单的"内置"列表框中选择"镶边"选项,即选择"镶边"类型的封面,如图 1.113 所示。

图 1.112　个人简历封面制作完成后的效果

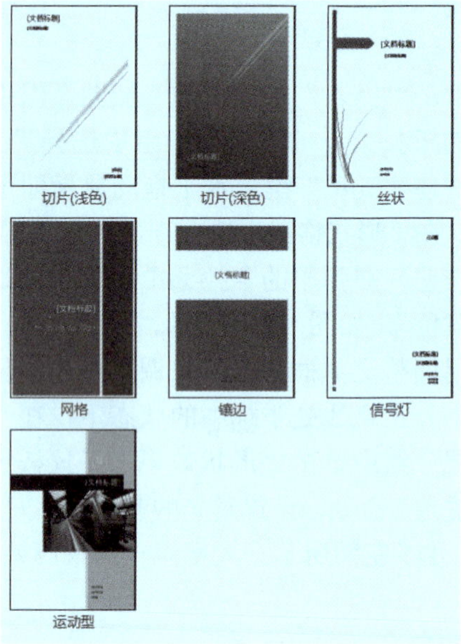

图 1.113　选择"镶边"选项

2. 设置封面

（1）选中上面的形状，在"形状格式"选项卡的"形状样式"组中选择"细微效果 - 绿色，强调颜色 6"，用同样的方法将下面的形状的样式设置为"浅色 1 轮廓，彩色填充 - 绿色，强调颜色 6"，如图 1.114 所示。

（2）右击文字部分，在弹出的快捷菜单中选择"删除内容控件"命令，删除"文档标题"控件和封面中的文字部分，如图 1.115 所示。

图 1.114　设置形状样式

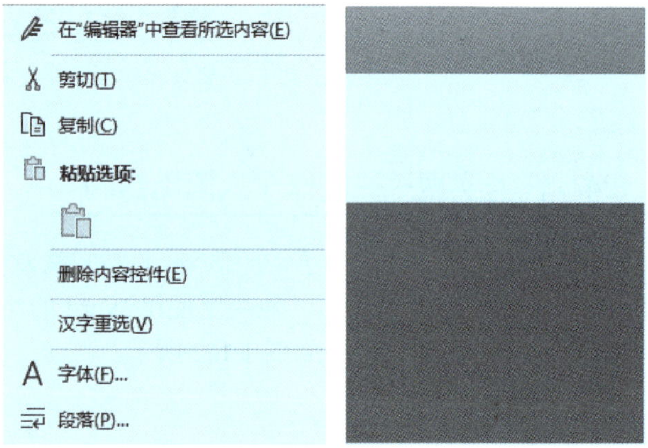

图 1.115　删除"文档标题"控件和文字部分

（3）单击"插入"选项卡的"插图"组中的"图片"下拉按钮，在弹出的下拉菜单中选择"此设备"命令，在弹出的"插入图片"对话框中找到要插入的素材图片，如图 1.116 所示，将素材图片插入编辑区中。

图 1.116　"插入图片"对话框

（4）单击"图片格式"选项卡的"排列"组中的"环绕文字"下拉按钮，在弹出的下拉菜单中选择"四周型"命令，如图 1.117 所示，为了使图片的宽度和形状的宽度大小一致，我们可以使用"图片格式"选项卡的"大小"组中的"宽度"进行参数的设置，最后把图片和修改后的封面进行组合。封面修改好后的效果如图 1.118 所示。

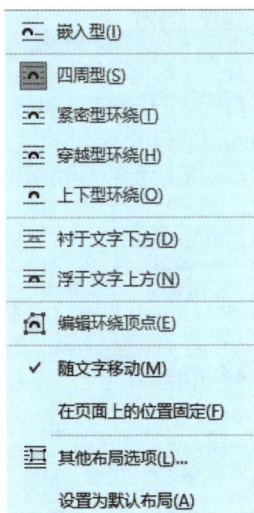

图 1.117　选择"四周型"命令

图 1.118　封面修改好后的效果

3. 输入文字并进行相关的设置

（1）文字的输入需要我们通过设置文本框的方法来实现。单击"插入"选项卡的"文本"组中的"文本框"下拉按钮，在弹出的下拉菜单中选择"绘制横排文本框"命令，在上面的形状中利用鼠标拖出一个文本框，如图 1.119 所示。然后在文本框中输入文字"个人简历"，将字体设置为"华文行楷"，字号可以自定义，字体颜色设置为"浅蓝"，文本效果设置为"发光：5 磅，橙色，主题色 2"，效果如图 1.120 所示。

图1.119　绘制文本框

图1.120　输入文字并进行相关设置后的效果

（2）选中文本框并右击，在弹出的快捷菜单中选择"设置形状格式"命令，如图1.121所示，在弹出的"设置形状格式"窗格中选择"形状选项"选项卡，在"填充"选区中选中"无填充"单选按钮，或者将透明度设置为"100"，在"线条"选区中选中"无线条"单选按钮，如图1.122所示。文本框设置后的效果如图1.123所示。

图1.121　选择"设置形状格式"命令

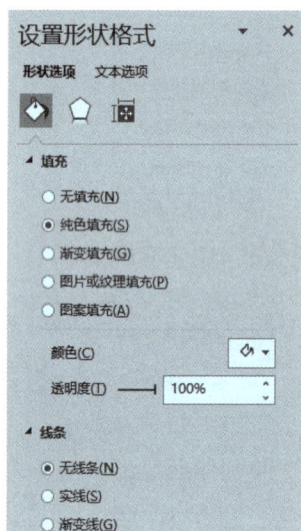

图1.122　"设置形状格式"窗格

图1.123　文本框设置后的效果

最后在下面的形状中用同样的方法输入个人的详细信息。个人简历封面的最终效果如图 1.124 所示。

图 1.124　个人简历封面的最终效果

1.3.5　能力拓展——制作招生简章封面

　　小刘的一个朋友小张是一名刚毕业的大学生，他找到的第一份工作是在一家专业的培训机构上班，因公司发展的需要，要求小张设计一份招生简章，他决定用 Word 来设计招生简章的封面。

　　要求：封面类型为"网格"类型，插入背景图片的方式为"插入形状背景"，字体为"幼圆"，形状为"太阳形"。参考效果如图 1.125 所示。

微课：制作招生
简章封面

图 1.125　招生简章封面的参考效果

任务 4　制作邮件合并类文档

1.4.1　任务描述

小刘大学毕业十多年了，想组织一场同学聚会。他想了一下，聚会要组织好，首先需要有邀请函，然后需要聚会请柬，另外，同学们都分布在不同的省市，所以还需要制作一个信封。Word 的邮件合并功能可以满足这次聚会所需邀请函、聚会请柬和信封的制作要求，并且很方便，所以小刘决定用邮件合并的方法来制作邀请函、聚会请柬和信封。

1.4.2　技术分析

1.　邮件合并的概念

在日常的工作中，我们经常会遇到一些主要内容相同，只有小部分数据有变化的文件，如录取通知书、邀请函、准考证等，如果单独制作会非常耗费时间和精力，并且工作效率很低。如果我们利用 Word 的邮件合并功能来制作文档，则可以节约大量的时间，工作效率也可以大大提高。

在 Office 中，使用邮件合并功能需要建立两个文档：一个是 Word 文档，该文档是包括所有文件共有内容的主文档；另一个是 Excel 文档，该文档是包括变化信息的数据源文档。然后使用邮件合并功能在主文档中插入变化的信息。用户可以将合成后的文件保存为 Word 文档，也可以打印出来，还可以以邮件的形式发出去。

2.　主文档

一般来说，主文档中包含着每个分类文档所共有的标准文字和图形，即文档中的内容是固定不变的，如信件的内容部分（不包括姓名等可以变化的部分）。建立主文档的操作和平时制作 Word 文档的操作一样，我们首先就要创建主文档，这样有利于我们在邮件合并时更好地布局。

3.　数据源文档

数据源文档就是数据记录表。单击"邮件"选项卡的"开始邮件合并"组中的"选择收件人"下拉按钮，如图 1.126 所示。如果没有数据源文档，则可以选择"键入新列表"命令，然后使用打开的表单来创建列表，列表以数据库文件 (*.mdb) 的形式保存，该文件可重复使用。

如果有数据源文档，则可以选择"使用现有列表"命令，现有列表可以是 Excel 电子表格、Access 数据库，或者某种其他类型的数据库。

如果可以在 Word 中直接检索 Outlook 联系人列表中的联系人信息，则可以将其用作数据源文档，此时可以选择"从 Outlook 联系人中选择"命令。

4．插入合并域

插入合并域的作用是可以在主文档的相应位置插入字段，就是我们要插入的数据源文档（通常是用 Excel 文档），字段会随着数据源文档中的数据的变化而变化。在主文档中先定位好，然后单击"邮件"选项卡的"编写和插入域"组中的"插入合并域"下拉按钮，在弹出的下拉菜单中选择相应字段即可完成该操作，如图 1.127 所示。

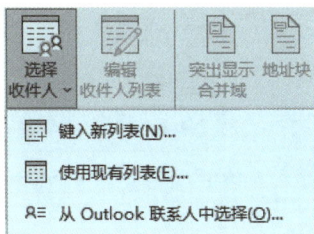

图 1.126　"选择收件人"下拉按钮	图 1.127　"插入合并域"按钮

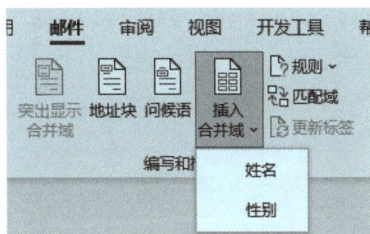

1.4.3　示例演示——制作邀请函

小刘大学毕业 15 年了，非常希望能组织一场同学聚会，于是联系了大学的同学。他决定制作一份邀请函，但是一份一份制作很花时间，而通过 Word 的邮件合并功能来制作可以大幅度提高效率。邀请函制作完成后的效果如图 1.128 所示。

微课：制作邀请函

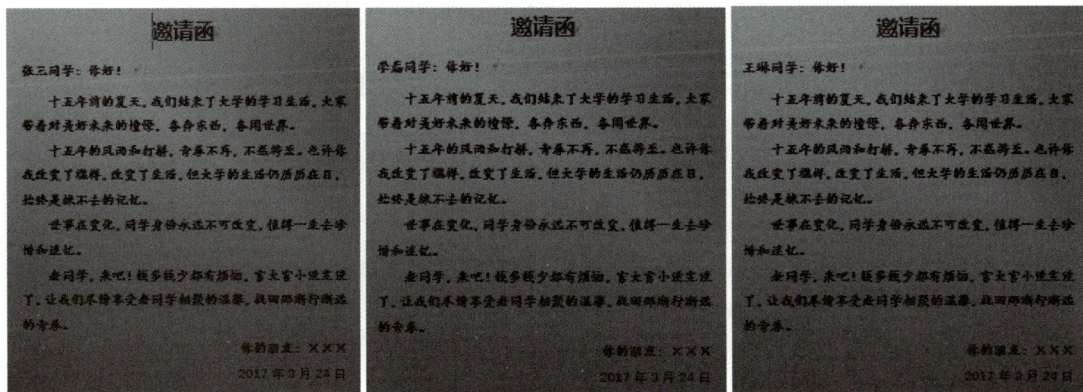

图 1.128　邀请函制作完成后的效果

1．制作主文档

打开素材文件，如图 1.129 所示。

2．选择文档类型

单击"邮件"选项卡的"开始邮件合并"组中的"开始邮件合并"下拉按钮，在弹出的下拉菜单中选择"信函"命令，如图 1.130 所示。

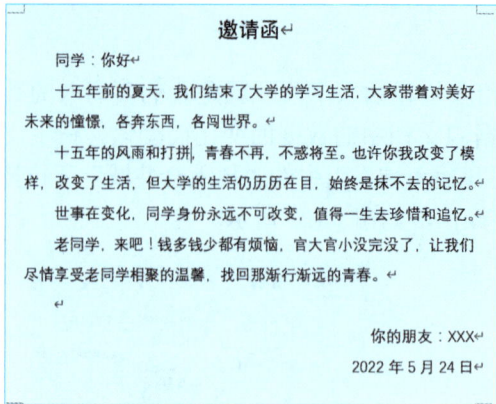

图 1.129　打开素材文件

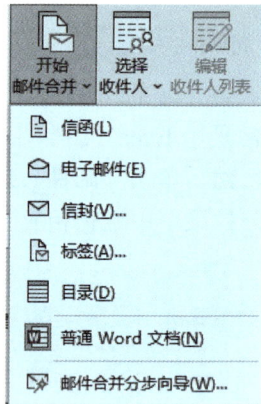

图 1.130　选择"信函"命令

3. 选择数据源

单击"邮件"选项卡的"开始邮件合并"组中的"选择收件人"下拉按钮，在弹出的下拉菜单中选择"使用现有列表"命令，在弹出的"选取数据源"对话框中选择所需的"邀请名单 .xlsx"文件，如图 1.131，单击"打开"按钮，在弹出的"选择表格"对话框中选择所需的数据表，如图 1.132 所示，然后单击"确定"按钮。

图 1.131　"选取数据源"对话框

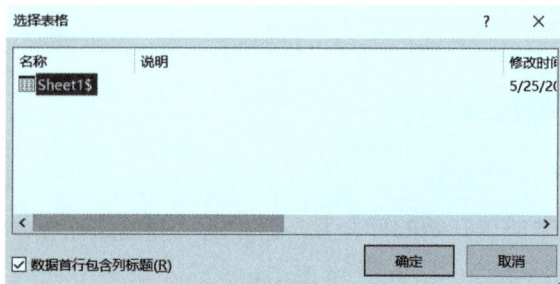

图 1.132　"选择表格"对话框

4. 插入合并域

将光标定位到"同学：你好"文字的左侧，单击"邮件"选项卡的"编写和插入域"组中的"插入合并域"下拉按钮，在弹出的下拉菜单中选择"姓名"命令，如图 1.133 所示。选择"姓名"命令后，在"邀请函"文档的"同学：你好"文字的左侧就会出现带有"《姓名》"的"姓名"，这些《姓名》在合并后是不会显示在文档中的，它的作用是区分域和普通文本，如图 1.134 所示。

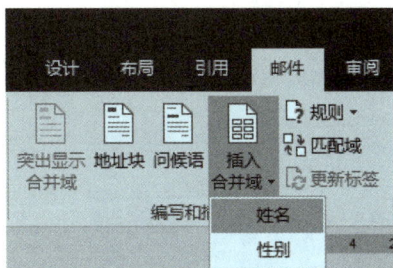

图 1.133　选择"姓名"命令

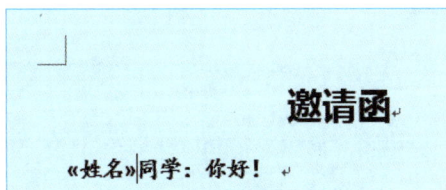

图 1.134　插入合并域后的效果

5. 完成合并

单击"完成"组中的"完成并合并"下拉按钮，在弹出的下拉菜单中选择"编辑单个文档"命令，在弹出的"合并到新文档"对话框中选中"全部"单选按钮，如图 1.135 所示，单击"确定"按钮，即可完成邮件合并。如果要在"同学：你好"文字的前面加上性别，比如，在男同学前面加上兄弟，在女同学前面加上姐妹，则可以在"邮件"选项卡的"编写和插入域"组中单击"规则"下拉按钮，在弹出的下拉菜单中选择"如果 … 那么 … 否则 …"命令，如图 1.136 所示。

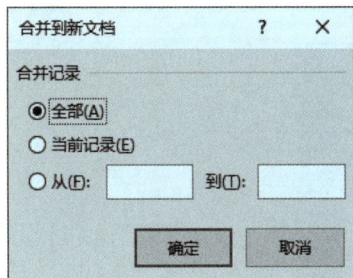

图 1.135　"合并到新文档"对话框

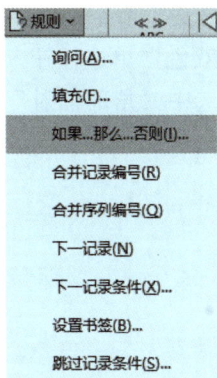

图 1.136　"规则"下拉按钮

在弹出的"插入 Word 域：如果"对话框中，将域名设置为"性别"，比较条件设置为"等于"，比较对象设置为"男"，在"则插入此文字"文本框中输入"兄弟"，在"否则插入此文字"文本框中输入"姐妹"，设置完成后单击"确定"按钮，如图 1.137 所示。设置后的效果如图 1.138 所示。

图 1.137　"插入 Word 域：如果"对话框

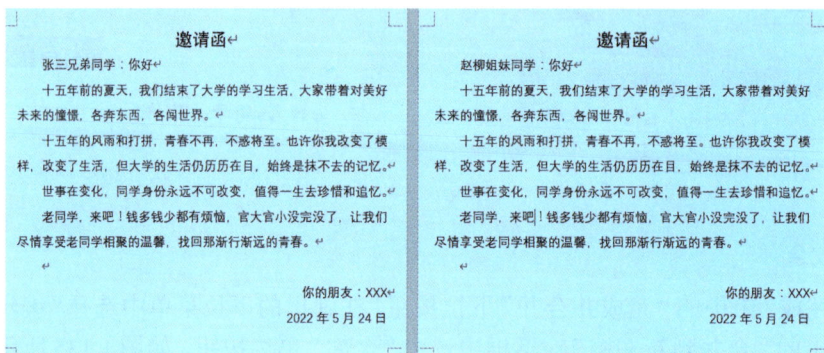

图 1.138　在"插入 Word 域：如果"文本框中设置后的效果

6. 设置背景颜色

单击"设计"选项卡的"页面背景"组中的"页面颜色"下拉按钮，在弹出的下拉菜单中选择"填充效果"命令，在弹出的"填充效果"对话框中选择"渐变"选项卡，在"颜色"选区中选中"双色"单选按钮，将颜色 1 设置为"绿色"，颜色 2 设置为"浅蓝"，在"底纹样式"选区中选中"角部辐射"单选按钮，设置完成后单击"确定"按钮，如图 1.139 所示。

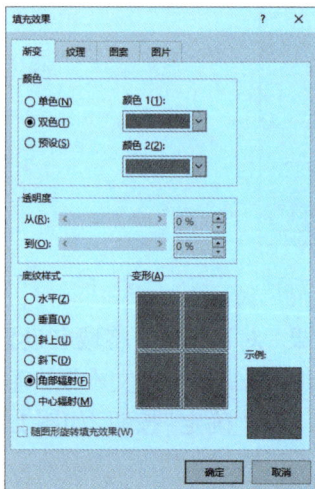

图 1.139　"填充效果"对话框

设置后邀请函的最终效果如图 1.140 所示。

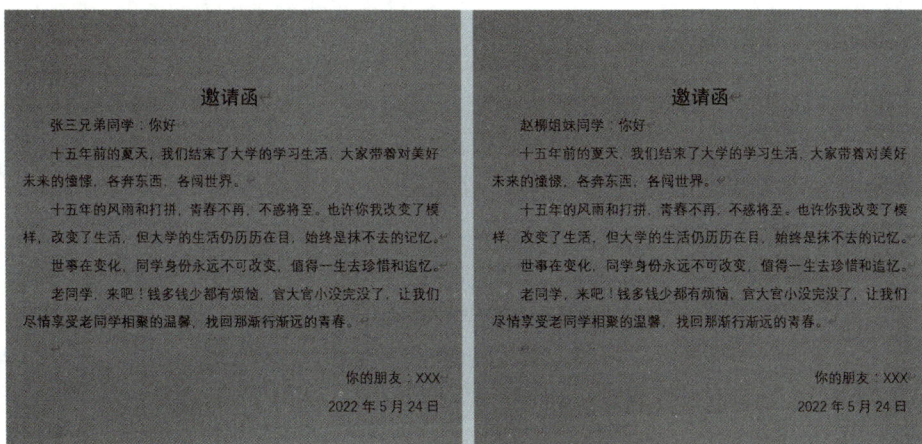

图 1.140　邀请函的最终效果

1.4.4　任务实现——制作聚会请柬

微课：制作聚会
请柬

每位参加聚会的同学都需要凭聚会请柬进入酒店，因此，小刘还需要为每位同学制作聚会请柬。请柬中包含了姓名、职务、联系方式和座位号，为了回忆过去的时光，还需要给聚会请柬上添加读书时的照片。如果依次为每张请柬添加照片，就会增加很大的工作量，于是小刘决定使用 Word 的邮件合并功能来完成。聚会请柬制作完成后的效果如所图 1.141 所示。

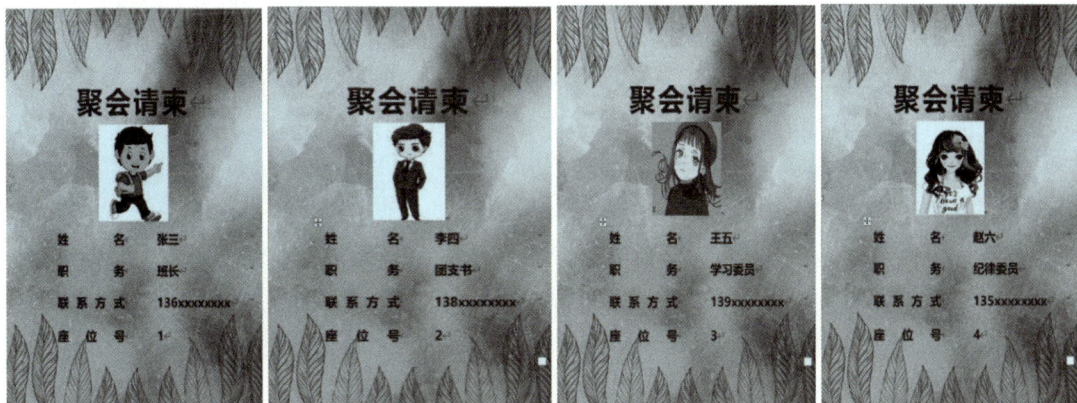

图 1.141　聚会请柬制作完成后的效果

1. 制作聚会请柬主文档

主文档的制作方法很简单，Word 里面有很多模板，我们可以按照自己的需要进行选择。

（1）选择"文件"菜单中的"新建"命令，在"新建"界面中选择"聚会邀请单"模板，然后删除多余的文字，如图 1.142 所示。

（2）选择"插入"选项卡，在模板上面插入一个 4 行 2 列的表格，然后将行高和列宽调整到合适大小即可，在"聚会请柬"文字的下面绘制一个文本框，将来照片就放置在文本框中，接着在表格中输入相应的文字，并设置文字的对齐方式为"分散对齐"。效果如图1.143所示。

图1.142　"聚会请柬"模板及
删除文字后的效果

图1.143　插入表格、绘制文本框、
输入文字后的效果

（3）右击表格左上角的⊕按钮，在弹出的快捷菜单中选择"表格属性"命令，在弹出的"表格属性"对话框的"表格"选项卡中单击"边框和底纹"按钮，打开"边框和底纹"对话框，在"边框"选项卡的"设置"区域中选择"无"，把表格隐藏起来，如图1.144所示，效果如图1.145所示。

图1.144　"边框和底纹"对话框

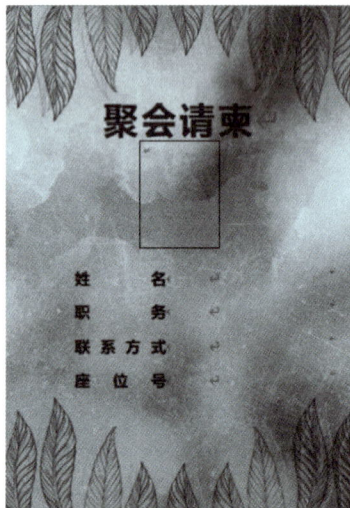

图1.145　把表格隐藏后的效果

2. 选择文档类型

在"邮件"选项卡的"开始邮件合并"组中单击"开始邮件合并"下拉按钮，在弹出的下拉菜单中选择"信函"命令，如图1.146所示。

图 1.146 选择"信函"命令

3. 创建数据源

在完成邮件合并之前，我们必须先创建好数据源，此例的数据源是利用 Excel 创建的（此例提供 Excel 素材文件），如图 1.147 所示。

姓名	职务	联系方式	座位号	相片
张三	班长	136xxxxxxxx	1	C:\\请柬图片\\01.jpg
李四	团支书	138xxxxxxxx	2	C:\\请柬图片\\02.jpg
王五	学习委员	139xxxxxxxx	3	C:\\请柬图片\\03.jpg
赵六	纪律委员	135xxxxxxxx	4	C:\\请柬图片\\04.jpg

图 1.147 创建好的数据源

单击"邮件"选项卡的"开始邮件合并"组中的"选择收件人"下拉按钮，在弹出的下拉菜单中选择"使用现有列表"命令，在弹出的"选取数据源"对话框中选择所需的"聚会请柬 1.xlsx"文件，如图 1.148 所示，然后单击"打开"按钮。

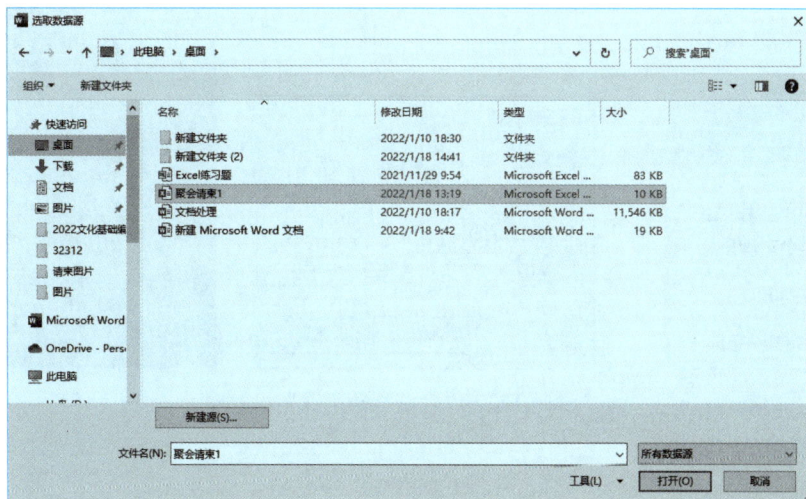

图 1.148 "选取数据源"对话框

4. 插入文字域

利用"插入合并域"下拉按钮（见图 1.149）分别在"姓名"、"职务"、"联系方式"和"座位号"文字的右侧及"聚会请柬"文字下面的文本框中插入相应的文字域，如图 1.150 所示。

图 1.149　"插入合并域"下拉按钮

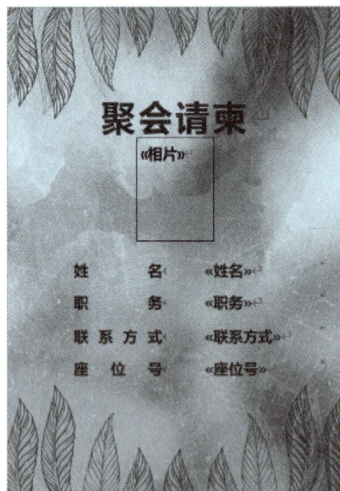

图 1.150　插入文字域后的效果

5. 完成合并

单击"邮件"选项卡的"完成"组中的"完成并合并"下拉按钮，在弹出的下拉菜单中选择"编辑单个文档"命令，如图 1.151 所示。在弹出的"合并到新文档"对话框中选中"全部"单选按钮，如图 1.152 所示。完成邮件合并后的效果如图 1.153 所示。

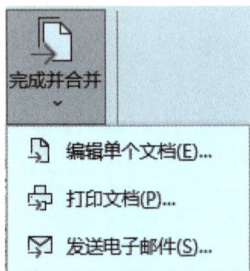

图 1.151　"完成并合并"
下拉按钮

图 1.152　"合并到新文档"
对话框

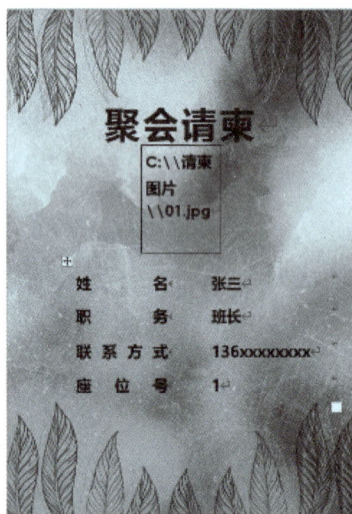

图 1.153　完成邮件
合并后的效果

6. 图片的显示

大部分的工作已经完成，现在只剩下图片还没有显示出来，我们通过"域"的方式来解决这个问题。首先我们要确定图片在计算机上存放的位置，文件名和扩展名都不能错。例如，我们把图片存放在某个盘符的"图片"文件夹下，那么它的格式是"盘符:\\ 图片 \\ 文件名 . 扩展名"（注意，这里的分隔符是"\\"）。

选中文本框中的内容，如图 1.154 所示。在键盘上按"Ctrl+F9"组合键，这时被选中内容的前后会出现一对大括号，它表示"手动输入域"，如图 1.155 所示。大括号中的内容不要删除，在英文状态下为大括号中的内容添加双引号，并在内容前面输入"includepicture"代码，效果如图 1.156 所示。

图 1.154　选中文本框中的内容　　　　图 1.155　手动输入域　　　　图 1.156　添加双引号及输入代码后的效果

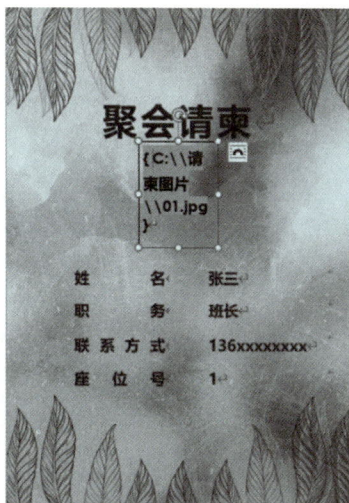

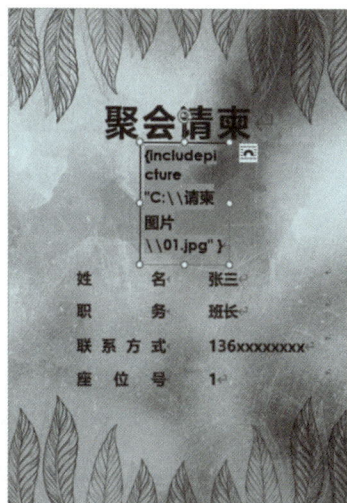

接着在键盘上按"Shift+F9"组合键，这时我们会发现文本框中什么都没有了，效果如图 1.157 所示。然后按键盘上的"F9"键对域进行刷新，图像就出现了，效果如图 1.158 所示。用同样的方法把剩下的图片显示出来，最后把文本框的轮廓设置为"无线条"，即完成最终的邮件合并。

图 1.157　按"Shift+F9"组合键后的效果　　　　图 1.158　按"F9"键后的效果

1.4.5　能力拓展——制作信封

微课：信封的
制作

在完成邀请函和聚会请柬的制作之后，小刘还需要制作信封，要把邀请函与聚会请柬邮寄给同学们。

要求：信封的样式为"国内信封 -ZL(230*120)"。参考效果如图 1.159 所示。

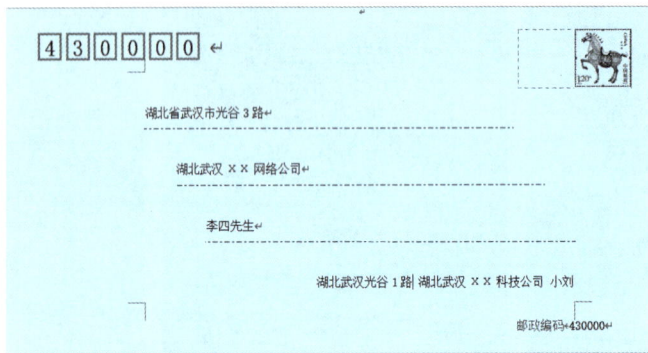

图 1.159　信封的参考效果

任务5　制作长文档

1.5.1　任务描述

公司的规章制度是公司用于规范公司全体成员及所有经济活动的标准和规定。因为规章制度是长文档，内容繁多，排版复杂，所以可以使用 Word 的相关功能进行制作。

1.5.2　技术分析

1. 模板

Word 模板是一种特殊文档，它可以存储为样式、自动图文集条目、自动更正条目、宏、工具栏、自定义菜单设置和快捷键。一个文档模板包含以下几个方面：

（1）信件、备忘录和报告中相同的文本与图形。当创建新文档时，Word 会自动把文本与图形插入该文档中。

（2）在段落中使用样式进行排版，包括字体、字号和缩进等。

（3）标准文本和插入图形、公司标记或图文集。

（4）自动完成编辑和格式编排功能的宏。

2. 样式

当我们在编排一篇较长的文档时，需要对许多文字和段落进行相同的设置，如果我们只是利用字体格式和段落格式进行排版，则会非常浪费时间，并且很难使文档的格式保持一致，而使用"样式"功能则可以减少很多重复的操作，并且排版后的格式是一致的。

样式是一组已经命名的字符和段落格式，它可以用于设置文档中的标题、题注及正文等各个文档元素的格式，对文档主要有以下作用：

- 使用样式可以使文档的格式便于统一。
- 使用样式便于构筑大纲，使文档更有条理，编辑和修改更简单。
- 使用样式可以生成目录。

1）内置样式

Word 自带多种样式类型，如"标题""强调""正文"等样式。选择"开始"选项卡，在"样式"组中选择所需的样式即可，如图 1.160 所示。

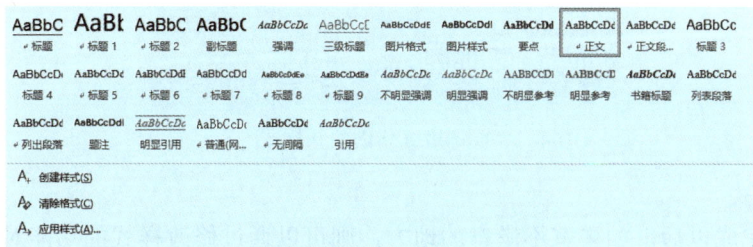

图 1.160　"样式"组

2）创建样式

Word 中内置样式的类型是有限的，当有的用户需要使用的样式在 Word 中没有时，可以根据需求创建所需的样式。

在"开始"选项卡的"样式"组中单击下拉按钮，在弹出的下拉菜单中选择"创建样式"命令，如图 1.161 所示。在弹出的"根据格式化创建新样式"对话框的"名称"文本框中输入样式的名称，如图 1.162 所示。单击"开始"选项卡的"样式"组中右下角的扩展按钮，在弹出的"样式"窗格中单击"新建样式"按钮，如图 1.163 所示。在弹出的"根据格式化创建新样式"对话框中单击"格式"下拉按钮，在弹出的下拉菜单中选择要设置的内容后进行设置即可，如图 1.164 所示。

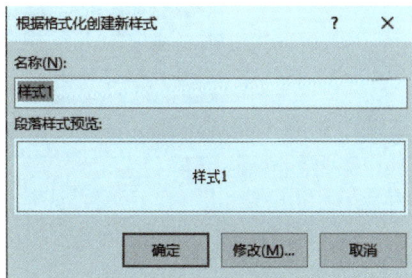

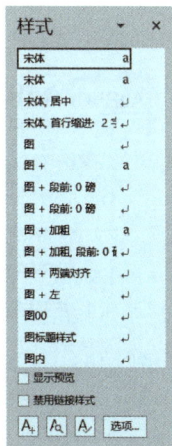

图 1.161　选择"创建样式"命令　图 1.162　"根据格式化创建新样式"对话框 1　图 1.163　"样式"窗格

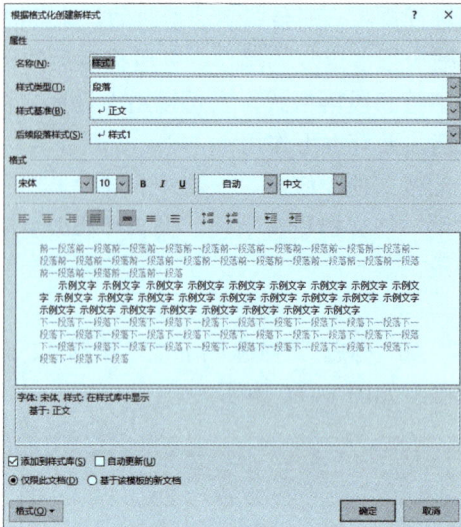

图 1.164　"根据格式化创建新样式"对话框 2

3）修改样式

样式创建完成以后，如果有不满意的地方，则可以通过修改样式的功能对其进行修改。在"开始"选项卡的"样式"组中右击要修改的样式，在弹出的快捷菜单中选择"修改"命令，如图 1.165 所示。在弹出的"修改样式"对话框中单击"格式"下拉按钮，如图 1.166 所示，在弹出的下拉菜单中选择要修改的内容后进行设置，即可完成修改。

图 1.165　选择"修改"命令

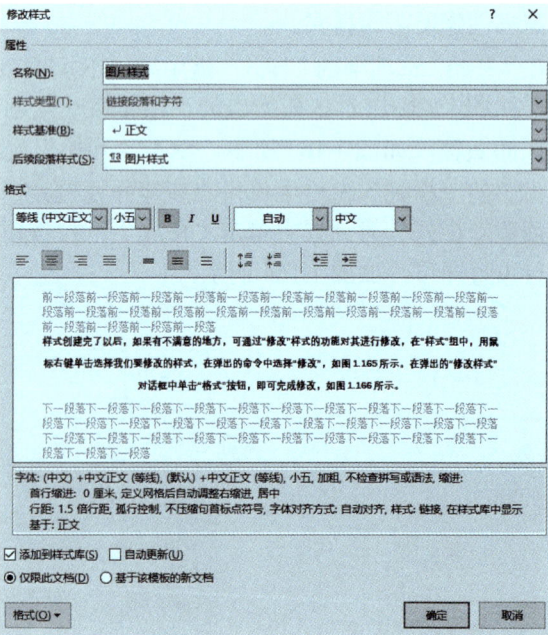

图 1.166　"修改样式"对话框

3. 多级列表

在某些文档中，我们经常要用不同形式的编号来表现标题或段落的层次。此时，多级符号列表就大有用场了，它最多可以具有 9 个层级，每一层级都可以根据需要设置出不同的格式和形式。

　　1）定义多级列表

　　在"开始"选项卡的"段落"组中单击"多级列表"下拉按钮，在弹出的下拉菜单中选择"定义新的多级列表"命令，如图 1.167 所示，打开"定义新多级列表"对话框，如图 1.168 所示。可以通过单击对话框左下角的"更多"或"更少"按钮来变动显示的设置，可以在"单击要修改的级别"区域左侧的数字列表框中选择要修改的级别进行设置。

　　2）将级别链接到样式

　　设置完每一级别后，可以在右侧的"将级别链接到样式"下拉列表中进行选择，如图 1.169 所示，根据文档中使用的标题级别样式，分别将编号格式级别链接到不同的标题样式。

图 1.167　选择"定义新的多级列表"命令

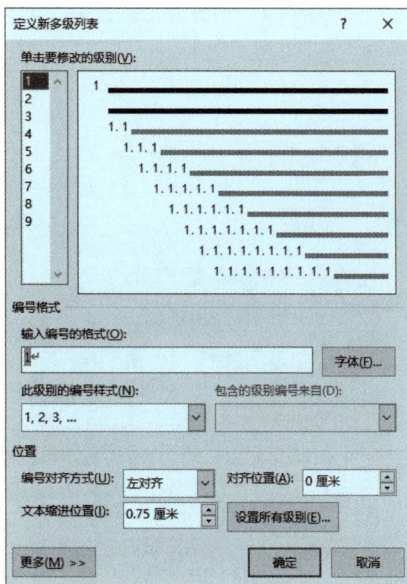

图 1.168　"定义新多级列表"对话框

图 1.169　将级别链接到样式

4. 题注

在 Word 中添加题注是用来给图片、表格、图表、公式等项目添加名称和编号的。使用题注的功能可以保证长文档中图片、表格或图表等项目能够顺序地自动编号。如果移动、插入或删除带题注的对象，则 Word 可以自动更新题注的编号。而且一旦某一项目带有题注，还可以对其进行交叉引用。

选中需要添加题注的图片，单击"引用"选项卡的"题注"组中的"插入题注"按钮，打开"题注"对话框，如图 1.170 所示；或者右击需要添加题注的图片，在弹出的快捷菜单中选择"插入题注"命令，如图 1.171 所示，同样可以打开"题注"对话框。

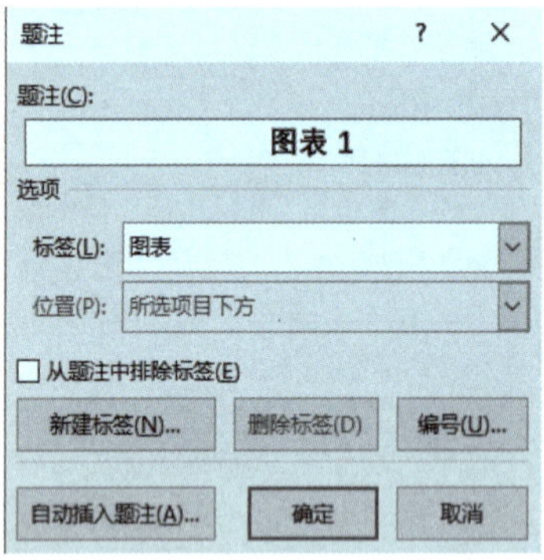

图 1.170　"题注"对话框

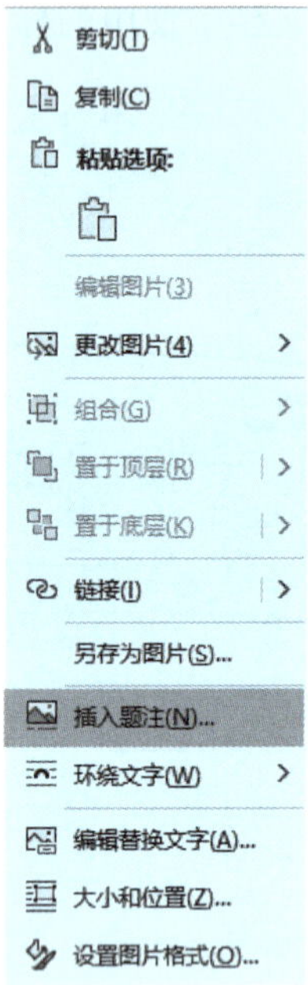

图 1.171　选择"插入题注"命令

在"题注"对话框内，可以在"标签"下拉列表中查看有无所需的题注标签，或者单击"新建标签 …"按钮，建立新的所需标签，在"位置"下拉列表中选择"所选项目下方"选项即可。单击"编号 …"按钮，可以在弹出的"题注编号"对话框中进行相应的设置。

5. 图表目录

图表目录又称图表索引，它是以文档中的图片、表格等元素生成的目录。在文档内容制作完成并添加题注后，在"引用"选项卡的"题注"组中单击"插入表目录"按钮，如图 1.172 所示，在弹出的"图表目录"对话框中进行相应的设置即可，如图 1.173 所示。

6. 交叉引用

Word 中的交叉引用是对 Word 文档中其他位置的内容的引用。在"引用"选项卡的"题注"组中单击"交叉引用"按钮，打开"交叉引用"对话框，如图 1.174 所示，可以在"引用类型"列表框中选择需要的类型，如编号项、标题、书签、脚注、尾注等，最后单击"插入"按钮即可完成该操作。

图 1.172　"插入表目录"按钮

图 1.173　"图表目录"对话框

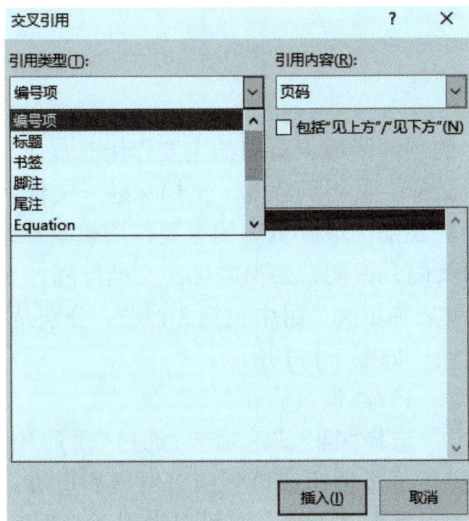

图 1.174　"交叉引用"对话框

7. 脚注和尾注

脚注和尾注都是对文本的补充说明。脚注位于页面的底部，可以作为文档某处内容的注释；尾注位于文档的末尾，用于列出引文的出处等。

首先将光标定位到需要注释的文字的后面，在"引用"选项卡的"脚注"组中单击"插入脚注"按钮或"插入尾注"按钮即可插入注释，如图 1.175 所示。单击"脚注"组中右下角的扩展按钮 ，在弹出的"脚注和尾注"对话框中可以对脚注和尾注进行设置，如图 1.176 所示。

在"位置"选区中可以修改脚注和尾注显示的位置，在"格式"选区中可以修改脚注和尾注的编号格式。如果要删除脚注或尾注，则在文中选中脚注或尾注后，在键盘上按"Delete"键即可。

图1.175　"脚注"组

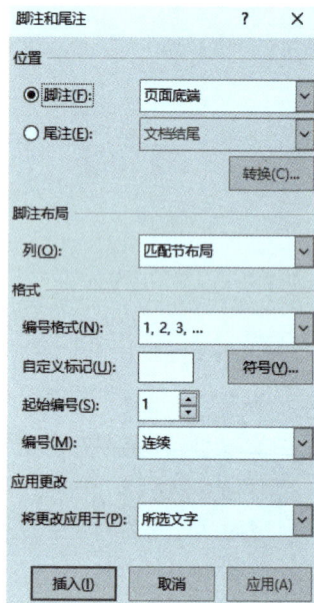

图1.176　"脚注和尾注"对话框

8. 页眉、页脚和页码

页眉是文档中每个页面的顶部区域。页眉的主要作用是显示文档的附加信息，在页眉中可以插入时间、图形、公司徽标、页眉示意图、文档标题、文件名或作者姓名等。

页脚是文档中每个页面的底部区域。页脚的主要作用也是显示文档的附加信息，在页脚中可以插入文本或图形，如页码、日期、公司徽标、文档标题、文件名或作者姓名等。

在"插入"选项卡的"页眉和页脚"组中包括3部分，分别是"页眉"下拉按钮、"页脚"下拉按钮和"页码"下拉按钮，如图1.177所示。

图1.177　"页眉和页脚"组

1）添加页眉和页脚

选择"插入"选项卡，通过"页眉和页脚"组中的"页眉"和"页脚"下拉按钮即可分别对页眉和页脚进行设置。因为页眉和页脚的设置方法一样，这里以设置页眉为例。

单击"页眉"下拉按钮，在弹出的下拉菜单中选择"编辑页眉"命令，如图1.178所示，即可进入页眉的编辑模式。此时菜单栏中会多出一个"页眉和页脚"选项卡，如图1.179所示。通过该选项卡中的功能按钮进行相应的设置，设置完成后单击"关闭页眉和页脚"按钮即可退出编辑模式。

2）删除页眉和页脚

在"插入"选项卡的"页眉和页脚"组中单击"页眉"下拉按钮，在弹出的下拉菜单中选择"删除页眉"命令即可删除页眉（见图1.178）。删除页脚的操作与删除页眉的操作类似，这里不再赘述。

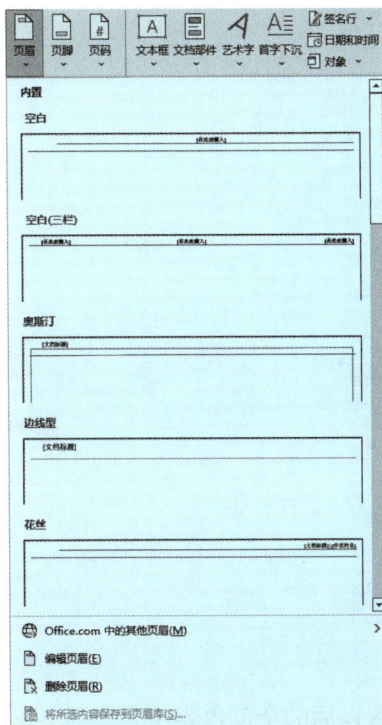

图 1.178　"页眉"下拉按钮

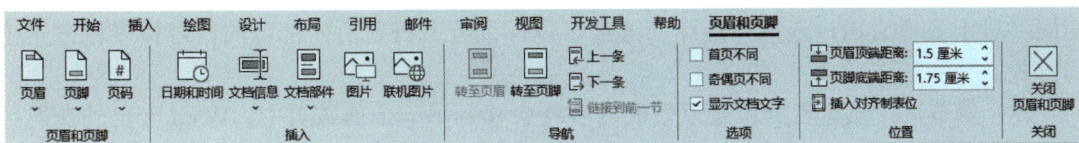

图 1.179　"页眉和页脚"选项卡

9.　分页符与分节符

在编辑 Word 文档时，软件会自动为文档进行分页。使用分页符可以从插入点开始分页，前后页还是在同一节中，并且设置的格式、样式等不受分页影响，而其他的格式则可能会受到影响，如页眉和页脚。

1）分页符

如果需要对文档进行分页，其操作方法是：单击"布局"选项卡的"页面设置"组中的"分隔符"下拉按钮，在弹出的下拉列表中选择"分页符"选项即可完成分页，如图 1.180 所示。也可以将光标定位到需要进行分页的位置，在"插入"选项卡的"页面"组中单击"分页"按钮，如图 1.181 所示。在编辑文档时，如果需要取消分页，则可以将光标定位到分页符的前面，按键盘上的"Delete"键进行删除。

2）分节符

分节符是指为表示节的结尾插入的标记。分节符包含节的格式设置元素，如页边距、页面的方向、页眉和页脚，以及页码的顺序。它可以将文档分成几部分，然后根据需要设置每部分的格式。分节符是为在一节中设置相对独立的格式页插入的标记。

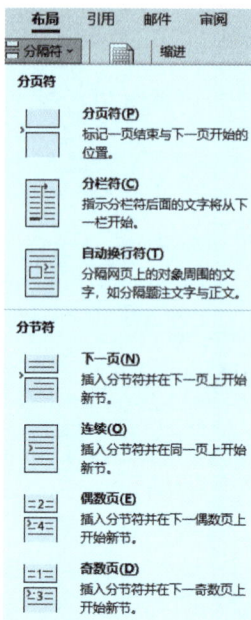

图 1.180 "分隔符"下拉按钮

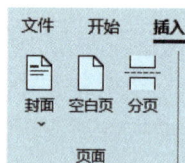

图 1.181 "分页"按钮

（1）下一页：光标当前位置以后的全部内容将会移到下一页中。

（2）连续：光标当前位置以后的内容将按新的一页的设置进行安排，但其内容不移到下一页，而是从当前空白处开始。对于单栏文档，"连续"选项的作用与分段符的作用相同；对于多栏文档，选择"连续"选项可以保证分节符前后两部分的内容按多栏方式正确排版。

（3）偶数页：光标当前位置以后的内容将会移到下一个偶数页中，Word 会自动在偶数页之间空出一页。

（4）奇数页：光标当前位置以后的内容将会移到下一个奇数页中，Word 会自动在奇数页之间空出一页。

10. 目录

长文档（如论文等）中都存在着目录，目录可以让读者更清楚地了解整篇文档的内容与结构分布，以及编者的构思。目录创建好后都会自动产生超链接，我们只需要按住键盘上的"Ctrl"键，然后单击所需要的章节就可以快速找到所需的内容。

（1）生成目录。将光标定位到想要添加目录的页面中，在"引用"选项卡的"目录"组中单击"目录"下拉按钮，在弹出的下拉菜单中选择所需要的目录效果即可，如图 1.182 所示。

（2）自定义目录。在"引用"选项卡的"目录"组中单击"目录"下拉按钮，在弹出的下拉菜单中选择"自定义目录"命令，打开"目录"对话框，如图 1.183 所示，在该对话框中，我们可以对目录格式进行自定义设置。选择"目录"对话框中的"目录"选项卡，在"常规"选区的"格式"下拉列表中可以选择不同的目录效果，包括"古典"、"优雅"、"流行"、"现代"、"正式"和"简单"等格式，在"显示级别"增量框中可以设置目录显示的标题级别，默认为"3"；单击"修改..."按钮可以打开目录"样式"对话框，如图 1.184 所示，在该对话框内单击"修改..."按钮可以修改字体样式等设置。完成设置后，单击"确定"按钮即可生成目录。

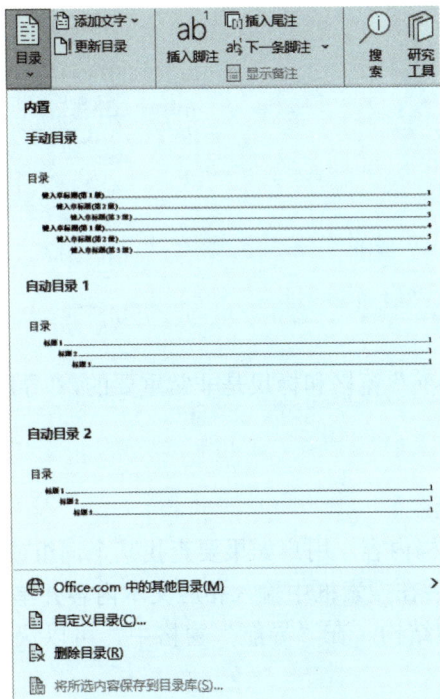

图 1.182   "目录"下拉按钮

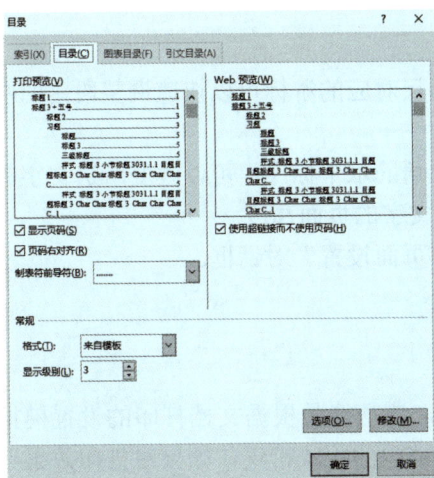

图 1.183   "目录"对话框

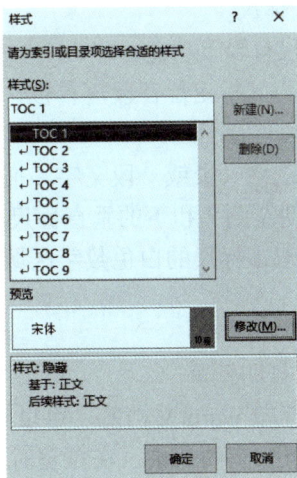

图 1.184   "样式"对话框

（3）更新目录。在目录制作完成之后，当对文档内容进行修改导致标题或页码等产生变动时，可以使用"更新目录"功能对目录进行更新。

选择"引用"选项卡，在"目录"组中单击"更新目录"按钮，如图 1.185 所示，在弹出的"更新目录"对话框中选择所需要的更新方式，如图 1.186 所示，单击"确定"按钮即可完成对目录的更新。也可以在制作好的目录上面进行修改，其操作方法是：单击制作好的目录，在目录的左上角会出现"更新目录"按钮，单击该按钮，在弹出的"更新目录"对话框中选择所需要的更新方式即可。

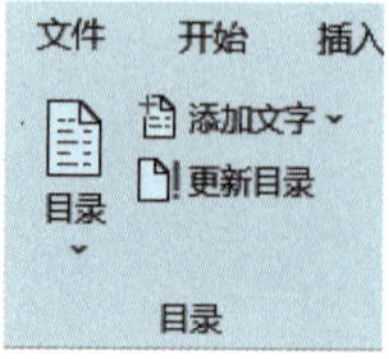

图 1.185　"更新目录"按钮

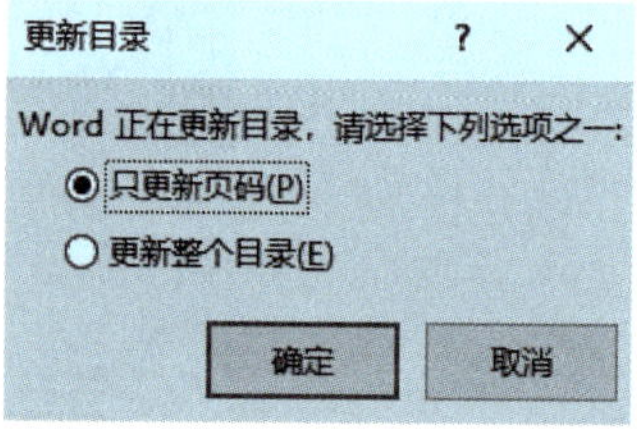

图 1.186　"更新目录"对话框

11. "导航"窗格和标尺

对于长文档的编辑，"导航"窗格和标尺是非常重要的，"导航"窗格和"标尺"都在"视图"选项卡中。

1）"导航"窗格

"导航"窗格有以下功能：

① 快速定位到指定的文档内容。用户如果要查找某个词组或某段话，可以在"导航"窗格中选择"结果"标签，然后在搜索框中输入相应文本内容并单击"搜索"按钮。

② 快速调整文档内容的结构。在"导航"窗格中，可以快速实现某个标题的"升级"或"降级"。

③ 快速移动文本。当文档中某一部分内容需要整体向前或向后移动时，用户可以直接在"导航"窗格中移动大纲结构。

2）标尺

标尺有以下功能：

① 将光标定位在段落首位，拖动上方水平标尺对应的游标可以快速调整段落的左缩进、右缩进和首行缩进。

② 选中一页或一段文字，拖动左上角或右上角的水平标尺，可以改变所选文字的页面宽度；拖动左侧上和下的垂直标尺，可以改变所选文字的页面高度。

③ 双击标尺的白色数字区域可以快速打开"页面设置"对话框。

12. 打印文档

1）打印预览

在打印 Word 文档前，可以对文档进行预览，该功能是根据文档打印的设置模拟文档被打印在纸张上的效果。在预览时可以及时发现文档中的版式错误，如果对打印效果不满意，也可以及时对文档的版面进行重新设置和调整。

2）页面设置

打开"页面设置"对话框，对页面的页边距、纸张方向、页码范围、纸张大小、纸张来源、页眉和页脚、网格等进行设置，设置完成后单击"确定"按钮。

3）打印文档

设置完成后即可打印文档，选择"文件"菜单中的"打印"命令，在"打印"界面的"打印机"下拉列表中选择打印机，然后在"份数"增量框中设置打印数量，单击"打印"按钮即可完成。

1.5.3　示例演示——公司考勤管理制度文档的排版

微课：公司考勤
管理制度文档的排版

　　小刘转到了公司的行政部门工作。最近，公司老板发现员工的工作态度不是很端正，于是决定让小刘设计一份考勤管理制度。小刘打开公司原有的考勤管理制度文档，经过研究，决定使用 Word 的相关功能进行制作。公司考勤管理制度文档制作完成后的效果如图 1.187 所示。

图 1.187　公司考勤管理制度文档制作完成后的效果

1. 输入文档

　　启动 Word，打开素材文件，如图 1.188 所示。

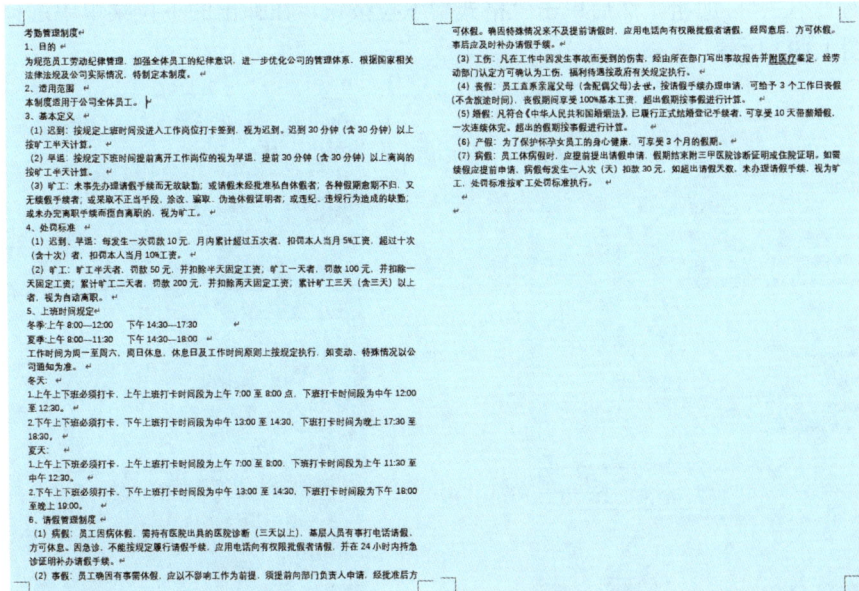

图 1.188　打开素材文件

2. 修改标题样式

选择"开始"选项卡，在"样式"组中右击"标题1"样式，在弹出的快捷菜单中选择"修改"命令，如图 1.189 所示。打开"修改样式"对话框，将字体设置为"黑体，小二，加粗，居中对齐"，并将名称改为"考勤管理制度"，单击"确定"按钮，如图 1.190 所示。

图 1.189　选择"修改"命令

图 1.190　"修改样式"对话框 1

选中标题文字"考勤管理制度"，在"开始"选项卡的"字体"组中单击右下角的扩展按钮，在弹出的"字体"对话框中选择"高级"选项卡，在"字符间距"选区中将间距设置为"加宽"，磅值设置为"4磅"，如图 1.191 所示。

接下来对"标题2"样式进行修改。在"样式"组中右击"标题2"样式，在弹出的快捷菜单中选择"修改"命令，在弹出的"修改样式"对话框中，将字体设置为"华文仿宋"，字号设置为"小三"，加粗，然后单击"格式"下拉按钮，在弹出的下拉菜单中选择"边框"命令，如图 1.192 所示。

图 1.191　"字体"对话框

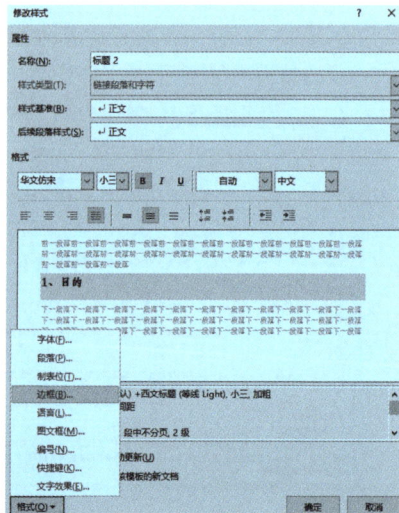

图 1.192　"修改样式"对话框 2

在弹出的"边框和底纹"对话框中选择"底纹"选项卡，为"标题 2"添加"橙色，个性色 2，淡色 80%"底纹，如图 1.193 所示。

图 1.193　设置底纹

3.　应用标题样式

在文档内选中对应的标题文字，如"考勤管理制度"为第一级标题，则在文档内先选中文字"考勤管理制度"，再选择"样式"组内的"标题 1"样式，因为我们的"标题 1"已经被重命名为"考勤管理制度"，所以我们只需要在"样式"组中选择"考勤管理制度"这个样式即可完成。使用同样的方法对其他各级标题进行样式应用。效果如图 1.194 所示。

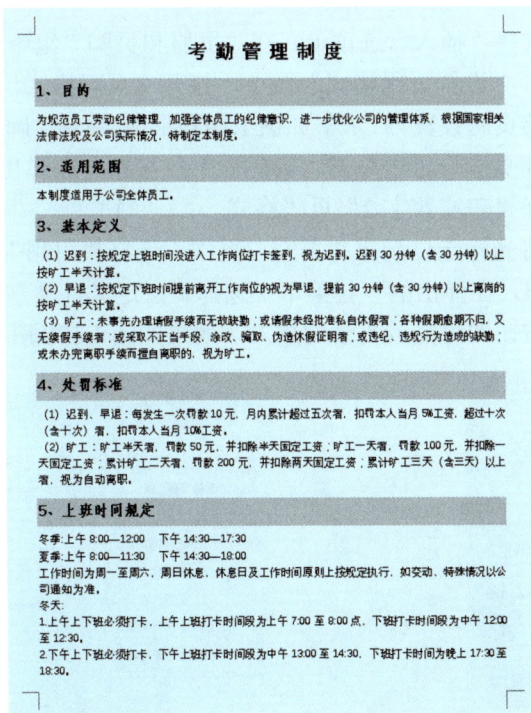

图 1.194　应用"标题 1"和"标题 2"样式后的效果

4. 修改正文样式

和修改标题样式的方法类似，选择"开始"选项卡，在"样式"组中右击"正文"样式，在弹出的快捷菜单中选择"修改"命令，打开"修改样式"对话框，将字体设置为"楷体"，字号设置为"小四"，然后单击"格式"下拉按钮，在弹出的下拉菜单中选择"段落"命令，在弹出的"段落"对话框的"缩进和间距"选项卡中，将缩进设置为"首行缩进"，缩进值设置为"2 字符"，单击"确定"按钮即可完成操作。

5. 插入封面、页码与目录

（1）封面的插入：选择"插入"选项卡，在"页面"组中单击"封面"下拉按钮，在弹出的下拉菜单的"内置"列表框中选择"怀旧"封面，在封面中输入相关的信息，在"形状格式"选项卡的"形状样式"组中选择"细微效果 - 蓝色，强调颜色 1"，如图 1.195 所示。效果如图 1.196 所示。

图 1.195　设置形状样式

图 1.196　插入封面并设置后的效果

（2）页码的插入：选择"插入"选项卡，在"页眉和页脚"组中单击"页码"下拉按钮，在弹出的下拉菜单中选择"设置页码格式"命令，打开"页码格式"对话框，将编号格式设置为"1，2，3，…"，起始页码设置为"1"，如图 1.197 所示。单击"确定"按钮，再次选择"插入"选项卡，在"页眉和页脚"组中单击"页码"下拉按钮，在弹出的下拉菜单中选择"页面底端"命令，然后选择"普通数字 2"页码格式。

（3）目录的插入：将光标定位到第二页空白页中，选择"引用"选项卡，在"目录"组中单击"目录"下拉按钮，在弹出的下拉菜单中选择"自定义目录"命令，在弹出的"目录"对话框中单击"确定"按钮即可完成目录的插入。效果如图 1.198 所示。

图 1.197　"页码格式"对话框

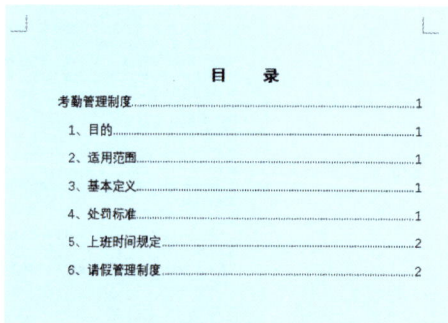

图 1.198　插入目录后的效果

1.5.4 任务实现——毕业论文的设计和排版

小刘是一名大三的学生，临近毕业，他按照指导老师发放的毕业设计任务书的要求完成了论文的书写，接下来，他需要使用 Word 来实现对论文的排版。效果如图 1.199 所示。

微课：毕业论文的设计和排版

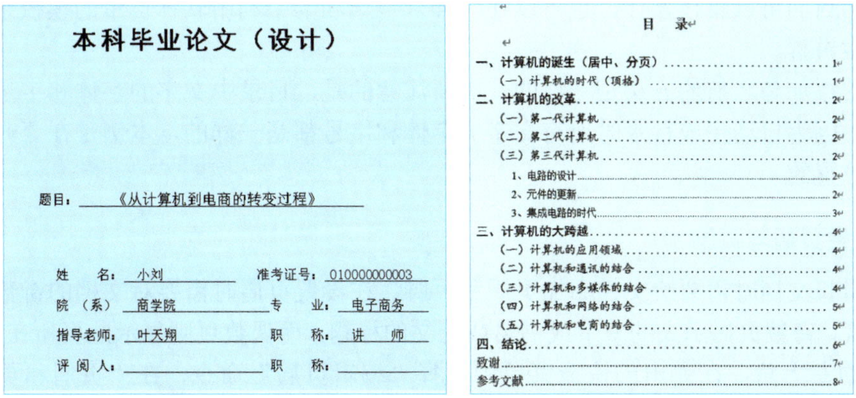

图 1.199 毕业论文的设计和排版效果

1. 设置标题样式与正文样式

（1）设置"标题"样式：打开"修改样式"对话框，将字体设置为"宋体"，字号设置为"小三"，加粗，左对齐，如图 1.200 所示，单击左下角的"格式"下拉按钮，在弹出的下拉菜单中选择"段落"命令，打开"段落"对话框，设置如图 1.201 所示。

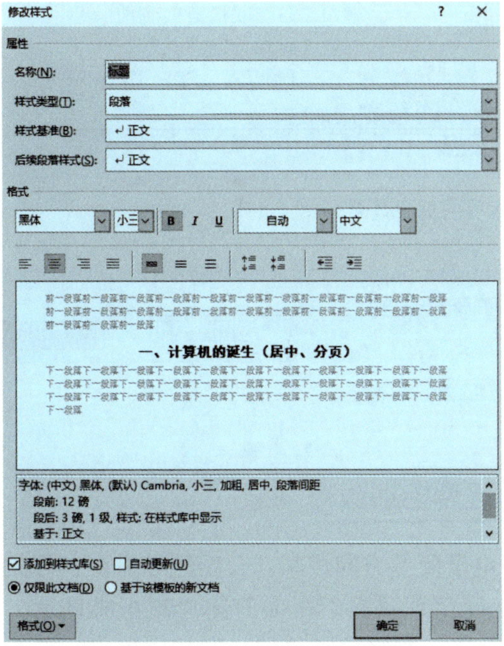

图 1.200 "修改样式"对话框

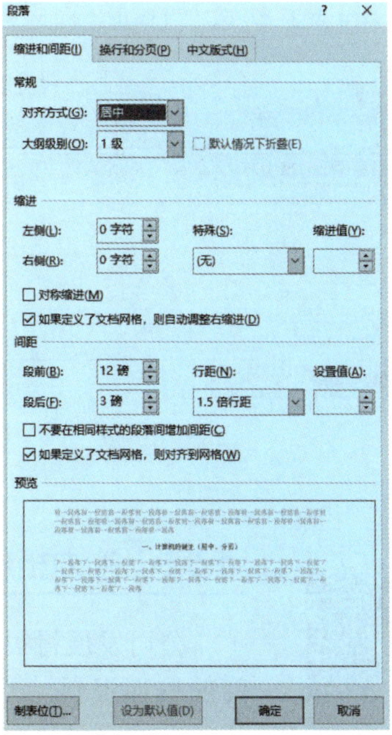

图 1.201 "段落"对话框

（2）设置"标题1"样式：打开"修改样式"对话框，将字体设置为"楷体"，字号设置为"四号"，加粗，左对齐，对段落格式的设置可视情况而定，这里的参数不固定。

（3）设置正文样式：将字体设置为"宋体"，字号设置为"小四"，左对齐，对段落格式的设置视情况而定。

2. 插入封面与目录

这里的封面可以直接设计，也可以在"插入"选项卡中利用软件自带的模板来制作，这里就不多做讲解。

目录的添加与之前的方法是一样的，需要注意的是，目录中文字的字体和字号是经过后期设置的，因为自动生成目录时所有文字的字体和字号都是一样的，本例是在"开始"选项卡中进行设置的。

3. 设置页眉与页脚

在编辑长文档时需要给文档添加页眉和页脚，在设置页眉时需要对文档的奇数页和偶数页进行设置，奇数页显示大的章节或书名或论文的标题，而偶数页则显示此页所在的章节名。右击页面的左上角，在弹出的快捷菜单中选择"编辑页眉"命令，在"页眉和页脚"选项卡的"选项"组中勾选"奇偶页不同"复选框，如图 1.202 所示，在"导航"组中单击"链接到前一节"按钮取消链接到前一节，如图 1.203 所示，这样在设置时就不会影响前一节页眉的内容了。完成的奇数页与偶数页的页眉效果分别如图 1.204 和图 1.205 所示。

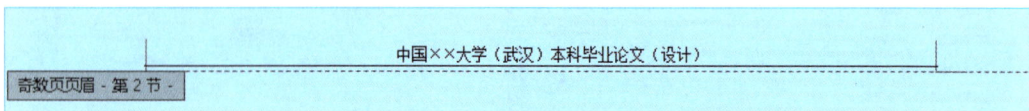

图 1.202　勾选"奇偶页不同"复选框

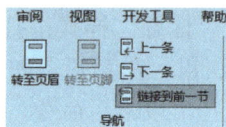

图 1.203　取消链接到前一节

图 1.204　奇数页的页眉效果

图 1.205　偶数页的页眉效果

1.5.5　能力拓展——制作电商培训资料

微课：制作电商
培训资料

公司发展得很好，准备向电子商务方向进军。公司领导需要一份关于电商的培训资料，并要求把"电商培训资料"里面的图片制作成目录。接到任务后，小刘决定用 Word 来制作，并将电商培训资料打印出来。参考效果如图 1.206 所示。

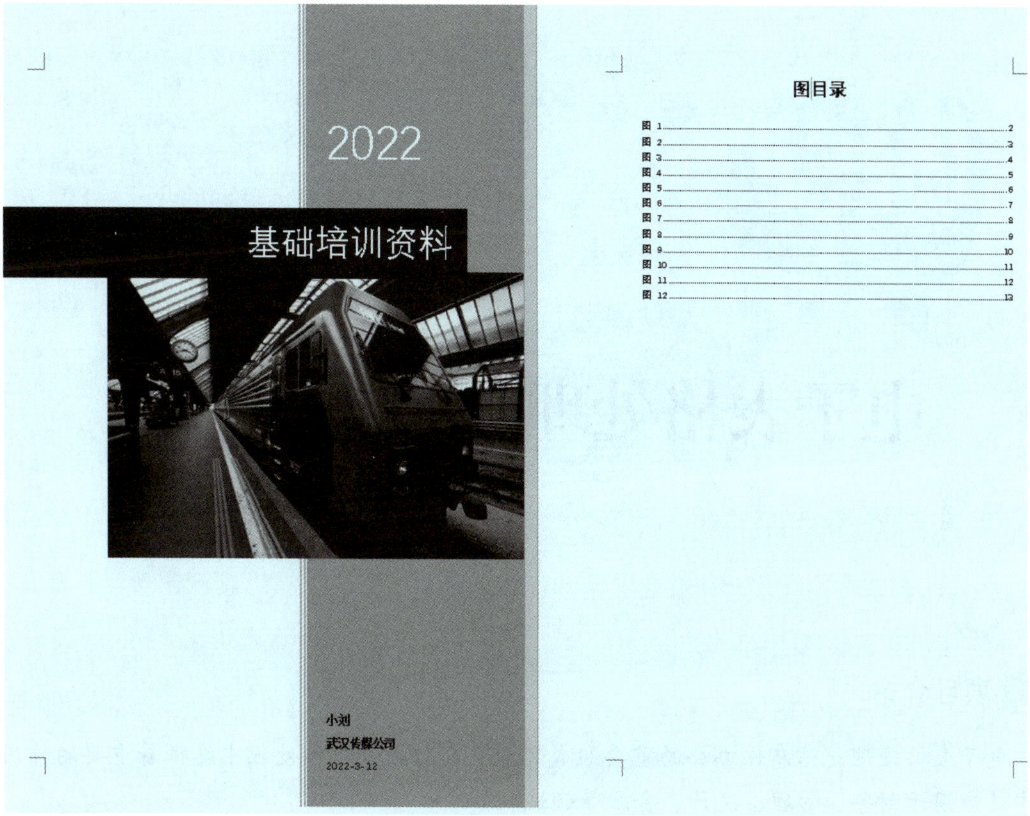

图 1.206　制作的图目录的参考效果

1.5.6　小组讨论

在专业学习过程中，我们应该如何践行"科技是第一生产力、人才是第一资源、创新是第一动力"的科教兴国战略呢？

项目 2

电子表格处理

📖 项目介绍

电子表格处理是信息化办公的重要组成部分，在数据分析和处理中发挥着重要的作用，被广泛应用于财务、管理、统计、金融等领域。

📖 素养目标

1. 理解"培养什么人、怎样培养人、为谁培养人是教育的根本问题"。
2. 增强职场责任感，提升企业信息化管理的基本意识。

📖 学习目标

1. 了解电子表格的应用场景，熟悉相关工具的功能和操作界面。
2. 掌握新建、保存、打开和关闭工作簿，以及切换、插入、删除、重命名、移动、复制、冻结、显示和隐藏工作表等操作。
3. 掌握单元格、行和列的相关操作，以及使用控制句柄、设置数据有效性验证和设置单元格格式的方法。
4. 掌握数据录入的技巧（如快速输入特殊数据、使用自定义序列填充单元格、快速填充和导入数据等），以及边框、对齐等常用格式的设置方法。
5. 掌握工作表的背景、样式、主题的设置方法。
6. 理解单元格绝对地址、相对地址的概念和区别，掌握相对引用、绝对引用、混合引用及工作表外单元格的引用方法。
7. 熟悉公式和函数的使用，掌握平均值、最大 / 最小值、求和、计数等常见函数的使用方法。

8.　了解常见的图表类型及电子表格处理工具提供的图表类型，掌握利用表格数据制作常用图表的方法。

9.　掌握自动筛选、自定义筛选、高级筛选、排序和分类汇总等操作。

10.　理解数据透视表的概念，掌握创建数据透视表、更新数据、添加和删除字段、查看明细数据等操作，能利用数据透视表创建数据透视图。

11.　掌握页面布局、打印预览和打印操作的相关设置。

任务 1　制作职工工资表

2.1.1　任务描述

夏雪获取职工工资数据后，要利用 Excel 制作一份职工工资表，并以"职工工资表"为名称进行保存。

2.1.2　技术分析

1.　熟悉 Excel 的工作界面

Excel 是在对数据进行分析和处理时常用的一款软件，它可以进行表格和图表的制作，以及各种数据的处理、统计与分析。除和 Word 的工作界面拥有相同的标题栏、功能区、快速访问工具栏等元素以外，Excel 还有自己的特点。Excel 的工作界面如图 2.1 所示。

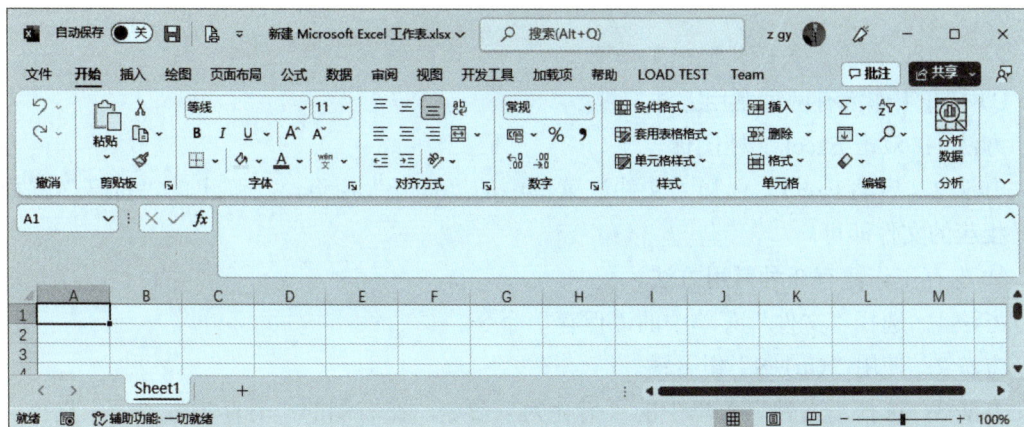

图 2.1　Excel 的工作界面

2.　操作工作簿

1）创建工作簿

创建工作簿有两种常用方法。

方法 1：在默认情况下，启动 Excel 时系统会自动创建一个工作簿，名称默认为"新建 Microsoft Excel 工作表 .xlsx"，该工作簿中有 3 个默认的空白工作表，名称分别为"Sheet1"、"Sheet2"和"Sheet3"。

方法 2：选择"文件"菜单中的"新建"命令，在"新建"界面中单击"空白工作簿"图标可以创建一个工作簿，如图 2.2 所示。

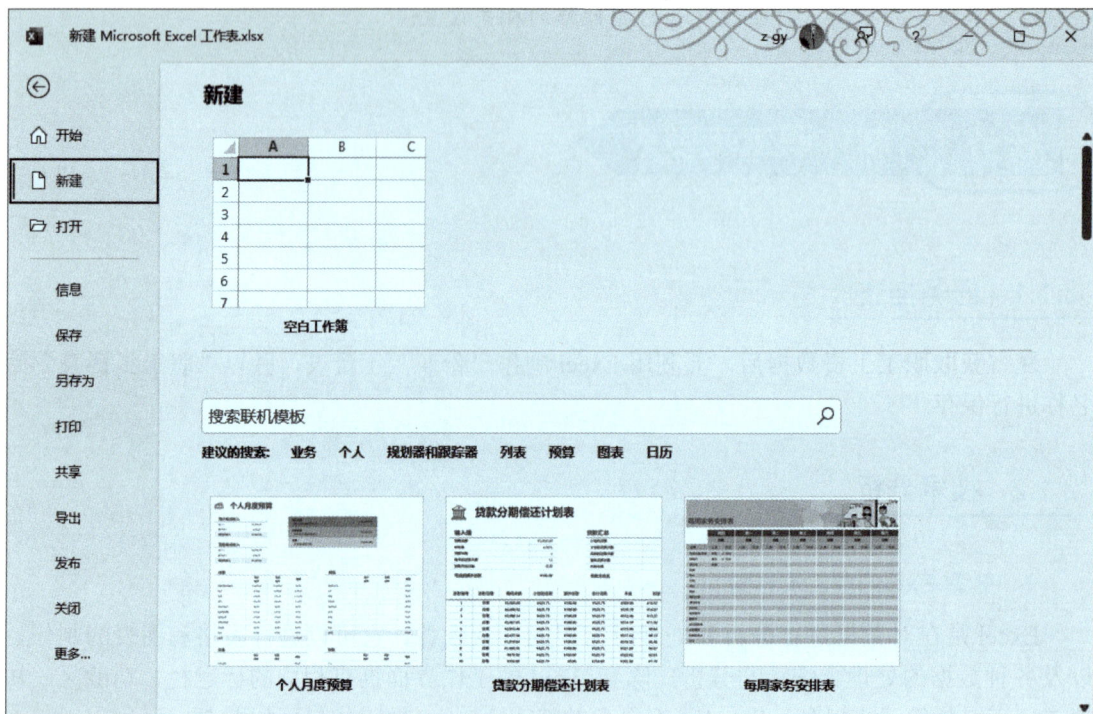

图 2.2 "新建"界面

2）打开、保存、关闭、退出工作簿

① 打开工作簿有两种常用方法。

方法 1：双击 Excel 文档图标。

方法 2：启动 Excel，选择"文件"菜单中的"打开"命令，在弹出的"打开"界面中选择相应的文件即可。

② 保存工作簿有 3 种常用方法。

方法 1：选择"文件"菜单中的"保存"命令。

方法 2：使用"Ctrl+S"组合键。

方法 3：选择"文件"菜单中的"另存为"命令，在右侧的"另存为"界面中选择文档要保存的路径，然后在"文件名"文本框中输入新的文件名，单击"保存"按钮，即可将文档保存到相应路径中，如图 2.3 所示。

③ 关闭工作簿。

要想只关闭当前工作簿而不影响其他正在打开的 Excel 文档，可以选择"文件"菜单中的"关闭"命令。

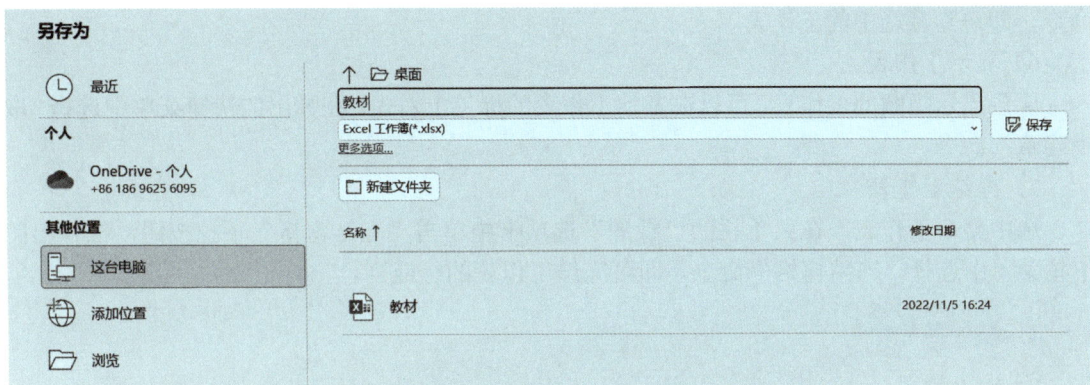

图 2.3　保存工作簿

④ 退出工作簿。

要想退出工作簿，可以单击界面右上角的关闭按钮，如果有未保存的文档，则将会弹出提示是否保存的对话框。

3. 操作工作表

1）插入工作表

要想在现有工作表的末尾插入新的工作表，可以单击窗口底部工作表标签右侧的"新工作表"按钮。

2）删除工作表

要想删除工作表，可以先选中要删除的工作表并右击，然后在弹出的快捷菜单中选择"删除"命令。

3）重命名工作表

重命名工作表有两种常用方法。

方法 1：双击工作表标签，然后输入新名称。

方法 2：右击工作表标签，在弹出的快捷菜单中选择"重命名"命令，然后输入新名称。

4）移动或复制工作表

要想对同一工作簿中的工作表进行移动操作，可以采取直接拖曳的方法，在要移动的工作表的标签上按住鼠标左键不放进行拖动，待拖动到新位置后松开鼠标左键，即可改变工作表的位置。

要想对同一工作簿中的工作表进行复制操作，可以选中要复制的工作表并右击，在弹出的快捷菜单中选择"移动或复制"命令，打开"移动或复制工作表"对话框，勾选"建立副本"复选框，单击"确定"按钮。

要想对不同工作簿之间的工作表进行移动或复制操作，可以在打开两个工作簿之后，选中要移动或复制的工作表并右击，在弹出的快捷菜单中选择"移动或复制"命令，在弹出的"移动或复制工作表"对话框中对移动位置进行选择，即可完成不同工作簿之间的工作表的移动操作。要想复制工作表，可以在"移动或复制工作表"对话框中勾选"建立副本"复选框。

5）隐藏工作表

打开 Excel 工作簿，在要隐藏的工作表的标签上右击，在弹出的快捷菜单中选择"隐藏"

命令，即可隐藏选中的工作表。

6）显示工作表

要想显示隐藏的工作表，可以在其他工作表的标签上右击，在弹出的快捷菜单中选择"取消隐藏"命令。

7）冻结工作表

选中整个工作表，在菜单栏的"视图"选项卡中单击"冻结窗格"下拉按钮，在弹出的下拉菜单中选择"冻结窗格"命令，即可冻结工作表的行或列。

4．操作单元格

1）输入数据

（1）输入数值型数据：直接在单元格中输入数字，按"Enter"键确认即可。

（2）输入文本型数据：直接在单元格中输入文字（如汉字、英文等），按"Enter"键确认即可。

（3）输入系列数据：对于一些有规律的数据，如 1、2、3……，一月、二月、三月……，星期一、星期二、星期三……等，这些数据不必逐个输入，可以利用填充柄快速生成，实现自动填充。先输入部分有规律的数据，然后向下拖动填充柄即可，如图 2.4 所示。

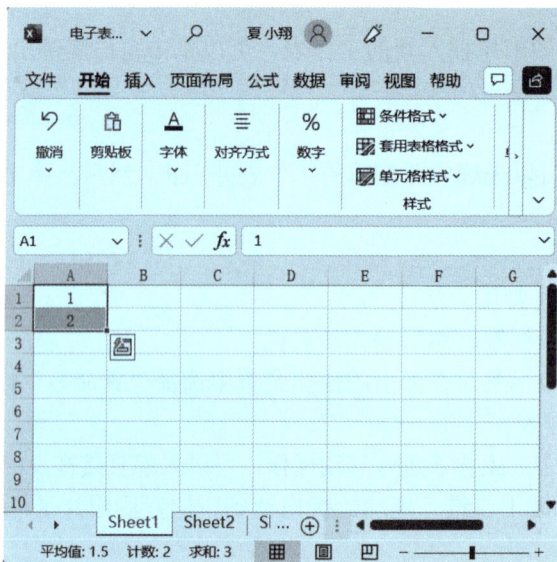

图 2.4　自动填充数据

2）清除与删除数据

在编辑工作表时，有时需要对数据进行清除与删除，对象可以是一个单元格、一行或一列中的内容。

（1）清除数据：选中要清除数据的单元格、行或列，右击，在弹出的快捷菜单中选择"清除内容"命令，此时将清空选中的内容，但保留单元格。

（2）删除数据：选中要删除的单元格、行或列，右击，在弹出的快捷菜单中选择"删除"命令，在弹出的"删除文档"对话框中选择删除数据的方式即可，如图 2.5 所示。

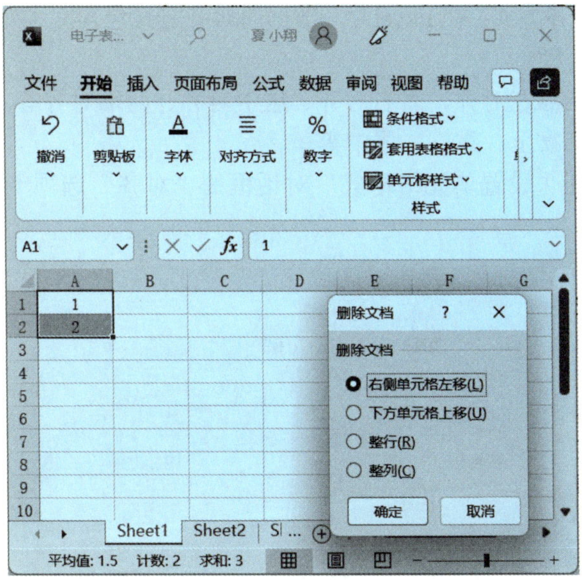

图 2.5　删除数据

3）设置单元格格式

（1）设置单元格数字格式：在 Excel 中，数据类型有常规、数值、货币、会计专用、日期、时间、百分比、分数、文本等。在"开始"选项卡的"数字"组中可以设置这些数字格式。如果要详细设置数字格式，则需要在"设置单元格格式"对话框的"数字"选项卡中进行操作，如图 2.6 所示。

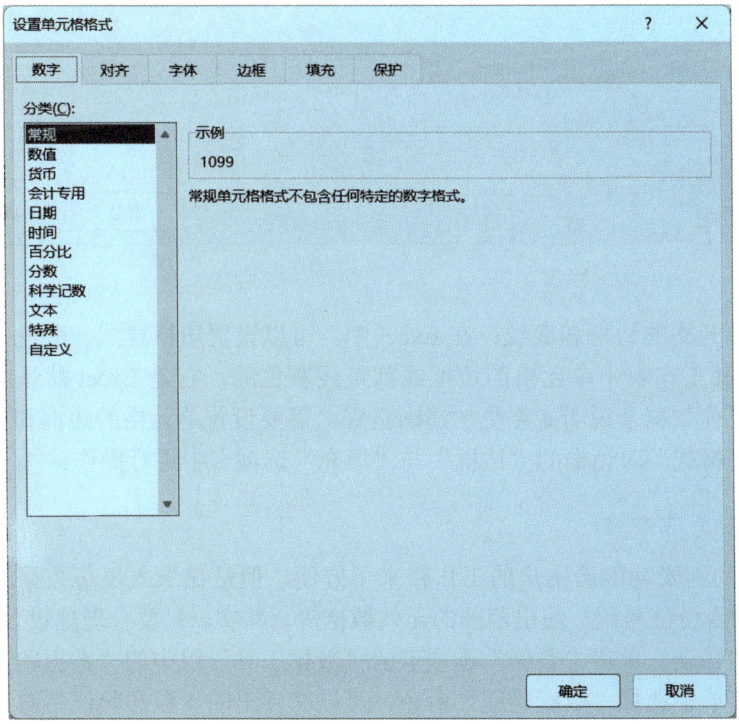

图 2.6　设置数字格式

（2）设置数据的对齐方式：在 Excel 中，数据的对齐方式包含文本对齐方式和文本控制等。文本对齐方式有以下两种：

- 水平对齐，包括靠左对齐、靠右对齐、居中对齐、两端对齐等。
- 垂直对齐，包括靠上、靠下、居中等。

数据的对齐可以在"设置单元格格式"对话框的"对齐"选项卡中进行操作，如图 2.7 所示。

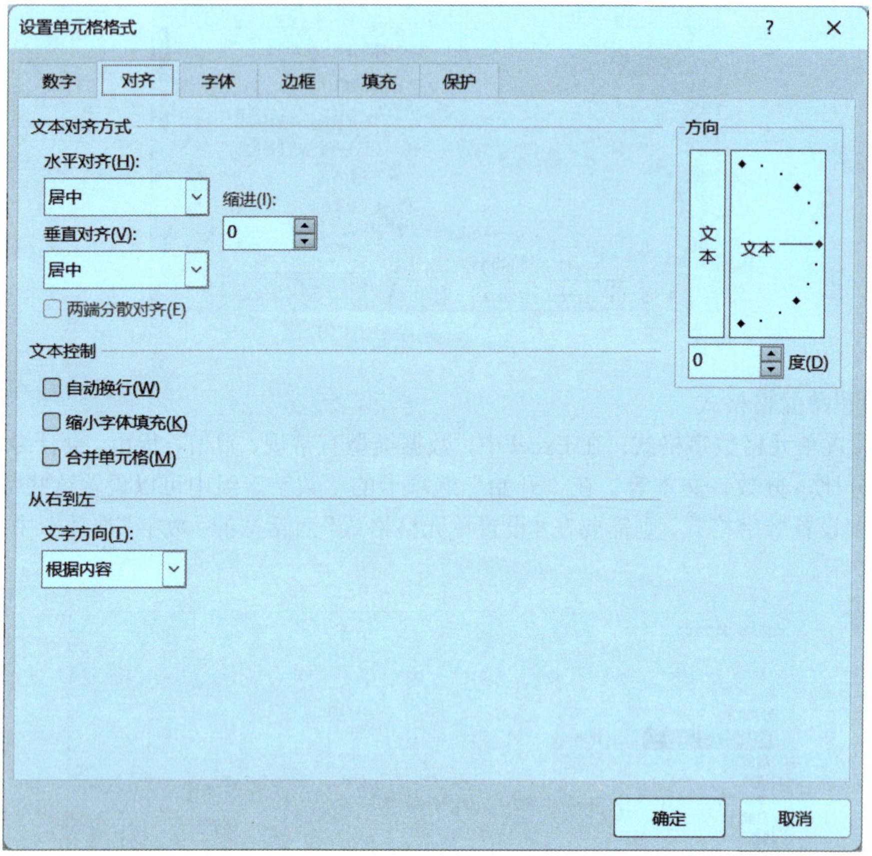

图 2.7　设置数据的对齐方式

（3）设置单元格的边框和底纹：在 Excel 中，可以设置边框样式、颜色及位置等。在默认情况下，Excel 工作表中单元格的边框线都是浅灰色的，它是 Excel 默认的网格线，打印时不出现。为了使数据及说明文字更加清晰直观，需要设置单元格的边框和底纹，可以分别在"设置单元格格式"对话框的"边框"与"填充"选项卡中进行操作。

5. 设置数据有效性验证

Excel 强大的制表功能给用户的工作带来了方便，但是在录入表格数据的过程中难免会出错，如重复的身份证号码、超出范围的无效数据等。其实，只要合理地设置数据验证工具，就可以避免一些错误。单击"数据"选项卡的"数据工具"组中的"数据验证"下拉按钮，在弹出的下拉菜单中选择"数据验证"命令，可以在弹出的"数据验证"对话框中对数据有效性验证进行设置，如图 2.8 所示。

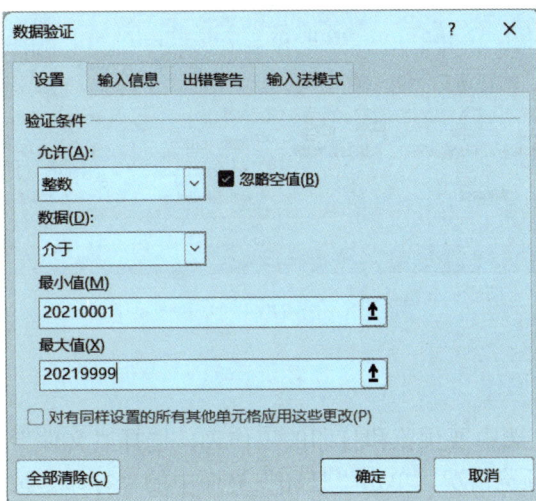

图 2.8　设置数据有效性验证

6. 设置简单的函数

1）求和函数 SUM

求和函数 SUM 的语法格式如下：

```
SUM(number1,number2,...)
```

其中，"number1,number2,…"为数值或单元格中存放的数值。

例如，在 A1:A3 单元格区域中存放着数据"1"、"2"和"3"，在 A4 单元格中输入"=SUM(A1:A3)"，则 A4 单元格中显示的值为"6"。

2）求平均值函数 AVERAGE

求平均值函数 AVERAGE 的语法格式如下：

```
AVERAGE(number1,number2,...)
```

其中，"number1,number2,…"为数值或单元格中存放的数值。

例如，在 A1:A3 单元格区域中存放着数据"2"、"2"和"5"，在 A4 单元格中输入"=AVERAGE(A1:A3)"，则 A4 单元格中显示的值为"3"。

3）时间函数 TODAY 和 NOW

TODAY 函数的功能是显示当前的日期，NOW 函数的功能是显示当前的时间。这两个函数的语法格式分别如下：

```
TODAY()
NOW()
```

例如，在单元格中输入"=TODAY()"，则该单元格中会显示当前日期；在单元格中输入"=NOW()"，则该单元格中会显示当前时间。此外，也可以在"设置单元格格式"对话框的"数字"选项卡中设置时间的显示格式。

7. 页面布局

Excel 的"页面布局"选项卡中包含"主题"、"页面设置"、"调整为合适大小"、"工作表选项"及"排列"等多个组，如图 2.9 所示，通过这些组中的功能按钮可以对页面布局进行设置。

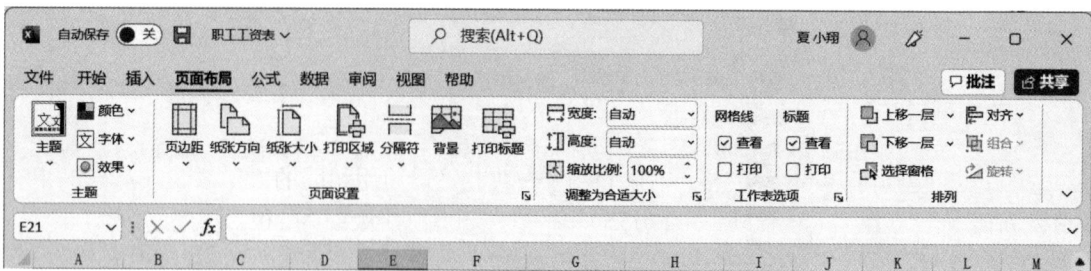

图 2.9 "页面布局"选项卡

8. 打印预览和打印操作

打开 Excel 工作簿，选中要预览和打印的工作表，选择"文件"菜单中的"打印"命令，即可显示要打印的表格预览情况，单击"打印"界面中的"打印"按钮，即可完成打印操作，如图 2.10 所示。

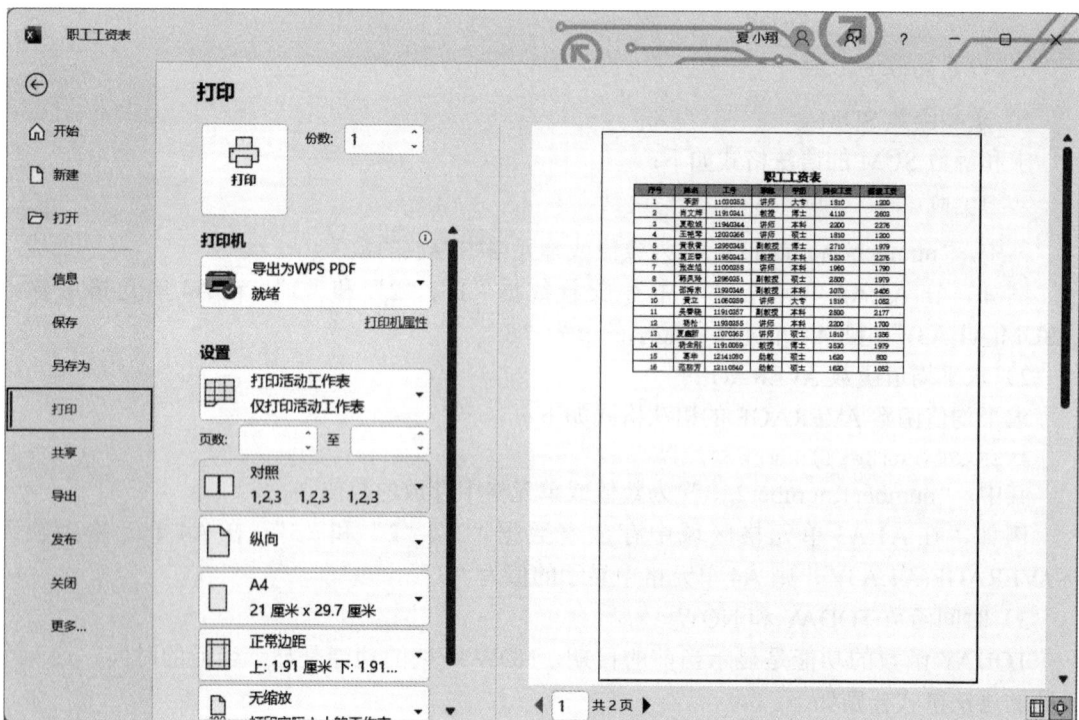

图 2.10 打印预览和打印操作设置

2.1.3 示例演示——制作职工工资表

1. 新建并保存工作簿

启动 Excel，系统将自动创建一个空白工作簿，将其命名为"职工工资表"。

微课：制作职工工资表

2. 输入工作表数据

选中 A1 单元格，在其中输入"职工工资表"，然后按"Enter"键切换到 A2 单元格，在其中输入"序号"。

用"→"键切换到 B2 单元格，在其中输入"姓名"。使用相同的方法依次在后面的单元格中分别输入"工号"、"职称"、"学历"、"岗位工资"、"薪级工资"和"基础绩效"。

选中 A3 单元格，在其中输入数值"1"，选中 A4 单元格，在其中输入数值"2"，同时选中 A3 和 A4 单元格，将鼠标指针移动到活动单元格的右下角，当鼠标指针变为黑色实心十字形状的控制柄➕时，按住鼠标左键不放拖动到 A18 单元格，然后松开鼠标左键，此时 A3:A18 单元格区域中将自动填充序号。输入数据后的效果如图 2.11 所示。

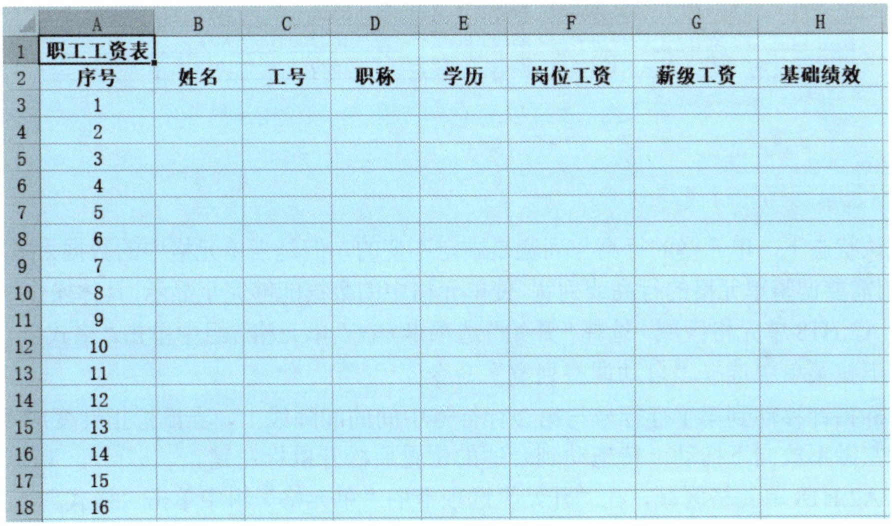

	A	B	C	D	E	F	G	H
1	职工工资表							
2	序号	姓名	工号	职称	学历	岗位工资	薪级工资	基础绩效
3	1							
4	2							
5	3							
6	4							
7	5							
8	6							
9	7							
10	8							
11	9							
12	10							
13	11							
14	12							
15	13							
16	14							
17	15							
18	16							

图 2.11 输入数据后的效果

3. 设置单元格格式

输入数据后通常还需要对单元格设置相关的格式，美化表格，具体操作如下所述。

在 B3:H18 单元格区域中输入相关数据。

选中 A1:H1 单元格区域，在"开始"选项卡的"对齐方式"组中单击"合并后居中"下拉按钮，在弹出的下拉菜单中选择"合并后居中"命令，可以看到 A1:H1 单元格区域中的表头文字"职工工资表"自动居中显示。

保持选中状态，选择"开始"选项卡，在"字体"组的"字体"下拉列表框中选择"黑体"选项，在"字号"下拉列表框中选择"18"选项。

选中 A2:H18 单元格区域，将字体设置为"宋体"，字号设置为"12"，在"开始"选项卡的"对齐方式"组中单击"居中"按钮，使 A2:H18 单元格区域中的内容居中对齐。

选中 A1:H18 单元格区域，在"开始"选项卡的"字体"组中将框线设置为"所有框线"。

选中 A2:H2 单元格区域，选择"开始"选项卡，在"字体"组中单击"填充颜色"下拉按钮，在弹出的下拉菜单的"主题颜色"组中选择"茶色，背景 2，深色 25%"。表格单元格格式设置完成后的效果如图 2.12 所示。

职工工资表

序号	姓名	工号	职称	学历	岗位工资	薪级工资	基础绩效
1	李新	11030352	讲师	大专	1810	1200	835
2	肖文辉	11910341	教授	博士	4110	2603	1099
3	夏敬城	11940344	讲师	本科	2200	2276	801
4	王艳琴	12030366	讲师	硕士	1810	1200	835
5	黄秋香	12950348	副教授	博士	2710	1979	922
6	葛正春	11950343	教授	本科	3530	2276	1081
7	张在旭	11000358	讲师	本科	1960	1790	822
8	韩凤玲	12960351	副教授	硕士	2500	1979	909
9	邵海东	11930346	副教授	本科	3070	3406	973
10	黄立	11060359	讲师	大专	1810	1052	835
11	吴春晓	11910357	副教授	本科	2500	2177	909
12	杨松	11930355	讲师	本科	2200	1700	801
13	夏鑫新	11070365	讲师	硕士	1810	1356	835
14	杨全刚	11910059	教授	博士	3530	1979	1081
15	葛华	12141080	助教	硕士	1620	800	856
16	范柳芳	12110540	助教	硕士	1620	1052	856

图 2.12　表格单元格格式设置完成后的效果

4. 调整单元格的行高与列宽

在默认状态下，单元格的行高与列宽是固定不变的，但是当单元格中的数据太多不能完全显示时，则需要调整单元格的行高或列宽，使单元格中的数据能够完全显示，具体操作如下所述。

选中 A2:H18 单元格区域，选择"开始"选项卡，在"单元格"组中单击"格式"下拉按钮，在弹出的下拉菜单中选择"自动调整列宽"命令。

将鼠标指针移动到第 1 行行号与第 2 行行号中间的间隔线上，当鼠标指针变成"✚"时，按住鼠标左键不放向下拖动，待拖动到合适的位置后松开鼠标左键。

选中 A2:H18 单元格区域，在"开始"选项卡的"单元格"组中单击"格式"下拉按钮，在弹出的下拉菜单中选择"行高"命令，在打开的"行高"对话框的"行高"文本框中输入数值"18"，单击"确定"按钮，此时，单元格的行高相应发生变化。单元格的行高与列宽设置完成后的效果如图 2.13 所示。

职工工资表

序号	姓名	工号	职称	学历	岗位工资	薪级工资	基础绩效
1	李新	11030352	讲师	大专	1810	1200	835
2	肖文辉	11910341	教授	博士	4110	2603	1099
3	夏敬城	11940344	讲师	本科	2200	2276	801
4	王艳琴	12030366	讲师	硕士	1810	1200	835
5	黄秋香	12950348	副教授	博士	2710	1979	922
6	葛正春	11950343	教授	本科	3530	2276	1081
7	张在旭	11000358	讲师	本科	1960	1790	822
8	韩凤玲	12960351	副教授	硕士	2500	1979	909
9	邵海东	11930346	副教授	本科	3070	3406	973
10	黄立	11060359	讲师	大专	1810	1052	835
11	吴春晓	11910357	副教授	本科	2500	2177	909
12	杨松	11930355	讲师	本科	2200	1700	801
13	夏鑫新	11070365	讲师	硕士	1810	1356	835
14	杨全刚	11910059	教授	博士	3530	1979	1081
15	葛华	12141080	助教	硕士	1620	800	856
16	范柳芳	12110540	助教	硕士	1620	1052	856

图 2.13　单元格的行高与列宽设置完成后的效果

2.1.4　任务实现——制作会议室预约登记表

会议室开放时间是基于会议室预约登记表生成的，员工通过填写会议室预约登记表进行会议室预约，从而达到资源优化配置的目的。夏雪需要帮助会议室管理员制作一份会议室预约登记表。

微课：制作会议室预约登记表

打开素材文件"会议室预约登记表 .xlsx"，对会议室预约登记表 Sheet1 中的数据进行操作。

1.　数据自动填充

选中 A1:K1 单元格区域，选择"开始"选项卡，在"对齐方式"组中单击"合并后居中"下拉按钮，在弹出的下拉菜单中选择"合并后居中"命令，并将字号设置为"20"。

选中 B2 单元格，拖动右下角的填充柄至 E2 单元格，完成 B2:E2 单元格区域数据的自动填充。使用相同的方法完成 F2:I2 单元格区域数据的自动填充。

在 A11 单元格中输入数值"1"，在 A12 单元格中输入数值"2"，选中 A11:A12 单元格区域，拖动右下角的填充柄至 A14 单元格，完成数据递增形式的自动填充。数据自动填充完成后的效果如图 2.14 所示。

图 2.14　数据自动填充完成后的效果

2.　数据格式化设置

（1）在"日期"列 B11 单元格中输入当前日期（如"2022/8/10"），完成 B12:B14 单元格区域数据的自动填充。如果出现"######"，则可以选中该列，单击"开始"选项卡的"数字"组中右下角的扩展按钮，在弹出的"设置单元格格式"对话框的"数字"选项卡的"分类"列表框中选择"日期"选项，在右侧的"类型"列表框中选择"2012 年 3 月 14 日"选项，单击"确定"按钮。

（2）选中 I11:I14 单元格区域，单击"开始"选项卡的"数字"组中右下角的扩展按钮，在弹出的"设置单元格格式"对话框的"数字"选项卡的"分类"列表框中选择"自定义"选项，在右侧的"类型"下面的文本框中输入"0 人"，单击"确定"按钮。数据格式化设置完成后的效果如图 2.15 所示。

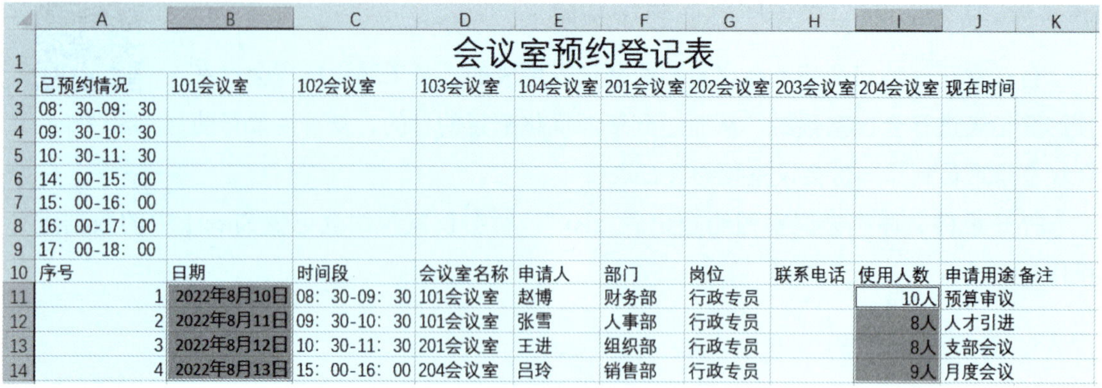

	A	B	C	D	E	F	G	H	I	J	K
1	会议室预约登记表										
2	已预约情况	101会议室	102会议室	103会议室	104会议室	201会议室	202会议室	203会议室	204会议室	现在时间	
3	08：30-09：30										
4	09：30-10：30										
5	10：30-11：30										
6	14：00-15：00										
7	15：00-16：00										
8	16：00-17：00										
9	17：00-18：00										
10	序号	日期	时间段	会议室名称	申请人	部门	岗位	联系电话	使用人数	申请用途	备注
11	1	2022年8月10日	08：30-09：30	101会议室	赵博	财务部	行政专员		10人	预算审议	
12	2	2022年8月11日	09：30-10：30	101会议室	张雪	人事部	行政专员		8人	人才引进	
13	3	2022年8月12日	10：30-11：30	201会议室	王进	组织部	行政专员		8人	支部会议	
14	4	2022年8月13日	15：00-16：00	204会议室	吕玲	销售部	行政专员		9人	月度会议	

图 2.15　数据格式化设置完成后的效果

3. 数据样式设置

在 B3 单元格中输入“已预约”，选中 B3:I9 单元格区域，在“开始”选项卡的“样式”组中单击“条件格式”下拉按钮，在弹出的下拉菜单中选择“新建规则”命令，在弹出的“新建格式规则”对话框的“选择规则类型”列表中选择“只为包含以下内容的单元格设置格式”选项，在“编辑规则说明”区域中将“介于”改为“等于”，在右侧的文本框中输入“已预约”，单击“格式 ...”按钮，在弹出的“设置单元格格式”对话框中将字体颜色设置为“红色”，填充颜色设置为“黄色”，连续单击“确定”按钮，则 B3 单元格中已输入的“已预约”文字会相应改变字体颜色，B3 单元格也会显示相应的填充颜色，并且在 B3:I9 单元格区域的其他单元格中输入“已预约”时会显示相同的效果。数据样式设置完成后的效果如图 2.16 所示。

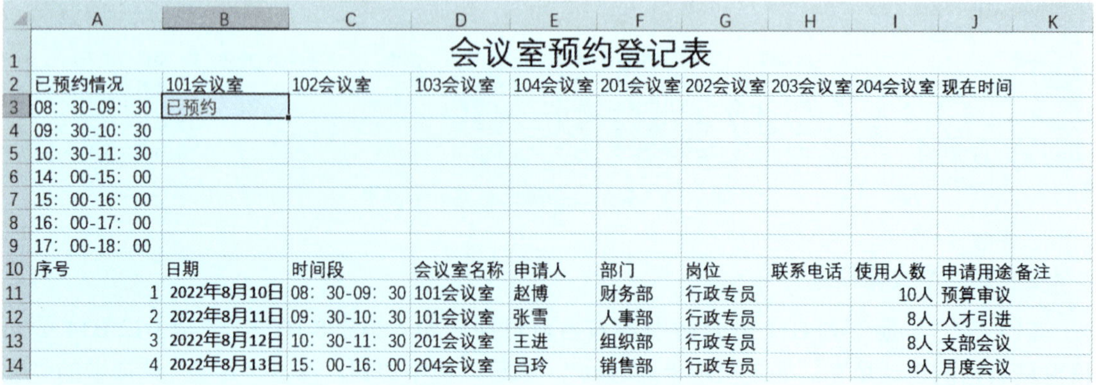

	A	B	C	D	E	F	G	H	I	J	K
1	会议室预约登记表										
2	已预约情况	101会议室	102会议室	103会议室	104会议室	201会议室	202会议室	203会议室	204会议室	现在时间	
3	08：30-09：30	已预约									
4	09：30-10：30										
5	10：30-11：30										
6	14：00-15：00										
7	15：00-16：00										
8	16：00-17：00										
9	17：00-18：00										
10	序号	日期	时间段	会议室名称	申请人	部门	岗位	联系电话	使用人数	申请用途	备注
11	1	2022年8月10日	08：30-09：30	101会议室	赵博	财务部	行政专员		10人	预算审议	
12	2	2022年8月11日	09：30-10：30	101会议室	张雪	人事部	行政专员		8人	人才引进	
13	3	2022年8月12日	10：30-11：30	201会议室	王进	组织部	行政专员		8人	支部会议	
14	4	2022年8月13日	15：00-16：00	204会议室	吕玲	销售部	行政专员		9人	月度会议	

图 2.16　数据样式设置完成后的效果

4. 数据有效性验证

选中 H11:H14 单元格区域，单击“数据”选项卡的“数据工具”组中的“数据验证”下拉按钮，在弹出的下拉菜单中选择“数据验证”命令，在弹出的“数据验证”对话框的“设置”选项卡中将“允许”“数据”“长度”分别设置为“文本长度”“等于”“11”，在“出错警告”

选项卡的“样式”下拉列表中选择“停止”选项，单击“确定”按钮，可以实现当输入数据的长度不为 11 位时报错，数据有效性验证设置如图 2.17 所示，按如图 2.18 所示输入联系电话进行数据有效性验证。

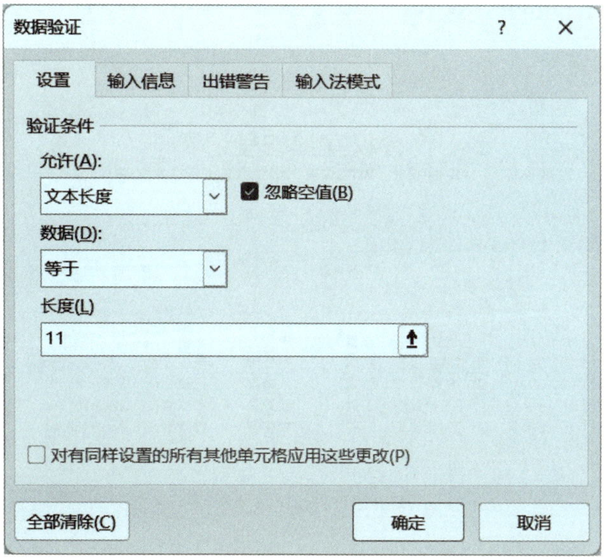

图 2.17　数据有效性验证设置

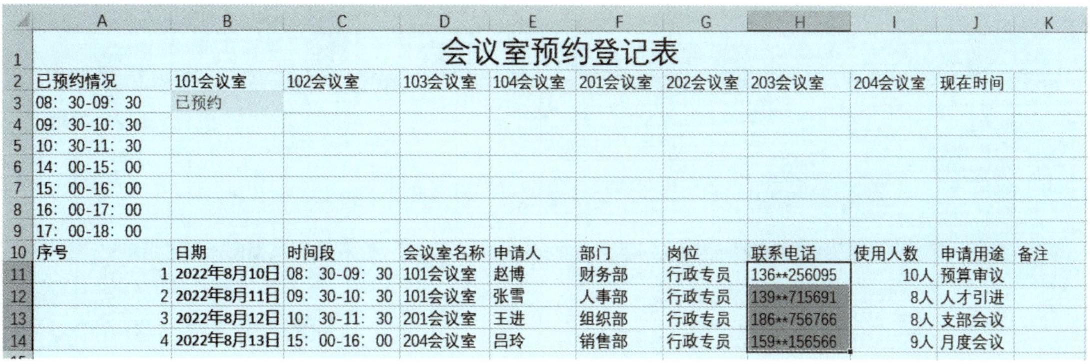

	A	B	C	D	E	F	G	H	I	J	K
1	会议室预约登记表										
2	已预约情况	101会议室	102会议室	103会议室	104会议室	201会议室	202会议室	203会议室	204会议室	现在时间	
3	08: 30-09: 30	已预约									
4	09: 30-10: 30										
5	10: 30-11: 30										
6	14: 00-15: 00										
7	15: 00-16: 00										
8	16: 00-17: 00										
9	17: 00-18: 00										
10	序号	日期	时间段	会议室名称	申请人	部门	岗位	联系电话	使用人数	申请用途	备注
11	1	2022年8月10日	08: 30-09: 30	101会议室	赵博	财务部	行政专员	136**256095	10人	预算审议	
12	2	2022年8月11日	09: 30-10: 30	101会议室	张雪	人事部	行政专员	139**715691	8人	人才引进	
13	3	2022年8月12日	10: 30-11: 30	201会议室	王进	组织部	行政专员	186**756766	8人	支部会议	
14	4	2022年8月13日	15: 00-16: 00	204会议室	吕玲	销售部	行政专员	159**156566	9人	月度会议	

图 2.18　输入联系电话进行数据有效性验证

5. 日期和时间数据格式化设置

在 J2 单元格中输入“现在时间”，在 J4 单元格中输入“=Today()”，在 J6 单元格中输入“=Today()”，在 J8 单元格中输入“=Now()”。

选中 J4 单元格，单击“开始”选项卡的“数字”组中右下角的扩展按钮，在弹出的“设置单元格格式”对话框的“数字”选项卡的“分类”列表框中选择“日期”选项，在右侧的“类型”列表框中选择“2012 年 3 月 14 日”选项，单击“确定”按钮。

选中 J6 单元格，单击“开始”选项卡的“数字”组中右下角的扩展按钮，在弹出的“设置单元格格式”对话框的“数字”选项卡的“分类”列表框中选择“日期”选项，在右侧的“类型”列表框中选择“星期三”选项，单击“确定”按钮。

选中 J8 单元格，单击“开始”选项卡的“数字”组中右下角的扩展按钮，在弹出的“设置单元格格式”对话框的“数字”选项卡的“分类”列表框中选择“时间”选项，在右侧的“类型”列表框中选择“13:30”选项，单击“确定”按钮。日期和时间数据格式化设置完成后的效果如图 2.19 所示。

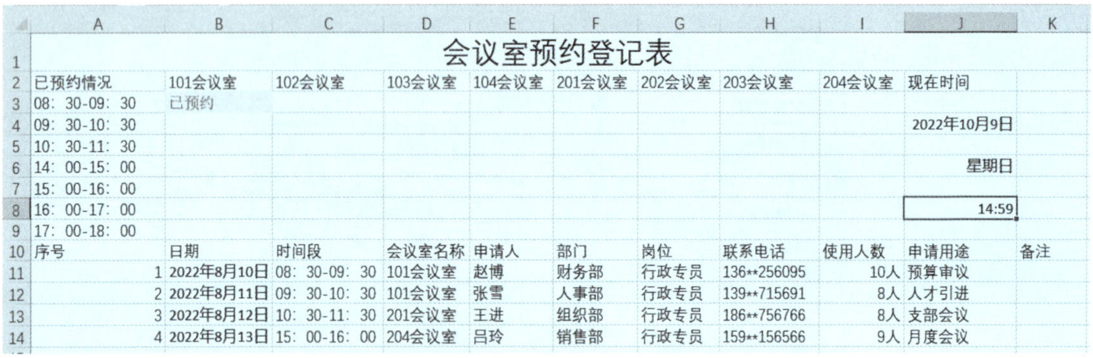

	A	B	C	D	E	F	G	H	I	J	K
1	会议室预约登记表										
2	已预约情况	101会议室	102会议室	103会议室	104会议室	201会议室	202会议室	203会议室	204会议室	现在时间	
3	08: 30-09: 30	已预约									
4	09: 30-10: 30									2022年10月9日	
5	10: 30-11: 30										
6	14: 00-15: 00									星期日	
7	15: 00-16: 00										
8	16: 00-17: 00									14:59	
9	17: 00-18: 00										
10	序号	日期	时间段	会议室名称	申请人	部门	岗位	联系电话	使用人数	申请用途	备注
11	1	2022年8月10日	08: 30-09: 30	101会议室	赵博	财务部	行政专员	136**256095	10人	预算审议	
12	2	2022年8月11日	09: 30-10: 30	101会议室	张雪	人事部	行政专员	139**715691	8人	人才引进	
13	3	2022年8月12日	10: 30-11: 30	201会议室	王进	组织部	行政专员	186**756766	8人	支部会议	
14	4	2022年8月13日	15: 00-16: 00	204会议室	吕玲	销售部	行政专员	159**156566	9人	月度会议	

图 2.19　日期和时间数据格式化设置完成后的效果

6. 表格美化

根据示例演示，用所学知识自主完成表格美化。表格美化后的效果如图 2.20 所示。

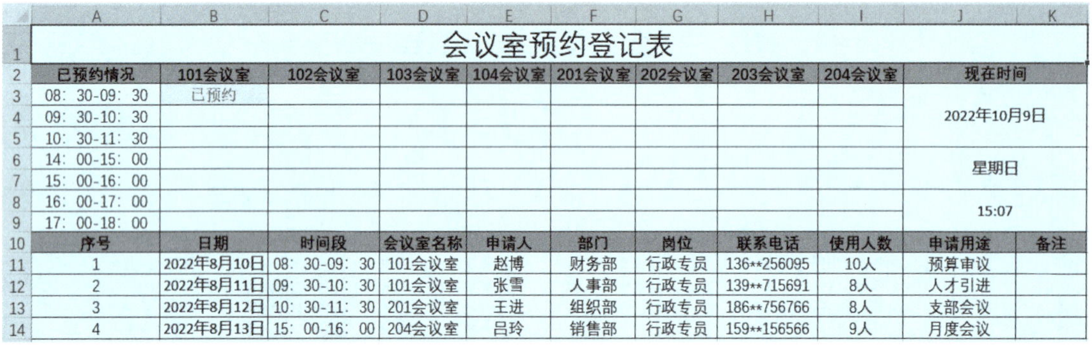

	A	B	C	D	E	F	G	H	I	J	K
1	会议室预约登记表										
2	已预约情况	101会议室	102会议室	103会议室	104会议室	201会议室	202会议室	203会议室	204会议室	现在时间	
3	08: 30-09: 30	已预约									
4	09: 30-10: 30									2022年10月9日	
5	10: 30-11: 30										
6	14: 00-15: 00									星期日	
7	15: 00-16: 00										
8	16: 00-17: 00									15:07	
9	17: 00-18: 00										
10	序号	日期	时间段	会议室名称	申请人	部门	岗位	联系电话	使用人数	申请用途	备注
11	1	2022年8月10日	08: 30-09: 30	101会议室	赵博	财务部	行政专员	136**256095	10人	预算审议	
12	2	2022年8月11日	09: 30-10: 30	101会议室	张雪	人事部	行政专员	139**715691	8人	人才引进	
13	3	2022年8月12日	10: 30-11: 30	201会议室	王进	组织部	行政专员	186**756766	8人	支部会议	
14	4	2022年8月13日	15: 00-16: 00	204会议室	吕玲	销售部	行政专员	159**156566	9人	月度会议	

图 2.20　表格美化后的效果

2.1.5　能力拓展——制作职工工资汇总表

微课：制作职工工资汇总表

李主任让夏雪对部分职工的岗位工资进行调整，并在调整后制作一份“职工工资汇总表”，以便职工查看自己的工资变动情况。

打开素材文件“职工工资汇总表 .xlsx”，对职工工资汇总表 Sheet1 中的数据进行操作。

在 F3:F18 单元格区域中使用公式求出每位职工工资的合计。首先在 F3 单元格中输入公式“=C3+D3+E3”，如图 2.21 所示。然后查阅公式使用方法，实现如图 2.22 所示的效果。

	A	B	C	D	E	F
1			职工工资汇总表			
2	序号	姓名	岗位工资	薪级工资	基础绩效	合计
3	1	李新	1810	1200	835	=C3+D3+E3
4	2	肖文辉	4110	2603	1099	
5	3	夏敬城	2200	2276	801	
6	4	王艳琴	1810	1200	835	
7	5	黄秋香	2710	1979	922	
8	6	葛正春	3530	2276	1081	
9	7	张在旭	1960	1790	822	
10	8	韩凤玲	2500	1979	909	
11	9	邵海东	3070	3406	973	
12	10	黄立	1810	1052	835	
13	11	吴春晓	2500	2177	909	
14	12	杨松	2200	1700	801	
15	13	夏鑫新	1810	1356	835	
16	14	杨全刚	3530	1979	1081	
17	15	葛华	1620	800	856	
18	16	范柳芳	1620	1052	856	

图 2.21 输入公式

	A	B	C	D	E	F
1			职工工资汇总表			
2	序号	姓名	岗位工资	薪级工资	基础绩效	合计
3	1	李新	1810	1200	835	3845
4	2	肖文辉	4110	2603	1099	7812
5	3	夏敬城	2200	2276	801	5277
6	4	王艳琴	1810	1200	835	3845
7	5	黄秋香	2710	1979	922	5611
8	6	葛正春	3530	2276	1081	6887
9	7	张在旭	1960	1790	822	4572
10	8	韩凤玲	2500	1979	909	5388
11	9	邵海东	3070	3406	973	7449
12	10	黄立	1810	1052	835	3697
13	11	吴春晓	2500	2177	909	5586
14	12	杨松	2200	1700	801	4701
15	13	夏鑫新	1810	1356	835	4001
16	14	杨全刚	3530	1979	1081	6590
17	15	葛华	1620	800	856	3276
18	16	范柳芳	1620	1052	856	3528

图 2.22 应用公式后的效果

任务 2 制作销售数据统计分析表

2.2.1 任务描述

年度销售数据的展示需要遵循简明、直观的原则。夏雪需要对数据进行排序，筛选出需要重点关注的数据，并对筛选后的数据进行统计分析。

2.2.2　技术分析

1. 设置数据排序

排序是指对工作表中的数据按照指定的顺序规律重新设置顺序，它有助于快速直观地显示数据，帮助我们更好地组织并查找所需数据及最终作出更有效的决策，其目的是将一组"无序"的数据调整为"有序"的数据，如将数字由大到小排序、将相同内容排在一起、将相同颜色的单元格排在一起等。Excel 可以对行或列中的数据按文字、数字、日期等进行排序，如对销售业绩进行排名，以便进行统计分析。针对不同情况、不同要求，我们使用的数据排序方法也不一样，一般有简单排序和复杂排序两种情况。

1）简单排序

Excel 中的简单排序是指在排序时设置单一的排序条件，将工作表中的数据按照指定的某种数据类型进行重新排序。此功能可以对表格中某列的数据进行升序或降序排序。具体操作为：先单击要进行排序的列中的任意一个单元格，再单击"数据"选项卡的"排序和筛选"组中的"升序"按钮或"降序"按钮，所选列中的数据就会按照升序或降序方式进行排序。数字的排序规则是升序由小到大、降序由大到小，汉字的排序规则是按汉字拼音的字母表顺序进行排序。

2）复杂排序

当排序的数据中出现相同的内容时，它会保持原有的顺序，如果还要对相同的数据按照一定的条件进行排序，这时就会用到多个关键字的复杂排序。复杂排序允许同时对多列进行排序，其排序规则为：先按照主要关键字进行排序，如果序列中存在重复项，则继续按照次要关键字进行排序，以此类推。可以单击"数据"选项卡的"排序和筛选"组中的"排序"按钮，在打开的"排序"对话框中对主要关键字进行设置。如果要增加排序条件，则可以单击"添加条件"按钮，然后设置次要关键字，并根据需要设置"升序"或"降序"。复杂排序设置如图 2.23 所示。

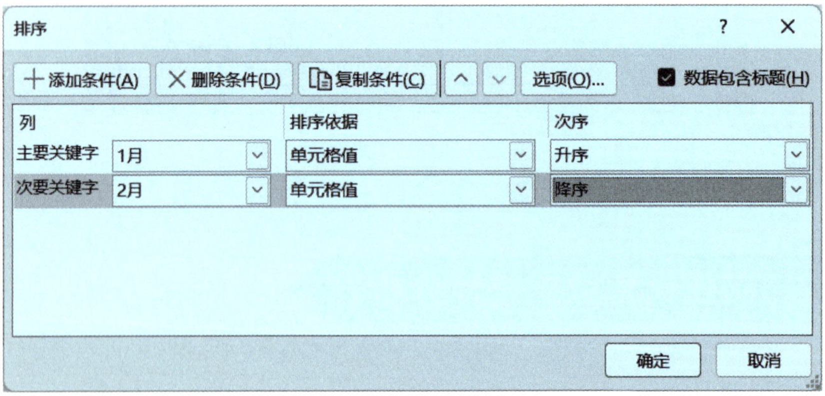

图 2.23　复杂排序设置

2. 设置数据筛选

平时在处理一些复杂的数据表格时，使用数据筛选功能可以方便、快捷地查找出我们所需的数据信息。与排序不同，筛选并不重排区域，只是暂时隐藏不必显示的行。Excel 提供了两种筛选区域的方法：自动筛选与高级筛选。

1）设置自动筛选

自动筛选是一种快速、简捷的筛选方法，能够在包含大量数据的工作表中快速地筛选出满足条件的信息，同时隐藏不需要的数据。

在选中含有数据的任意单元格后，单击"数据"选项卡的"排序和筛选"组中的"筛选"按钮，此时在工作表的所有字段名称的右侧都会出现一个下拉按钮，单击想要筛选数据列右侧的下拉按钮，根据需要选中相应选项，即可完成筛选。

2）设置高级筛选

自动筛选可以完成大部分简单的筛选操作，而对于条件较为复杂的情况，可以使用高级筛选。高级筛选的结果可以显示在原数据表格中，不符合条件的记录被隐藏，也可以在新的位置显示筛选结果。

在进行高级筛选前需要先定义筛选条件，条件区域通常包括两行或三行，在第一行的单元格区域中输入指定字段名称，在第二行的单元格区域中输入对字段的筛选条件。

3. 设置分类汇总

通过 Excel 分类汇总功能，我们可以非常便捷地对数据进行计数、求和等操作，根据不同条件可以得到不同的汇总结果。分类汇总指按某一字段的内容进行排序后，不需要建立公式，Excel 会自动对排序后的各类数据进行求和、求平均值、计数、求最大/最小值等各种计算，并且分级显示汇总结果。分类汇总设置如图 2.24 所示。

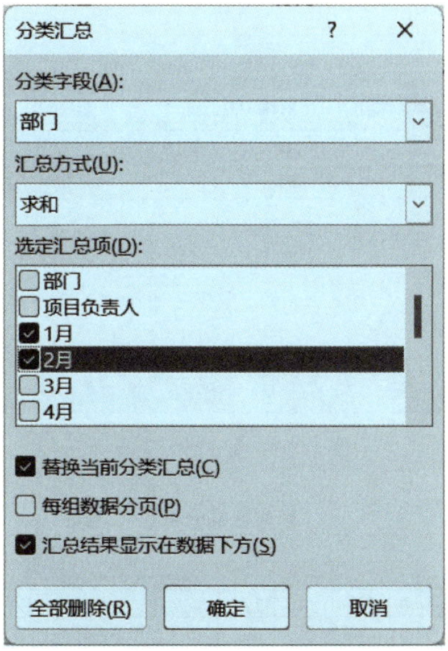

图 2.24　分类汇总设置

4. 设置简单的函数

1）求最大值函数 MAX

MAX 函数的功能是返回一组值中的最大值，语法格式如下：

```
MAX(number1,number2,...)
```

其中，参数 number1 是必需的，后续参数 number2 等是可选的。

例如，在 A1:A5 单元格区域中存放着"3"、"2"、"1"、"5"和"4"这 5 个数字，在 A6 单元格中输入"=MAX(A1:A5)"，则 A6 单元格中显示的值为"5"。

2）求最小值函数 MIN

MIN 函数的功能是返回一组值中的最小值，语法格式如下：

```
MIN(number1,number2,...)
```

其中，参数 number1 是必需的，后续参数 number2 等是可选的。

例如，在 A1:A5 单元格区域中存放着"3"、"2"、"1"、"5"和"4"这 5 个数字，在 A6 单元格中输入"=MIN(A1:A5)"，则 A6 单元格中显示的值为"1"。

2.2.3 示例演示——制作销售数据排序筛选表

微课：制作销售数据排序筛选表

打开素材文件"销售数据分析表 .xlsx"，对表 Sheet1 中的数据进行操作。

1. 数据排序

（1）选中 A3:N13 单元格区域，单击"数据"选项卡的"排序和筛选"组中的"排序"按钮，在弹出的"排序"对话框中勾选"数据包含标题"复选框，在"主要关键字"下拉列表中选择"1月"选项，其他设置保持不变，如图 2.25 所示。单击"确定"按钮，即可制作完成根据 1 月销售数据降序排列的数据表格。根据 1 月销售数据降序排列的效果如图 2.26 所示。

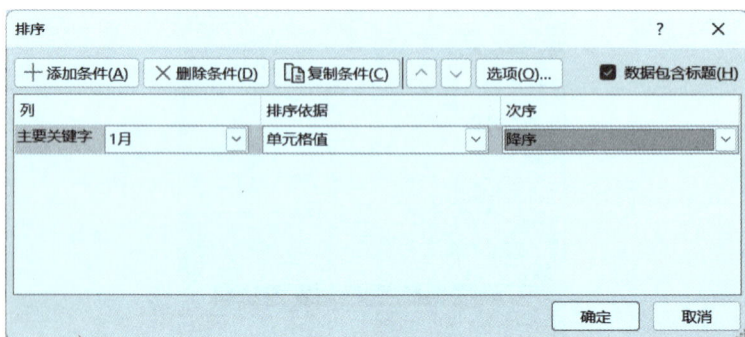

图 2.25 设置排序条件

销售数据分析表													
制表人：夏雪											单位：万元		
部门	项目负责人	1月	2月	3月	4月	5月	6月	7月	8月	9月	10月	11月	12月
国际营销	黄秋香	54.8	12.5	12.2	12.6	32.1	36.3	25.4	12.5	32.1	33.9	45.1	23.5
海外地区部	李新	47.8	25.1	50	32.1	45.3	36.2	45.6	23.3	32.5	23.3	22.5	22.5
国际营销	邵海东	35.6	12.9	35.5	38.9	48.2	22.5	28.8	26.5	32.5	32.1	12.5	26.8
海外地区部	葛华	35.4	36.8	23.1	31.6	16.6	32.5	27.3	32.2	32.8	35.6	19.9	39.8
国际营销	肖文辉	35.2	32.6	21	23.5	23.5	23.3	23.3	35.6	25.8	28.8	32.1	33.6
上海总部	黄立	29.8	32.4	36.2	23.4	12.5	12.3	29.3	45.2	12.5	42.1	18.8	25.5
海外地区部	葛正春	25.8	21.8	22.2	45.6	23.1	12.2	36.1	14.4	12.2	22.8	32.9	32.9
国际营销	韩凤玲	25.8	35.8	11.6	47.2	28.3	11.2	23.1	35.6	23.2	23.5	15.5	36.9
上海总部	范柳芳	16.1	12.7	12.8	32.5	36.4	12.1	22.2	11.3	12.8	39.9	40.2	22.8
上海总部	王艳琴	12.3	23.4	32	36.1	36.2	35.2	21.1	32.5	12.7	32.8	14.8	11.8

图 2.26 根据 1 月销售数据降序排列的效果

对根据 1 月销售数据降序排列的效果进行分析可知，葛正春与韩凤玲的 1 月销售数据是一样的，对于这种情况，需要再增加次要关键字排序条件。

（2）选中 A3:N13 单元格区域，单击"数据"选项卡的"排序和筛选"组中的"排序"按钮，在弹出的"排序"对话框中勾选"数据包含标题"复选框，单击"添加条件"按钮，在"主要关键字"下拉列表中选择"1 月"选项，在"次要关键字"下拉列表中选择"2 月"选项，将次序都设置为"降序"，即可实现在 1 月销售数据相同的情况下，根据 2 月销售数据降序排序，如图 2.27 所示。

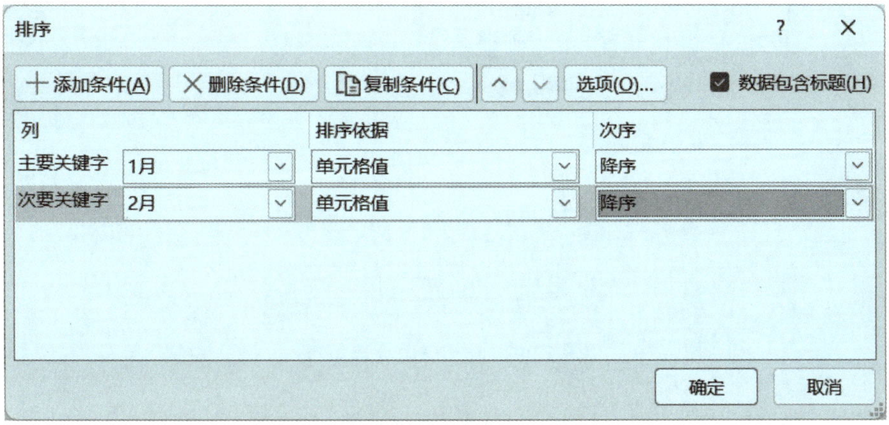

图 2.27　设置双关键字排序条件

2. 自动筛选

（1）选中 A3:N13 单元格区域，单击"数据"选项卡的"排序和筛选"组中的"筛选"按钮，在工作表的所有字段名称的右侧都会出现一个下拉按钮，如图 2.28 所示。

销售数据分析表													
制表人：夏雪											单位：万元		
部门	项目负责	1月	2月	3月	4月	5月	6月	7月	8月	9月	10月	11月	12月
国际营销	黄秋香	54.8	12.5	12.2	12.6	32.1	36.3	25.4	12.5	32.1	33.9	45.1	23.5
海外地区部	李新	47.8	25.1	50	32.1	45.3	36.2	45.6	23.3	32.5	23.3	22.5	22.5
国际营销	邵海东	35.6	12.9	35.5	38.9	48.2	22.5	28.8	26.5	32.5	32.1	12.5	26.8
海外地区部	葛华	35.4	36.8	23.1	31.6	16.6	32.5	27.3	32.2	32.8	35.6	19.9	39.8
国际营销	肖文辉	35.2	32.6	21	23.5	23.5	23.3	23.3	36.2	25.8	28.8	32.1	33.6
上海总部	黄立	29.8	32.4	36.2	23.4	12.5	12.3	29.3	45.2	12.5	42.1	18.8	25.5
国际营销	韩凤玲	25.8	35.8	11.6	47.2	28.3	11.2	23.1	35.6	23.2	23.5	15.5	36.9
海外地区部	葛正春	25.8	21.8	22.2	45.6	23.1	12.2	36.1	14.4	12.2	22.8	32.9	32.9
上海总部	范柳芳	16.1	12.7	12.8	32.5	36.4	12.1	22.2	11.3	12.8	39.9	40.2	22.8
上海总部	王艳琴	12.3	23.4	32	36.1	36.2	35.2	21.1	32.5	12.7	32.8	14.8	11.8

图 2.28　设置自动筛选

（2）单击"部门"字段右侧的下拉按钮，在弹出的下拉菜单中勾选"上海总部"复选框，如图 2.29 所示。

（3）单击"确定"按钮，即可筛选出所有"上海总部"地区的数据。设置"上海总部"筛选条件后的效果如图 2.30 所示。

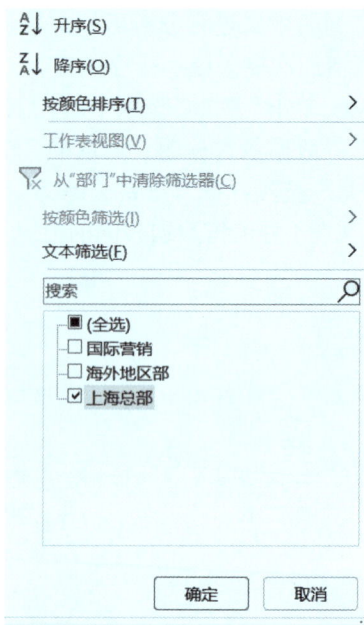

图 2.29　设置自动筛选条件

销售数据分析表													
制表人：夏雪										单位：万元			
部门	项目负责	1月	2月	3月	4月	5月	6月	7月	8月	9月	10月	11月	12月
上海总部	黄立	29.8	32.4	36.2	23.4	12.5	12.3	29.3	45.2	12.5	42.1	18.8	25.5
上海总部	范柳芳	16.1	12.7	12.8	32.5	36.4	12.1	22.2	11.3	12.8	39.9	40.2	22.8
上海总部	王艳琴	12.3	23.4	32	36.1	36.2	35.2	21.1	32.5	12.7	32.8	14.8	11.8

图 2.30　设置"上海总部"筛选条件后的效果

3. 高级筛选

（1）选中 A3:N13 单元格区域，单击"数据"选项卡的"排序和筛选"组中的"高级"按钮，在弹出的"高级筛选"对话框中选中"在原有区域显示筛选结果"单选按钮，单击"条件区域"文本框，选择 A15:B16 单元格区域设置为条件区域，筛选部门为"国际营销"且 1 月销售数据大于 30 万元的项目负责人，如图 2.31 所示。

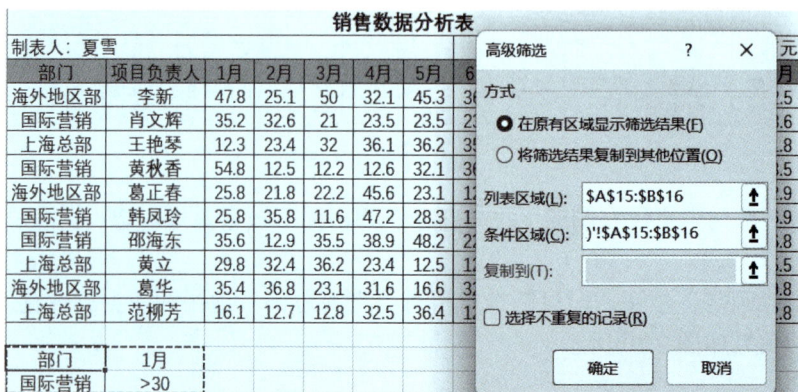

图 2.31　设置高级筛选条件

（2）单击"确定"按钮，即可筛选出部门为"国际营销"且 1 月销售数据大于 30 万元的项目负责人的年度销售数据情况。根据筛选条件所得的筛选结果如图 2.32 所示。

销售数据分析表													
制表人：夏雪												单位：万元	
部门	项目负责人	1月	2月	3月	4月	5月	6月	7月	8月	9月	10月	11月	12月
国际营销	肖文辉	35.2	32.6	21	23.5	23.5	23.3	23.3	36.2	25.8	28.8	32.1	33.6
国际营销	黄秋香	54.8	12.5	12.2	12.6	32.1	36.3	25.4	12.5	32.1	33.9	45.1	23.5
国际营销	邵海东	35.6	12.9	35.5	38.9	48.2	22.5	28.8	26.5	32.5	32.1	12.5	26.8

图 2.32　根据筛选条件所得的筛选结果

2.2.4　任务实现——制作销售数据分类汇总表

李主任要求夏雪将不同部门的年度销售情况按月份分类汇总，以便按月份进行数据分析。

打开素材文件"销售数据分析表 .xlsx"，对表 Sheet1 中的数据进行操作。

微课：制作销售
数据分类汇总表

1．按部门进行排序

（1）选中 A3:N13 单元格区域，单击"数据"选项卡的"排序和筛选"组中的"排序"按钮，在弹出的"排序"对话框中勾选"数据包含标题"复选框，在"主要关键字"下拉列表中选择"部门"选项，其他设置保持不变，如图 2.33 所示。

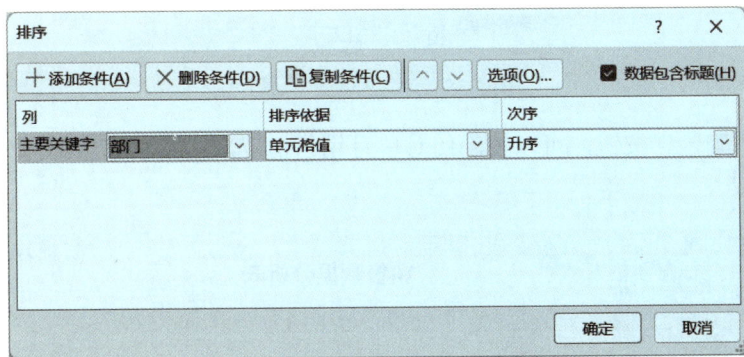

图 2.33　设置主要关键字排序条件

（2）单击"确定"按钮，按部门升序排列的效果如图 2.34 所示。

销售数据分析表													
制表人：夏雪												单位：万元	
部门	项目负责人	1月	2月	3月	4月	5月	6月	7月	8月	9月	10月	11月	12月
国际营销	韩凤玲	25.8	35.8	11.6	47.2	28.3	11.2	23.1	35.6	23.2	23.5	15.5	36.9
国际营销	肖文辉	35.2	32.6	21	23.5	23.5	23.3	23.3	36.2	25.8	28.8	32.1	33.6
国际营销	邵海东	35.6	12.9	35.5	38.9	48.2	22.5	28.8	26.5	32.5	32.1	12.5	26.8
国际营销	黄秋香	54.8	12.5	12.2	12.6	32.1	36.3	25.4	12.5	32.1	33.9	45.1	23.5
海外地区部	葛正春	25.8	21.8	22.2	45.6	23.1	12.2	36.1	14.4	12.2	22.8	32.9	32.9
海外地区部	葛华	35.4	36.8	23.1	31.6	16.6	32.5	27.3	32.2	32.8	35.6	19.9	39.8
海外地区部	李新	47.8	25.1	50	32.1	45.3	36.2	45.6	23.3	32.5	23.3	22.5	22.5
上海总部	王艳琴	12.3	23.4	32	36.1	36.2	35.2	21.1	32.5	12.7	32.8	14.8	11.8
上海总部	范柳芳	16.1	12.7	12.8	32.5	36.4	12.1	22.2	11.3	12.8	39.9	40.2	22.8
上海总部	黄立	29.8	32.4	36.2	23.4	12.5	12.3	29.3	45.2	12.5	42.1	18.8	25.5

图 2.34　按部门升序排列的效果

2. 分类汇总设置

（1）单击"数据"选项卡的"分级显示"组中的"分类汇总"按钮，在弹出的"分类汇总"对话框的"分类字段"下拉列表中选择"部门"选项，在"汇总方式"下拉列表中选择"求和"选项，在"选定汇总项"列表框中分别勾选"1月"～"12月"左侧的复选框，勾选"汇总结果显示在数据下方"复选框，如图2.35所示。

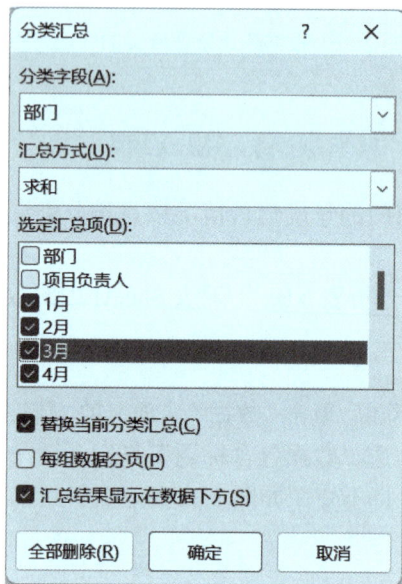

图2.35　设置分类汇总条件

（2）单击"确定"按钮，可以按部门对单月销售情况求和汇总。按部门分月汇总的效果如图2.36所示。

	A	B	C	D	E	F	G	H	I	J	K	L	M	N
1							销售数据分析表							
2	制表人：夏雪							单位：万元						
3	部门	项目负责人	1月	2月	3月	4月	5月	6月	7月	8月	9月	10月	11月	12月
4	国际营销	肖文辉	35.2	32.6	21	23.5	23.5	23.3	23.3	36.2	25.8	28.8	32.1	33.6
5	国际营销	黄秋香	54.8	12.5	12.2	12.6	32.1	36.3	25.4	12.5	32.1	33.9	45.1	23.5
6	国际营销	韩凤玲	25.8	35.8	11.6	47.2	28.3	11.2	23.1	35.6	23.2	23.5	15.5	36.9
7	国际营销	邵海东	35.6	12.9	35.5	38.9	48.2	22.5	28.8	26.5	32.5	32.1	12.5	26.8
8	国际营销 汇总		151.4	93.8	80.3	122.2	132.1	93.3	100.6	110.8	113.6	118.3	105.2	120.8
9	海外地区部	李新	47.8	25.1	50	32.1	45.3	36.2	45.6	23.3	32.5	23.3	22.5	22.5
10	海外地区部	葛正春	25.8	21.8	22.2	45.6	23.1	12.2	36.1	14.4	12.2	22.8	32.9	32.9
11	海外地区部	葛华	35.4	36.8	23.1	31.6	16.6	32.5	27.3	32.2	32.8	35.6	19.9	39.8
12	海外地区部 汇总		109	83.7	95.3	109.3	85	80.9	109	69.9	77.5	81.7	75.3	95.2
13	上海总部	王艳琴	12.3	23.4	32	36.1	36.2	35.2	21.1	32.5	12.7	32.8	14.8	11.8
14	上海总部	黄立	29.8	32.4	36.2	23.4	12.5	12.3	29.3	45.2	12.5	42.1	18.8	25.5
15	上海总部	范柳芳	16.1	12.7	12.8	32.5	36.4	12.1	22.2	11.3	12.8	39.9	40.2	22.8
16	上海总部 汇总		58.2	68.5	81	92	85.1	59.6	72.6	89	38	114.8	73.8	60.1
17	总计		318.6	246	256.6	323.5	302.2	233.8	282.2	269.7	229.1	314.8	254.3	276.1

图2.36　按部门分月汇总的效果

（3）单击分级显示符号"2"，即可查看按部门汇总的情况。按部门汇总的效果如图2.37所示。

（4）单击分级显示符号"1"，即可查看按月份汇总的情况。按月份汇总的效果如图2.38所示。

1 2 3	A	B	C	D	E	F	G	H	I	J	K	L	M	N
1						销售数据分析表								
2	制表人：夏雪							单位：万元						
3	部门	项目负责人	1月	2月	3月	4月	5月	6月	7月	8月	9月	10月	11月	12月
8	国际营销 汇总		151.4	93.8	80.3	122.2	132.1	93.3	100.6	110.8	113.6	118.3	105.2	120.8
12	海外地区部 汇总		109	83.7	95.3	109.3	85	80.9	109	69.9	77.5	81.7	75.3	95.2
16	上海总部 汇总		58.2	68.5	81	92	85.1	59.6	72.6	89	38	114.8	73.8	60.1
17	总计		318.6	246	256.6	323.5	302.2	233.8	282.2	269.7	229.1	314.8	254.3	276.1

图 2.37　按部门汇总的效果

1 2 3	A	B	C	D	E	F	G	H	I	J	K	L	M	N
1						销售数据分析表								
2	制表人：夏雪							单位：万元						
3	部门	项目负责人	1月	2月	3月	4月	5月	6月	7月	8月	9月	10月	11月	12月
17	总计		318.6	246	256.6	323.5	302.2	233.8	282.2	269.7	229.1	314.8	254.3	276.1

图 2.38　按月份汇总的效果

2.2.5　能力拓展——制作职工工资分析表

职工工资分析表用于统计分析职工工资情况，应用简单函数即可直观地展示效果。夏雪使用常见的函数对职工总工资、平均工资、最高工资、最低工资等方面进行了汇总分析。

微课：制作职工工资分析表

打开素材文件"职工工资汇总表 .xlsx"，对表 Sheet1 中的数据进行操作，制作的职工工资分析表的效果如图 2.39 所示。

	A	B	C	D	E
1	序号	姓名	岗位工资	浮动工资	总工资
2	1	李新	1810	280	2090
3	2	肖文辉	4110	390	4500
4	3	夏敬城	2200	330	2530
5	4	王艳琴	1810	280	2090
6	5	黄秋香	2710	350	3060
7	6	葛正春	3530	390	3920
8	7	张在旭	1960	280	2240
9	8	韩凤玲	2500	350	2850
10	总计		20630	2650	
11	平均工资		2578.75	331.25	
12	最高工资		4110	390	
13	最低工资		1810	280	

图 2.39　制作的职工工资分析表的效果

任务 3　制作人事信息数据表

2.3.1　任务描述

综合管理部的小杨负责计算员工薪资，他知道夏雪擅长使用办公软件，于是向她请教人事信息数据的处理方法。夏雪首先帮助小杨完善了人事数据表格的字段信息，然后利用数学函数高效地完成了薪资计算等工作。

2.3.2 技术分析

1. 使用公式

公式是以等号为开头，对单元格中的数据进行加、减、乘、除等运算并返回运算结果的等式。公式可以引用同一工作表中的其他单元格，也可以引用同一工作簿的不同工作表中的单元格，还可以引用其他工作簿的工作表中的单元格。

公式的运算用运算符表示，运算符主要有算术运算符、比较运算符、文本运算符和引用运算符4类。

1）算术运算符

算术运算符包括加（+）、减（−）、乘（*）、除（/）、百分数（%）和乘方（^）等，适合各种基本的数学运算。算术运算符中优先级最高的运算符是百分数(%)，然后依次是乘方(^)、乘（*）和除（/）、加（+）和减（−）。

2）比较运算符

比较运算符包括等于（=）、大于（>）、小于（<）、大于或等于（>=）、小于或等于（<=）和不等于（<>）。比较运算符的作用是将两个值进行比较，运算结果为一个逻辑值 TRUE 或 FALSE。其中，TRUE 表示条件成立，FALSE 表示条件不成立。

3）文本运算符

文本运算符只有一个，即文本连接符（&），它的作用是将一个或多个文本数据连接成一个组合文本。例如，在单元格中输入"="Microsoft"&"365""后按"Enter"键，产生的结果为"Microsoft365"。

4）引用运算符

引用运算符的作用是对指定的单元格区域进行合并计算。引用运算符包括冒号（:)、逗号（,）、空格和感叹号（!）。

冒号(:)表示连续区域运算符，它的作用是对两个引用之间的所有单元格进行引用。例如，A1:B2 表示对 A1、A2、B1、B2 这 4 个单元格进行引用。

逗号（,）表示合并运算符，它的作用是将多个引用合并为一个引用。例如，"A1:A2,B1:B2"表示对 A1、A2、B1、B2 这 4 个单元格进行引用。

空格表示交叉运算符，它的作用是取多个引用的交集作为一个引用。例如，"A1:B2 B1:C2"表示对 B1、B2 这两个单元格进行引用。

感叹号表示三维引用运算符，它的作用是引用另外一个工作表中的数据。例如"Sheet2!A1:A3"表示对 Sheet2 表中 A1、A2、A3 这 3 个单元格进行引用。

2. 使用函数

在 Excel 中，函数是预先定义的特定计算公式。按照这个特定的计算公式对一个或多个参数进行计算，可以得出一个或多个计算结果，计算结果叫作函数值。使用函数进行计算可以大大提高工作效率。Excel 中内置的函数主要包括财务函数、日期和时间函数、数学和三角函数、统计函数、文本函数、逻辑函数、信息函数、工程函数等。

函数的语法格式如下：

```
函数名（参数 1，参数 2，…）
```

函数名用来标记该函数；参数根据不同的函数确定，数量可以是 0 个或多个，内容可以是数字、文本、形如 TRUE 或 FALSE 的逻辑值、数组、公式或其他函数等。

下面介绍几个重要的函数。

1）SUMIF 函数

SUMIF 函数的功能是对指定区域指定条件的值进行求和，该函数的语法格式如下：

```
SUMIF(range,criteria)
```

其中，range 表示指定条件求和的单元格区域；criteria 表示条件，其形式可以是数字、表达式、单元格引用、文本或函数等。

2）COUNTIF 函数

COUNTIF 函数的功能是统计满足指定条件的单元格数量，该函数的语法格式如下：

```
COUNTIF(range,criteria)
```

其中，range 表示指定条件的单元格区域；criteria 表示条件，其形式可以是数字、表达式、单元格引用、文本或函数等。

3）IFERROR 函数

IFERROR 函数的功能是捕获和处理公式中的错误，如果公式的计算结果错误，则 IFERROR 函数返回指定的值，否则返回公式的计算结果，该函数的语法格式如下：

```
IFERROR(value,value_if_error)
```

其中，value 表示检查是否存在错误的参数，value_if_error 表示公式的计算结果错误时要返回的值。

4）REPLACE 函数

REPLACE 函数的功能是进行字符替换，该函数的语法格式如下：

```
REPLACE(old_text,start_num,num_chars,new_text)
```

其中，old_text 表示要进行字符替换的文本，start_num 表示要替换为 new_text 的字符在旧文本中的位置，num_chars 表示 old_text 中要替换的字符的个数，new_text 表示要对 old_text 中的字符进行替换的文本。

5）MID 函数

MID 函数的功能是提取文本字符串中从指定位置开始的特定数目的字符，该函数的语法格式如下：

```
MID(text,start_num,num_chars)
```

其中，text 表示目标文本字符串；start_num 表示准备提取的文本第一个字符的位置，text 中第一个字符的位置为 1；num_chars 表示所要提取的文本字符串的长度。

6）TEXT 函数

TEXT 函数的功能是根据指定的数字格式将数值转化成文本，该函数的语法格式如下：

```
TEXT(value,format_text)
```

其中，value 表示数值、能够求值的数值公式或对数值单元格的引用，format_text 表示文本形式的数据格式。

7）VLOOKUP 函数

VLOOKUP 函数是一个纵向查找函数，其功能是按列查找，最终返回该列所需查询列序所对应的值，该函数的语法格式如下：

```
VLOOKUP(lookup_value,table_array,col_index_num,range_lookup)
```

其中，lookup_value 表示需要在数据表首列进行搜索的值，可以是数值、引用或字符串；table_array 表示要在其中搜索值的区域；col_index_num 表示返回匹配值在 table_array 中的列序号；range_lookup 表示匹配方式，精确匹配用 0，模糊匹配用 1 或省略。

3. 单元格引用

在 Excel 公式中经常需要引用单元格的内容，引用的作用就是标识工作表中的单元格或单元格区域，并指明公式中所使用数据的位置。

在公式中不需要人为输入单元格中的数据，只需输入单元格的引用，Excel 便可以自动获取所引用单元格中的数据。其优点是，如果被引用的单元格中的数据发生了变化，则公式的计算结果也会根据所引用的单元格中的最新数据进行更新。在 Excel 中，单元格的引用主要包括相对引用、绝对引用和混合引用这 3 种。

1）相对引用

相对引用是指引用单元格的相对位置，如 A1:B2 单元格区域引用是相对引用。在列上填充时，列号不变，行号会随着填充而变化；在行上填充时，行号不变，列号会随着填充而变化。

2）绝对引用

绝对引用是指引用单元格的精确地址，与包含公式的单元格位置无关。它的引用形式是在行号和列号前都加一个"$"符号，如 $A$1 单元格引用是绝对引用。"$"符号的作用是对行和列进行固定，在行号和列号前都加"$"符号后再进行填充，引用的区域就不会发生变化了。

3）混合引用

既包含绝对引用又包含相对引用的引用称为混合引用，它的引用形式是只在行号或列号前加"$"符号，进行行或列的固定。混合引用有两种形式，一种是固定行，一种是固定列。

2.3.3　示例演示——管理员工信息表

打开素材文件"员工信息表 .xlsx"，对表 Sheet1 中的数据进行操作。

1. 升级员工的编号

微课：管理员工信息表

将员工的编号由原来的 5 位升级成 6 位，升级规则是在字符 A 后面加上一个数字"0"。例如，"A1005"升级后变成"A01005"。

选中 C3 单元格，单击"公式"选项卡的"函数库"组中的"插入函数"按钮，打开"插入函数"对话框，在"搜索函数"文本框中输入"REPLACE"，单击"转到"按钮，在"选择函数"列表框中选择"REPLACE"选项，单击"确定"按钮，在弹出的"函数参数"对话框中输入相应参数，如图 2.40 所示。

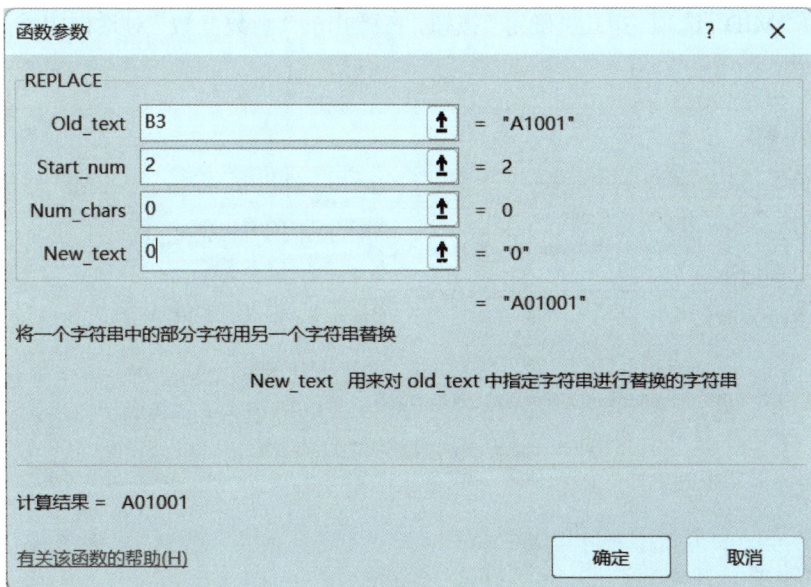

图 2.40　设置 REPLACE 函数的参数

（2）单击"确定"按钮，第一个员工的编号便可升级成 6 位。升级第一个员工的编号后的效果如图 2.41 所示。

	A	B	C	D	E	F	G	H	I	J	K
1						员工信息表					
2	序号	编号	升级编号	部门	姓名	身份证号	出生年月	年龄	性别	联系方式	学历
3	1	A1001	A01001	市场部	李欣	11****197806170345				186**256185	专科
4	2	A1002		组织部	肖文雯	11****198207280845				156**687587	研究生
5	3	A1003		销售部	王艳琴	11****19801103036X				138**825386	专科
6	4	A1004		人事部	黄秋香	11****197907261969				158**513888	研究生
7	5	A1005		市场部	葛正春	11****198301222042				187**896086	专科
8	6	A1006		组织部	韩锋	11****198701124437				186**157280	专科
9	7	A1007		市场部	邵海东	11****199403061099				186**256085	研究生
10	8	A1008		人事部	黄雪	11****198908231125				186**256082	本科
11	9	A1009		人事部	葛华	11****198802050589				139**838088	专科
12	10	A1010		人事部	范柳芳	11****198712114429				180**685083	专科
13	11	A1011		销售部	常颜	11****198408241667				155**800800	本科
14	12	A1012		市场部	徐海波	11****196611100099				189**984282	专科
15	13	A1013		组织部	夏天	11****196304084338				158**530487	专科
16	14	A1014		销售部	田敏慧	11****197912085049				136**119480	本科
17	15	A1015		市场部	吴金	11****196808027673				139**806888	研究生
18	16	A1016		组织部	高妍	11****198811070060				139**964389	专科

图 2.41　升级第一个员工的编号后的效果

（3）将鼠标指针移至 C3 单元格的右下角，当鼠标指针变为黑色实心十字形状✚时，双击进行公式填充，升级其他员工的编号。

2. 提取员工的出生年月

身份证号包含了员工的出生年月，用 MID 函数可以提取身份证号中的出生年月，并可以按"××××年××月"的格式显示。

（1）选中 G3 单元格，单击"公式"选项卡的"函数库"组中的"插入函数"按钮，打开"插入函数"对话框，在"搜索函数"文本框中输入"MID"，单击"转到"按钮，在"选择函数"

列表框中选择"MID"选项，单击"确定"按钮，在弹出的"函数参数"对话框中输入相应参数，如图 2.42 所示。

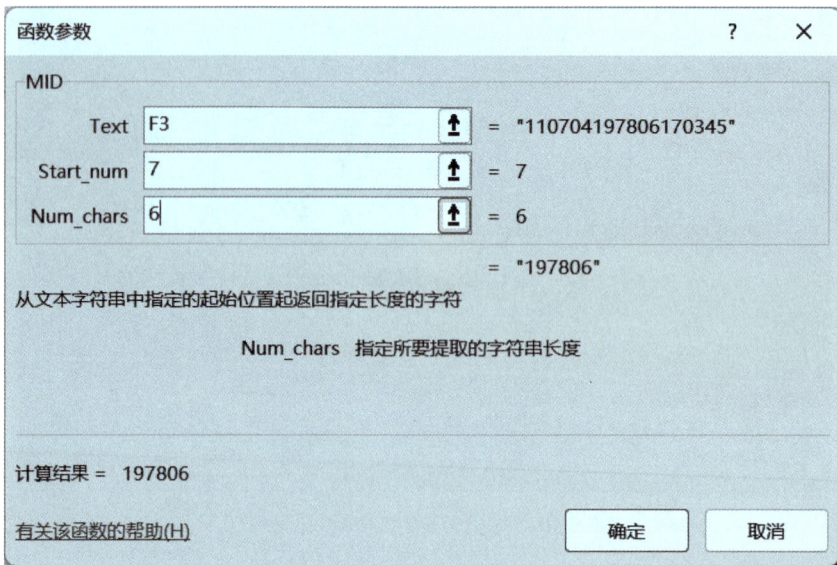

图 2.42　设置 MID 函数的参数

（2）单击"确定"按钮，可以提取第一个员工的出生年月，效果如图 2.43 所示。

	A	B	C	D	E	F	G	H	I	J	K
1	员工信息表										
2	序号	编号	升级编号	部门	姓名	身份证号	出生年月	年龄	性别	联系方式	学历
3	1	A1001	A01001	市场部	李欣	11****197806170345	197806			186**256185	专科
4	2	A1002	A01002	组织部	肖文雯	11****198207280845				156**687587	研究生
5	3	A1003	A01003	销售部	王艳琴	11****19801103036X				138**825386	专科
6	4	A1004	A01004	人事部	黄秋香	11****197907261969				158**513888	研究生
7	5	A1005	A01005	市场部	葛正春	11****198301222042				187**896086	专科
8	6	A1006	A01006	组织部	韩锋	11****198701124437				186**157280	专科
9	7	A1007	A01007	市场部	邵海东	11****199403061099				186**256085	研究生
10	8	A1008	A01008	人事部	黄雪	11****198908231125				186**256082	本科
11	9	A1009	A01009	人事部	葛华	11****198802050589				139**838088	专科
12	10	A1010	A01010	人事部	范柳芳	11****198712114429				180**685083	专科
13	11	A1011	A01011	销售部	常颜	11****198408241667				155**800989	本科
14	12	A1012	A01012	市场部	徐海波	11****196611100099				189**984282	专科
15	13	A1013	A01013	组织部	夏天	11****196304084338				158**530487	专科
16	14	A1014	A01014	销售部	田敏慧	11****197912085049				136**119480	本科
17	15	A1015	A01015	市场部	吴金	11****196808027673				139**806888	研究生
18	16	A1016	A01016	组织部	高妍	11****198811070060				139**964389	专科

图 2.43　提取第一个员工的出生年月后的效果

（3）选中 G3 单元格，在编辑栏中输入公式"=TEXT(MID(F3,7,6),"0 年 00 月 ")"后按"Enter"键，可以得到第一个员工指定格式的出生年月。格式化第一个员工的出生年月后的效果如图 2.44 所示。

（4）将鼠标指针移至 G3 单元格的右下角，当鼠标指针变为黑色实心十字形状 ✚ 时，双击进行公式填充，提取和格式化其他员工的出生年月。

	G3		:	× ✓ *fx*	=TEXT(MID(F3,7,6),"0年00月")					
	A	B	C	D	E	F	G	H	I	J	K

员工信息表

序号	编号	升级编号	部门	姓名	身份证号	出生年月	年龄	性别	联系方式	学历
1	A1001	A01001	市场部	李欣	11****197806170345	1978年06月			186**256185	专科
2	A1002	A01002	组织部	肖文雯	11****198207280845				156**687587	研究生
3	A1003	A01003	销售部	王艳琴	11****19801103036X				138**825386	专科
4	A1004	A01004	人事部	黄秋香	11****197907261969				158**513888	研究生
5	A1005	A01005	市场部	葛正春	11****198301222042				187**896086	专科
6	A1006	A01006	组织部	韩锋	11****198701124437				186**157280	专科
7	A1007	A01007	市场部	邵海东	11****199403061099				186**256085	研究生
8	A1008	A01008	人事部	黄雪	11****198908231125				186**256082	本科
9	A1009	A01009	人事部	葛华	11****198802050589				139**838088	专科
10	A1010	A01010	人事部	范柳芳	11****198712114429				180**685083	本科
11	A1011	A01011	销售部	常颜	11****198408241667				155**800989	本科
12	A1012	A01012	市场部	徐海波	11****196611100099				189**984282	专科
13	A1013	A01013	组织部	夏天	11****196304084338				158**530487	专科
14	A1014	A01014	销售部	田敏慧	11****197912085049				136**119480	本科
15	A1015	A01015	市场部	吴金	11****196808027673				139**806888	研究生
16	A1016	A01016	组织部	高妍	11****198811070060				139**964389	专科

图 2.44　格式化第一个员工的出生年月后的效果

3. 计算员工的年龄

（1）选中 H3 单元格，在编辑栏中输入公式"=YEAR(TODAY())-YEAR(G3)"后按"Enter"键，可以得到第一个员工的年龄，效果如图 2.45 所示。

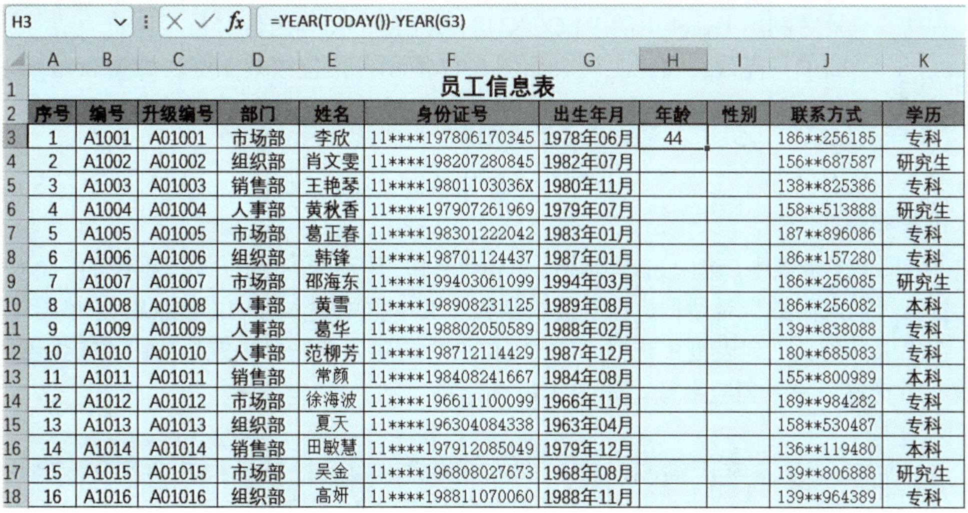

	H3		:	× ✓ *fx*	=YEAR(TODAY())-YEAR(G3)					
	A	B	C	D	E	F	G	H	I	J	K

员工信息表

序号	编号	升级编号	部门	姓名	身份证号	出生年月	年龄	性别	联系方式	学历
1	A1001	A01001	市场部	李欣	11****197806170345	1978年06月	44		186**256185	专科
2	A1002	A01002	组织部	肖文雯	11****198207280845	1982年07月			156**687587	研究生
3	A1003	A01003	销售部	王艳琴	11****19801103036X	1980年11月			138**825386	专科
4	A1004	A01004	人事部	黄秋香	11****197907261969	1979年07月			158**513888	研究生
5	A1005	A01005	市场部	葛正春	11****198301222042	1983年01月			187**896086	专科
6	A1006	A01006	组织部	韩锋	11****198701124437	1987年01月			186**157280	专科
7	A1007	A01007	市场部	邵海东	11****199403061099	1994年03月			186**256085	研究生
8	A1008	A01008	人事部	黄雪	11****198908231125	1989年08月			186**256082	本科
9	A1009	A01009	人事部	葛华	11****198802050589	1988年02月			139**838088	专科
10	A1010	A01010	人事部	范柳芳	11****198712114429	1987年12月			180**685083	本科
11	A1011	A01011	销售部	常颜	11****198408241667	1984年08月			155**800989	本科
12	A1012	A01012	市场部	徐海波	11****196611100099	1966年11月			189**984282	专科
13	A1013	A01013	组织部	夏天	11****196304084338	1963年04月			158**530487	专科
14	A1014	A01014	销售部	田敏慧	11****197912085049	1979年12月			136**119480	本科
15	A1015	A01015	市场部	吴金	11****196808027673	1968年08月			139**806888	研究生
16	A1016	A01016	组织部	高妍	11****198811070060	1988年11月			139**964389	专科

图 2.45　计算第一个员工的年龄后的效果

（2）将鼠标指针移至 H3 单元格的右下角，当鼠标指针变为黑色实心十字形状 ✚ 时，双击进行公式填充，计算其他员工的年龄。

4. 提取员工的性别

选中 I3 单元格，在编辑栏中输入公式"=IF(MOD(MID(F3,17,1),2)=1," 男 "," 女 ")"后按"Enter"键，可以得到第一个员工的性别。将鼠标指针移至 I3 单元格的右下角，当鼠标指针变为黑色实心十字形状 ✚ 时，双击进行公式填充，提取其他员工的性别。提取员工的性别后的效果如图 2.46 所示。

| I3 | ✕ ✓ fx | =IF(MOD(MID(F3,17,1),2)=1,"男","女") |

	A	B	C	D	E	F	G	H	I	J	K
1						员工信息表					
2	序号	编号	升级编号	部门	姓名	身份证号	出生年月	年龄	性别	联系方式	学历
3	1	A1001	A01001	市场部	李欣	11****197806170345	1978年06月	44	女	186**256185	专科
4	2	A1002	A01002	组织部	肖文雯	11****198207280845	1982年07月	40	女	156**687587	研究生
5	3	A1003	A01003	销售部	王艳琴	11****19801103036X	1980年11月	42	女	138**825386	专科
6	4	A1004	A01004	人事部	黄秋香	11****197907261969	1979年07月	43	女	158**513888	研究生
7	5	A1005	A01005	市场部	葛正春	11****198301222042	1983年01月	39	女	187**896086	专科
8	6	A1006	A01006	组织部	韩锋	11****198701124437	1987年01月	35	男	186**157280	专科
9	7	A1007	A01007	市场部	邵海东	11****199403061099	1994年03月	28	男	186**256085	研究生
10	8	A1008	A01008	人事部	黄雪	11****198908231125	1989年08月	33	女	186**256082	本科
11	9	A1009	A01009	人事部	葛华	11****198802050589	1988年02月	34	女	139**838088	专科
12	10	A1010	A01010	人事部	范柳芳	11****198712114429	1987年12月	35	女	180**685083	专科
13	11	A1011	A01011	销售部	常颜	11****198408241667	1984年08月	38	女	155**800989	本科
14	12	A1012	A01012	市场部	徐海波	11****196611100099	1966年11月	56	男	189**984282	专科
15	13	A1013	A01013	组织部	夏天	11****196304084338	1963年04月	59	男	158**530487	专科
16	14	A1014	A01014	销售部	田敏慧	11****197912085049	1979年12月	43	女	136**119480	本科
17	15	A1015	A01015	市场部	吴金	11****196808027673	1968年08月	54	男	139**806888	研究生
18	16	A1016	A01016	组织部	高妍	11****198811070060	1988年11月	34	女	139**964389	专科

图 2.46　提取员工的性别后的效果

2.3.4　任务实现——管理员工工资表

微课：管理员工
工资表

　　工资关乎员工的切身利益，影响员工的工作积极性和工作效率，关系到企业是否能良性发展，但是工资的计算规则复杂，项目繁多，工作量较大。夏雪利用 Excel 中的 VLOOKUP、IFERROR 等函数对员工工资表进行管理，简单且高效。员工工资表如图 2.47 所示，岗位绩效工资表如图 2.48 所示。

1. 关联岗位绩效工资表，查找员工岗位绩效

　　打开素材文件"员工工资表 .xlsx"和"岗位绩效工资表 .xlsx"，分别对两个表 Sheet1 中的数据进行操作。

　　（1）在员工工资表中，选中 F2 单元格，单击"公式"选项卡的"函数库"组中的"插入函数"按钮，打开"插入函数"对话框，在"搜索函数"文本框中输入"VLOOKUP"，单击"转到"按钮，在"选择函数"列表框中选择"VLOOKUP"选项，单击"确定"按钮，在弹出的"函数参数"对话框中输入相应参数，如图 2.49 所示。

	A	B	C	D	E	F	G	H	I	J	K	L
1	编号	姓名	部门	岗位等级	岗位工资	岗位绩效	薪级工资	基础绩效	津补贴	应发工资	扣款	实发工资
2	A01001	李欣	市场部	专六	2710		2276	922	25		251.29	
3	A01002	肖文雯	组织部	专七	2500		2603	909	25		253.44	
4	A01003	王艳琴	销售部	专五	3070		2603	973	25		290.64	
5	A01004	黄秋香	人事部	专六	2710		2494	922	25		268.13	
6	A01005	葛正春	市场部	专九	1960		2078	822	25		204.59	
7	A01006	韩锋	组织部	专三	4110		2603	1099	25		375.8	
8	A01007	邵海东	市场部	专八	2200		2276	801	25		219.28	
9	A01008	黄雪	人事部	专六	2710		1979	922	25		251.96	
10	A01009	葛华	人事部	专四	3530		2276	1081	25		329.9	
11	A01010	范柳芳	人事部	专九	1960		1790	822	25		197.39	
12	A01011	常颜	销售部	专八	2200		2930	801	25		239.43	
13	A01012	徐海波	市场部	专五	3070		3406	973	25		310.72	
14	A01013	夏天	组织部	专六	2710		2712	922	25		269.78	
15	A01014	田敏慧	销售部	专六	2710		2712	922	25		269.78	
16	A01015	吴金	市场部	专九	1960		1700	822	25		180.46	
17	A01016	高妍	组织部	专十	1810		2276	835	25		198.22	

图 2.47　员工工资表

	A	B	C
1	姓名	部门	岗位绩效
2	李欣	市场部	2580.6
3	葛正春	市场部	1973.4
4	韩锋	组织部	5464.8
5	邵海东	市场部	2125.2
6	黄雪	人事部	2884.2
7	葛华	人事部	4554
8	范柳芳	人事部	1973.4
9	常颜	销售部	2277
10	徐海波	市场部	3339.6
11	夏天	组织部	2884.2
12	田敏慧	销售部	2884.2
13	吴金	市场部	1366.2
14	高妍	组织部	1669.8

图 2.48　岗位绩效工资表

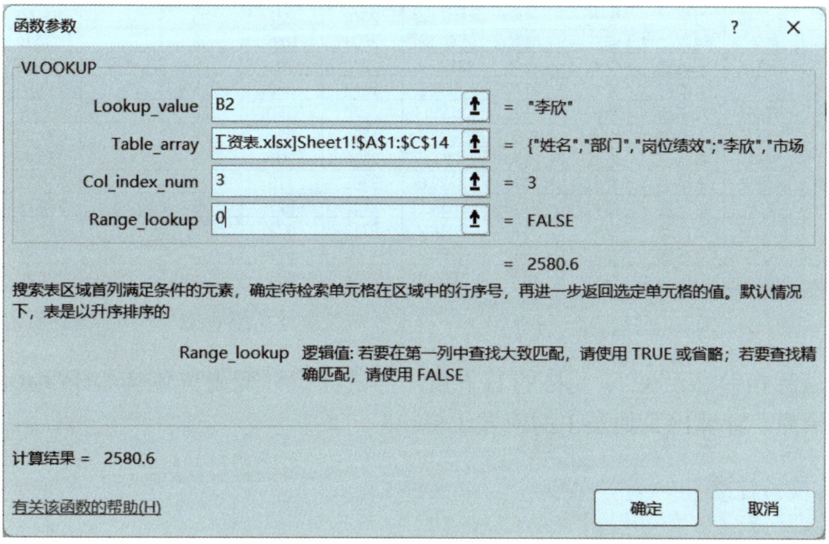

图 2.49　设置 VLOOKUP 函数的参数

（2）单击“确定”按钮，关联第一个员工的岗位绩效，选中 F2 单元格，在编辑栏中输入公式“=IFERROR(VLOOKUP(B2, 岗位绩效工资表 .xlsx!$A$1:$C$14,3,0),0)”，将未查找到的结果指定为 0。关联第一个员工的岗位绩效后的效果如图 2.50 所示。

	A	B	C	D	E	F	G	H	I	J	K	L
1	编号	姓名	部门	岗位等级	岗位工资	岗位绩效	薪级工资	基础绩效	津补贴	应发工资	扣款	实发工资
2	A01001	李欣	市场部	专六	2710	2580.6	2276	922	25		251.29	
3	A01002	肖文雯	组织部	专七	2500		2603	909	25		253.44	
4	A01003	王艳琴	销售部	专五	3070		2603	973	25		290.64	
5	A01004	黄秋香	人事部	专六	2710		2494	922	25		268.13	
6	A01005	葛正春	市场部	专九	1960		2078	822	25		204.59	
7	A01006	韩锋	组织部	专三	4110		2603	1099	25		375.8	
8	A01007	邵海东	市场部	专八	2200		2276	801	25		219.28	
9	A01008	黄雪	人事部	专六	2710		1979	922	25		251.96	
10	A01009	葛华	人事部	专四	3530		2276	1081	25		329.9	
11	A01010	范柳芳	人事部	专九	1960		1790	822	25		197.39	
12	A01011	常颜	销售部	专八	2200		2930	801	25		239.43	
13	A01012	徐海波	市场部	专五	3070		3406	973	25		310.72	
14	A01013	夏天	组织部	专六	2710		2712	922	25		269.78	
15	A01014	田敏慧	销售部	专六	2710		2712	922	25		269.78	
16	A01015	吴金	市场部	专九	1960		1700	822	25		180.46	
17	A01016	高妍	组织部	专十	1810		2276	835	25		198.22	

图 2.50　关联第一个员工的岗位绩效后的效果

（3）将鼠标指针移至 F2 单元格的右下角，当鼠标指针变为黑色实心十字形状➕时，双击进行公式填充，关联其他员工的岗位绩效。

2．计算应发工资

应发工资 = 岗位工资 + 岗位绩效 + 薪级工资 + 基础绩效 + 津补贴。

（1）选中 J2 单元格，在编辑栏中输入公式"=SUM(E2:I2)"后按"Enter"键，可以得到第一个员工的应发工资，效果如图 2.51 所示。

	A	B	C	D	E	F	G	H	I	J	K	L
1	编号	姓名	部门	岗位等级	岗位工资	岗位绩效	薪级工资	基础绩效	津补贴	应发工资	扣款	实发工资
2	A01001	李欣	市场部	专六	2710	2580.6	2276	922	25	8513.6	251.29	
3	A01002	肖文雯	组织部	专七	2500	0	2603	909	25		253.44	
4	A01003	王艳琴	销售部	专五	3070	0	2603	973	25		290.64	
5	A01004	黄秋香	人事部	专六	2710	0	2494	922	25		268.13	
6	A01005	葛正春	市场部	专九	1960	1973.4	2078	822	25		204.59	
7	A01006	韩锋	组织部	专三	4110	5464.8	2603	1099	25		375.8	
8	A01007	邵海东	市场部	专八	2200	2125.2	2276	801	25		219.28	
9	A01008	黄雪	人事部	专六	2710	2884.2	1979	922	25		251.96	
10	A01009	葛华	人事部	专四	3530	4554	2276	1081	25		329.9	
11	A01010	范柳芳	人事部	专九	1960	1973.4	1790	822	25		197.39	
12	A01011	常颜	销售部	专八	2200	2277	2930	801	25		239.43	
13	A01012	徐海波	市场部	专五	3070	3339.6	3406	973	25		310.72	
14	A01013	夏天	组织部	专六	2710	2884.2	2712	922	25		269.78	
15	A01014	田敏慧	销售部	专六	2710	2884.2	2712	922	25		269.78	
16	A01015	吴金	市场部	专九	1960	1366.2	1700	822	25		180.46	
17	A01016	高妍	组织部	专十	1810	1669.8	2276	835	25		198.22	

图 2.51　计算第一个员工的应发工资后的效果

（2）将鼠标指针移至 J2 单元格的右下角，当鼠标指针变为黑色实心十字形状➕时，双击进行公式填充，计算出其他员工的应发工资。

3．计算实发工资

实发工资 = 应发工资 − 扣款

（1）选中 L2 单元格，在编辑栏中输入公式"=J2−K2"后按"Enter"键，可以得到第一个员工的实发工资，效果如图 2.52 所示。

	A	B	C	D	E	F	G	H	I	J	K	L
1	编号	姓名	部门	岗位等级	岗位工资	岗位绩效	薪级工资	基础绩效	津补贴	应发工资	扣款	实发工资
2	A01001	李欣	市场部	专六	2710	2580.6	2276	922	25	8513.6	251.29	8262.31
3	A01002	肖文雯	组织部	专七	2500	0	2603	909	25	6037	253.44	
4	A01003	王艳琴	销售部	专五	3070	0	2603	973	25	6671	290.64	
5	A01004	黄秋香	人事部	专六	2710	0	2494	922	25	6151	268.13	
6	A01005	葛正春	市场部	专九	1960	1973.4	2078	822	25	6858.4	204.59	
7	A01006	韩锋	组织部	专三	4110	5464.8	2603	1099	25	13301.8	375.8	
8	A01007	邵海东	市场部	专八	2200	2125.2	2276	801	25	7427.2	219.28	
9	A01008	黄雪	人事部	专六	2710	2884.2	1979	922	25	8520.2	251.96	
10	A01009	葛华	人事部	专四	3530	4554	2276	1081	25	11466	329.9	
11	A01010	范柳芳	人事部	专九	1960	1973.4	1790	822	25	6570.4	197.39	
12	A01011	常颜	销售部	专八	2200	2277	2930	801	25	8233	239.43	
13	A01012	徐海波	市场部	专五	3070	3339.6	3406	973	25	10813.6	310.72	
14	A01013	夏天	组织部	专六	2710	2884.2	2712	922	25	9253.2	269.78	
15	A01014	田敏慧	销售部	专六	2710	2884.2	2712	922	25	9253.2	269.78	
16	A01015	吴金	市场部	专九	1960	1366.2	1700	822	25	5873.2	180.46	
17	A01016	高妍	组织部	专十	1810	1669.8	2276	835	25	6615.8	198.22	

图 2.52　计算第一个员工的实发工资后的效果

（2）将鼠标指针移至 L2 单元格的右下角，当鼠标指针变为黑色实心十字形状➕时，双击进行公式填充，计算出其他员工的实发工资。

2.3.5 能力拓展——统计员工学历和年龄段

组织部请夏雪统计员工的学历和年龄段，如果使用人工查找，则工作量会非常大。夏雪运用 COUNTIF 函数很快就统计出了各学历人数及各年龄段人数。

微课：统计员工
学历和年龄段

打开素材文件"员工信息表 (能力拓展).xlsx"，对表 Sheet1 中的数据进行操作，统计后的效果如图 2.53 所示。

序号	编号	升级编号	部门	姓名	身份证号	出生年月	年龄	性别	联系方式	学历
					员工信息表					
1	A1001	A01001	市场部	李欣	11****197806170345	1978年06月	44	女	186**256185	专科
2	A1002	A01002	组织部	肖文雯	11****198207280845	1982年07月	40	女	156**687587	研究生
3	A1003	A01003	销售部	王艳琴	11****19801103036X	1980年11月	42	女	138**825386	专科
4	A1004	A01004	人事部	黄秋香	11****197907261969	1979年07月	43	女	158**513888	研究生
5	A1005	A01005	市场部	葛正春	11****198301222042	1983年01月	39	女	187**896086	专科
6	A1006	A01006	组织部	韩锋	11****198701124437	1987年01月	35	男	186**157280	专科
7	A1007	A01007	市场部	邵海东	11****199403061099	1994年03月	28	男	186**256085	研究生
8	A1008	A01008	人事部	黄雪	11****198908231125	1989年08月	33	女	186**256082	本科
9	A1009	A01009	人事部	葛华	11****198802050589	1988年02月	34	女	139**838088	专科
10	A1010	A01010	人事部	范柳芳	11****198712114429	1987年12月	35	女	180**685083	专科
11	A1011	A01011	销售部	常颜	11****198408241667	1988年08月	38	女	155**800989	本科
12	A1012	A01012	市场部	徐海波	11****196611100099	1966年11月	56	男	189**984282	专科
13	A1013	A01013	组织部	夏天	11****196304084338	1963年04月	59	男	158**530487	专科
14	A1014	A01014	销售部	田敏慧	11****197912085049	1979年12月	43	女	136**119480	本科
15	A1015	A01015	市场部	吴金	11****196808027673	1968年08月	54	男	139**806888	研究生
16	A1016	A01016	组织部	高妍	11****198811070060	1988年11月	34	女	139**964389	专科

学历统计				年龄段统计	
学历	人数			年龄	人数
专科	9			<=35	6
本科	3			>50	3
研究生	4			其他	7

图 2.53 统计员工学历及年龄段人数后的效果

任务 4 制作销售数据统计图

2.4.1 任务描述

在做决策时，经常需要处理各种数据，并将数据以生动、形象的图表形式展示，帮助决策者快速理解各种数据，提高工作效率，从而制定出行之有效的管理决策。李主任要求夏雪根据现有数据，从产品和分公司的销售情况两个维度以图表的方式展示销售数据。

2.4.2 技术分析

1. 图表的类型

Excel 提供了强大的图表功能，可以将数据图形化表示，使数据特征和数据之间的关系一目了然，让数据得到更直观的展示。

Excel 包含 10 多种内置的图表类型，主要包括柱形图、折线图、饼图、条形图、面积图、散点图、地图、股价图、曲面图、雷达图、树状图、旭日图、直方图、箱型图、瀑布图、漏斗图、组合图等。每种图表的表达形式都不同，根据实际需求选择图表类型可以更好地分析数据。下面介绍 7 种常见的图表。

1）柱形图

柱形图是最常用的图表之一，是一种以长方形的长度为变量的统计图表，通常适用于较小的数据集分析。柱形图主要分为簇状柱形图、堆积柱形图、百分比堆积柱形图、三维簇状柱形图、三维堆积柱形图和三维百分比堆积柱形图。柱形图的分类如图 2.54 所示。

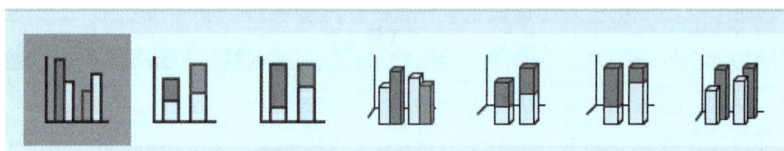

图 2.54　柱形图的分类

2）折线图

排列在工作表的行或列中的数据可以绘制到折线图中，折线图可以显示随时间而变化的连续数据，因此非常适用于显示在相等时间间隔下数据变化的趋势。折线图的分类如图 2.55 所示。

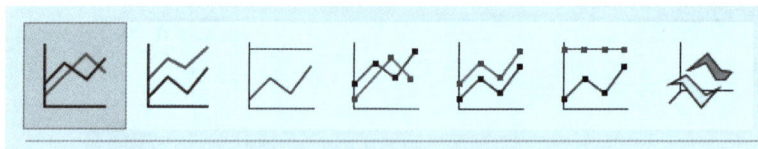

图 2.55　折线图的分类

3）饼图

用圆的面积表示事物总体，用扇形的面积和圆的面积的比值表示某个项目占总体的百分数的统计图叫作饼图。饼图是用整个圆表示总数，也就是 100%，用圆内各个扇形面积的大小表示各个部分的数量占总数的百分比。饼图的分类如图 2.56 所示。

图 2.56　饼图的分类

4）条形图

条形图是用宽度相同的条形的高度或长短来表示数据多少的图形。条形图可以横置或纵置，纵置时也称为柱形图。此外，条形图有简单条形图、复式条形图等形式。条形图的分类如图 2.57 所示。

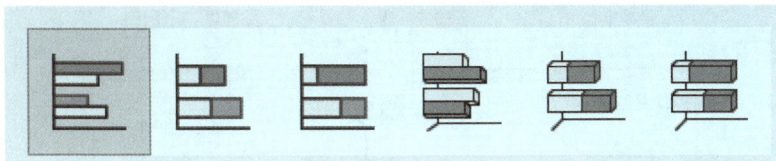

图 2.57 条形图的分类

5）面积图

面积图又称区域图，强调数量随时间而变化的程度，可以显示部分与整体的关系，以引起人们对总值趋势的注意。面积图的分类如图 2.58 所示。

图 2.58 面积图的分类

6）散点图

散点图是指在回归分析中，数据点在平面直角坐标系上的分布图。散点图表示因变量随自变量而变化的大致趋势，据此可以选择合适的函数对数据点进行拟合。

散点图用两组数据构成多个坐标点，考察坐标点的分布，判断两变量之间是否存在某种关联或总结坐标点的分布模式。散点图的分类如图 2.59 所示。

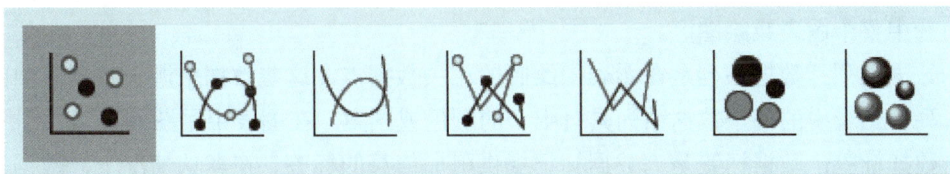

图 2.59 散点图的分类

7）组合图

组合图可以将多个图表类型集中显示在一个图表中，集合各类图表的优点，方便对比分析，更加直观。组合图的分类如图 2.60 所示。

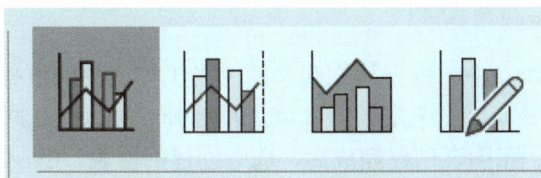

图 2.60 组合图的分类

2. 图表的结构

图表一般是由图表区、标题、坐标轴、绘图区、数据系列、数据标签、图例等元素组成的，图表的结构如图 2.61 所示。

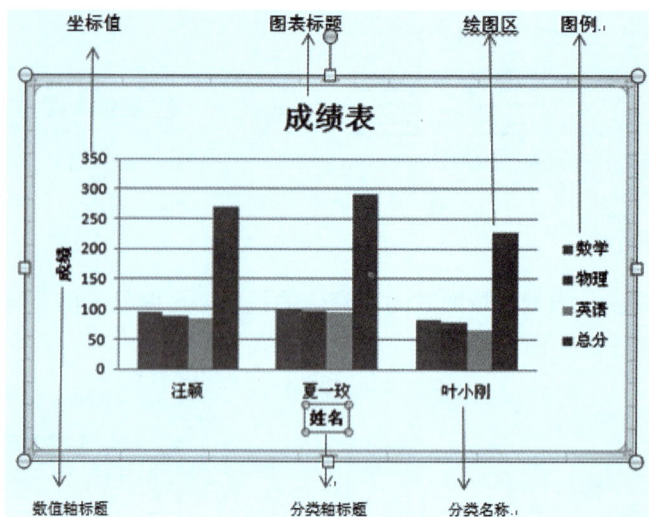

图 2.61　图表的结构

- 图表区：图表区是指整个表格所占的白色区域。
- 标题：用来表明图表内容的文字，包括图表标题和坐标轴标题，位置可以设置成自动与坐标轴对齐或图表顶部居中。
- 坐标轴：坐标轴是界定图表绘图区的线条。一般来说，垂直轴是常见的 y 轴，包含数据；水平轴是常见的 x 轴，包含分类。
- 绘图区：绘图区是指图表中绘图的整个区域。在移动和缩放整个图表或绘图区时要先选中整个图表或绘图区。
- 数据系列：数据系列是在图表中绘制的相关数据点，这些数据来源于数据表中的行或列。图表中的每个数据系列具有唯一的颜色或图案，在图表中用图例表示。
- 数据标签：数据标签是为数据标记提供附加信息的标签。在默认情况下，数据标签链接数据表单元格的单个数据点或值，在对单元格中的值进行更改时，数据标签会自动更新。
- 图例：图例可以位于图表的任何位置，用于标识图表中的数据系列，表示每个数据系列所代表的内容。

3. 创建图表

数据图表是依据工作表中的数据建立起来的，当工作表中的数据发生改变时，图表也会随之改变。在创建图表时，要先选定数据区域，再选择"插入"选项卡，在"图表"组中选择所需的图表类型即可。在图表创建完成后，选中创建的图表，Excel 的菜单栏中会出现"图表设计"和"格式"两个选项卡，通过这两个选项卡中的功能按钮可以对图表的样式和布局进行进一步的设置。

4. 图表的编辑与美化

在图表创建完成后，选中图表区，Excel 的菜单栏中会出现"图表设计"和"格式"两个选项卡，通过这两个选项卡中的功能按钮可以对图表进行编辑和美化。

1）移动、改变和删除图表

如果要调整图表的大小，则可以将鼠标指针移到图表边框的控制点上，当鼠标指针的形状变成双向箭头时，按住鼠标左键不放进行拖动即可。如果需要精确设置图表的高度和宽度，则可以在"格式"选项卡的"大小"组中进行设置。

如果要移动图表，单击图表区并按住鼠标左键不放进行拖动，即可使图表在工作表中移动。如果要删除图表，则可以通过键盘上的"Delete"键实现。

2）改变图表类型

在创建完图表后，如果要改变图表类型，则可以选择"图表设计"选项卡的"图表样式"组中的样式选项，从而改变图表类型。

3）添加和编辑图表元素

图表中的元素有图表区、绘图区、图表标题、坐标轴、坐标轴标题、图例、数据标签、数据系列等。如果想要在图表中添加图表元素，则可以单击"图表设计"选项卡的"图表布局"组中的"添加图表元素"下拉按钮，通过弹出的下拉菜单中的命令对坐标轴、坐标轴标题、图表标题、趋势线等进行添加。

如果要对图表中的元素进行编辑修改，则可以选中相应的元素并右击，在弹出的快捷菜单中选择"设置××格式"命令，在工作表右侧出现的窗格中进行设置。也可以先选中相应的元素，然后单击"格式"选项卡的"当前所选内容"组中的"设置所选内容格式"按钮，在工作表右侧出现的窗格中进行设置。

2.4.3　示例演示——制作产品销售统计图

打开素材文件"产品销售统计 .xlsx"，对表 Sheet1 中的数据进行操作。

微课：制作产品
销售统计图

1. 创建图表

（1）选中 A2:E6 单元格区域作为数据源，产品销售统计数据源如图 2.62 所示。

	A	B	C	D	E
1	产品销售统计（万元）				
2	产品	第一季度	第二季度	第三季度	第四季度
3	微机	225	260	199	302
4	MP3	325	282	301	399
5	数码相机	125	105	211	189
6	打印机	251	302	299	355

图 2.62　产品销售统计数据源

（2）单击"插入"选项卡的"图表"组中的"插入柱形图或条形图"下拉按钮，在弹出的下拉菜单中选择"簇状柱形图"命令，创建簇状柱形图后的效果如图 2.63 所示。

2. 修改图表标题

选中图表中的图表标题区域，将图表标题改为"产品销售统计"，修改图表标题后的效果如图 2.64 所示。

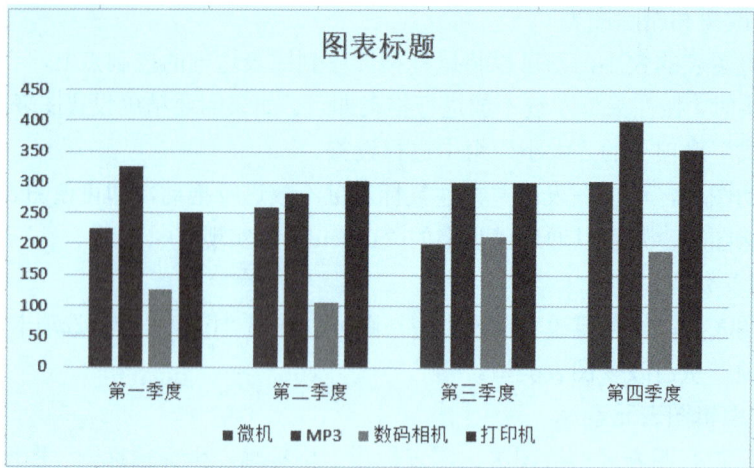

图 2.63　创建簇状柱形图后的效果

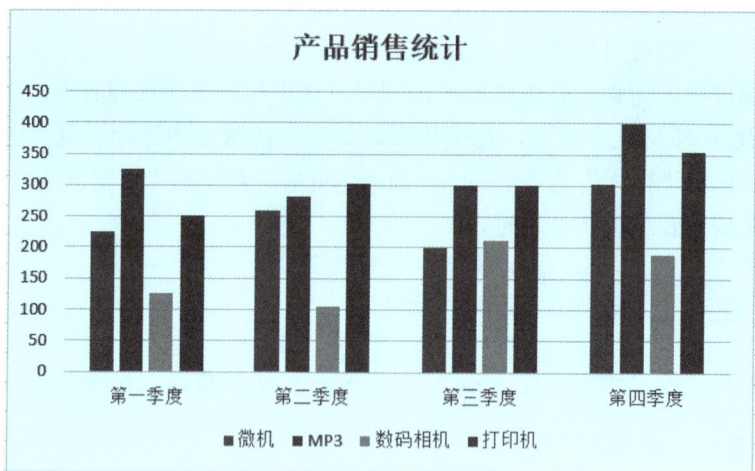

图 2.64　修改图表标题后的效果

3. 修改图表颜色和样式

（1）选中图表，单击"图表设计"选项卡的"图表样式"组中的"更改颜色"下拉按钮，在弹出的下拉菜单的"彩色"组中选择"颜色 2"，修改图表颜色后的效果如图 2.65 所示。

（2）选中图表，选择"图表设计"选项卡的"图表样式"组中的"样式 7"选项，修改图表样式后的效果如图 2.66 所示。

4. 修改垂直轴格式

选中图表，单击"格式"选项卡的"当前所选内容"组中的"设置所选内容格式"按钮，在工作表的右侧会出现"设置图表区格式"窗格，单击"图表选项"右侧的下拉按钮，在弹出的下拉菜单中选择"垂直(值)轴"命令（此时窗格的名称变为"设置坐标轴格式"），单击"坐标轴选项"按钮 ，展开下面的"坐标轴选项"选区，在"显示单位"右侧的下拉列表中选择"百"选项，勾选"在图表上显示单位标签"复选框，如图 2.67 所示。设置坐标轴格式后的效果如图 2.68 所示。

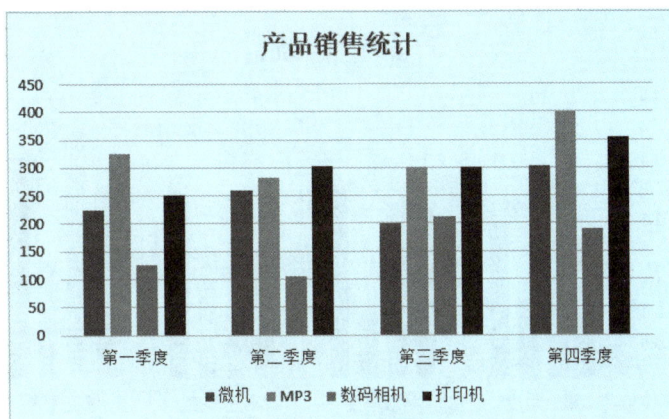

图 2.65　修改图表颜色后的效果

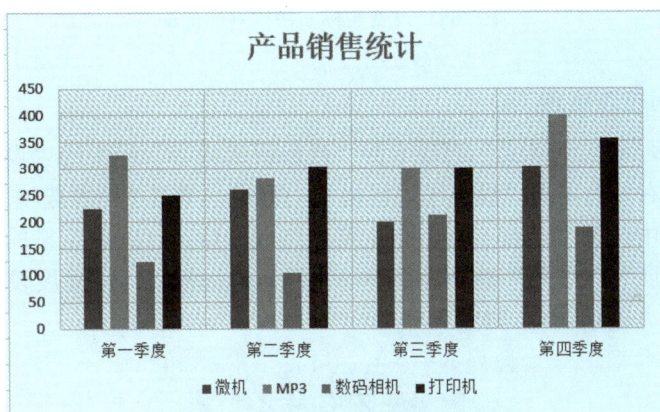

图 2.66　修改图表样式后的效果

图 2.67　"设置坐标轴格式"窗格

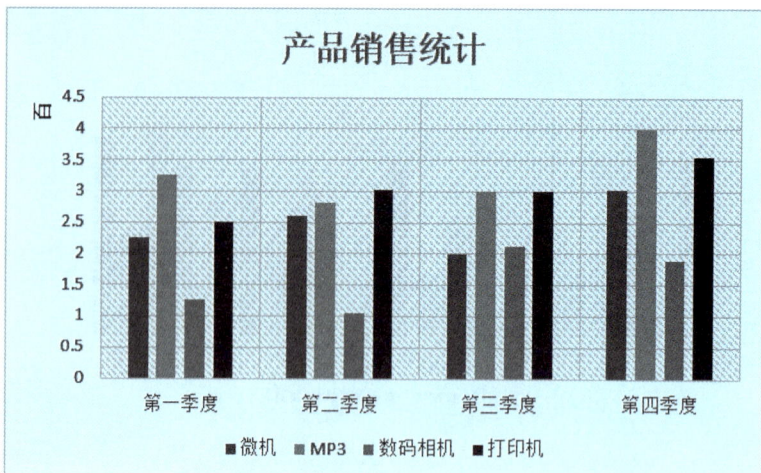

图 2.68　设置坐标轴格式后的效果

5. 设置主要网格线格式

（1）选中图表，单击"格式"选项卡的"当前所选内容"组中的"设置所选内容格式"按钮，在工作表的右侧会出现"设置图表区格式"窗格，单击"图表选项"右侧的下拉按钮，在弹出的下拉菜单中选择"垂直（值）轴 主要网络线"命令（此时窗格的名称变为"设置主要网格线格式"），展开"线条"选区，选中"实线"单选按钮，将宽度设置为"0.5 磅"，将短划线类型设置为"短划线"，如图 2.69 所示。

图 2.69　"设置主要网格线格式"窗格

（2）参照上述步骤对水平轴主要网格线进行同样设置。设置主要网格线格式后的效果如图 2.70 所示。

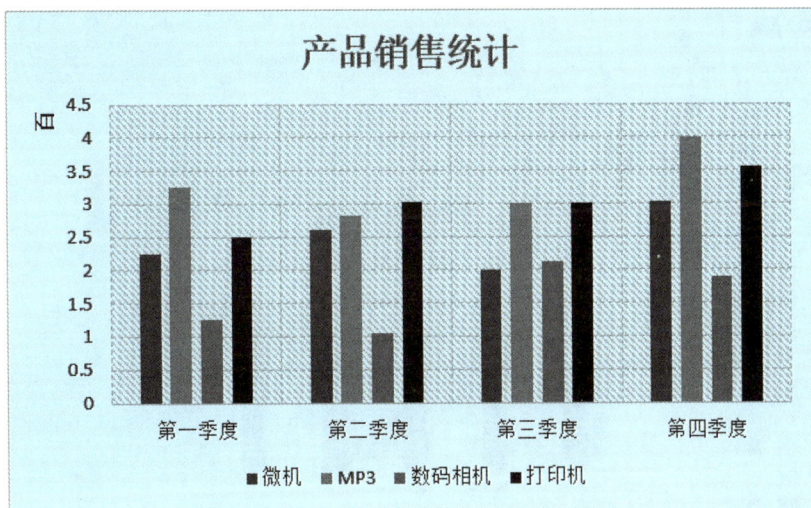

图 2.70　设置主要网格线格式后的效果

2.4.4　任务实现——制作分公司业绩与指标完成度对比图

在年末，各分公司需要对本年度的业绩和指标完成情况进行统计分析。夏雪认为常规的单一图表无法很好地同时展示这两项指标，于是她决定选用混合图表进行数据展示，其中，销售业绩使用柱状图展示，指标的完成情况在次坐标轴上使用折线图展示。

微课：制作分公司业绩与指标完成度对比图

打开素材文件"年度销售额与年度销售额完成百分比 .xlsx"，对表 Sheet1 中的数据进行操作。

1.　创建混合图表

（1）选中 A2:C7 单元格区域作为数据源，年度销售额与年度销售额完成百分比数据源如图 2.71 所示。

	A	B	C
1	年度销售额与年度销售额完成百分比		
2	地区	年度销售额（万元）	年度销售额完成百分比
3	武汉	79	66%
4	南京	88	95%
5	北京	110	88%
6	上海	92	75%
7	广州	120	99%

图 2.71　年度销售额与年度销售额完成百分比数据源

（2）单击"插入"选项卡的"图表"组中右下角的"查看所有图表"扩展按钮，在弹出的"插入图表"对话框中选择"所有图表"选项卡，在左侧的列表框中选择"组合图"选项，然后在右侧显示的类型中选择"簇状柱形图 - 次坐标轴上的折线图"。创建混合图表的设置如图 2.72 所示。

图 2.72　创建混合图表的设置

2. 修改混合图表标题

单击"确定"按钮，生成"年度销售额与年度销售额完成百分比"混合图表。选中图表标题区域，将图表标题改为"分公司业绩与完成百分比对比图"，修改混合图表标题后的效果如图 2.73 所示。

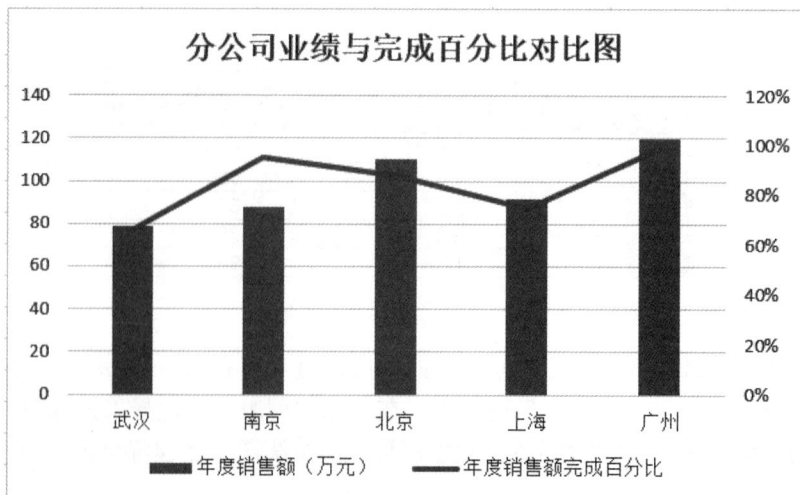

图 2.73　修改混合图表标题后的效果

3. 设置坐标轴格式

（1）选中图表，单击"格式"选项卡的"当前所选内容"组中的"设置所选内容格式"按钮，在工作表的右侧会出现"设置图表区格式"窗格，单击"图表选项"右侧的下拉按钮，在弹出的下拉菜单中选择"垂直（值）轴"命令（此时窗格的名称变为"设置坐标轴格式"）。单击"坐标轴选项"按钮 ，在"标签"选区中将标签位置设置为"轴旁"。展开"坐标轴选项"选区，在"边界"区域的"最小值"文本框中输入数值"70.0"，在"最大值"文本框中输入数值"120.0"，在"单位"区域的"大"文本框中输入数值"10.0"。主坐标轴选项边界和单位的设置如图 2.74 所示，设置主坐标轴格式后的效果如图 2.75 所示。

图 2.74　主坐标轴选项边界和单位的设置

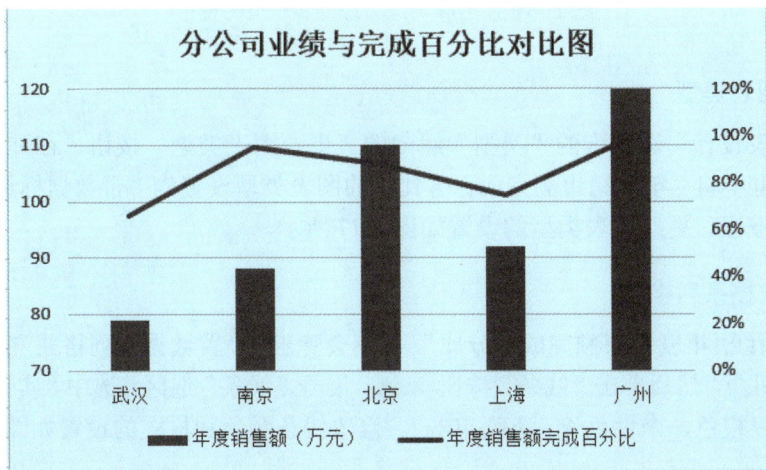

图 2.75　设置主坐标轴格式后的效果

（2）选中图表，单击"格式"选项卡的"当前所选内容"组中的"设置所选内容格式"按钮，在工作表的右侧会出现"设置图表区格式"窗格，单击"图表选项"右侧的下拉按钮，在弹出的下拉菜单中选择"次坐标轴 - 垂直 (值) 轴"命令（此时窗格的名称变为"设置坐标轴格式"）。单击"坐标轴选项"按钮📊，在"标签"选区中将标签位置设置为"无"。展开"坐标轴选项"选区，在"边界"区域的"最小值"文本框中输入数值"0.65"，在"最大值"文本框中输入数值"1.0"，在"单位"区域的"大"文本框中输入数值"0.05"。次坐标轴选项边界和单位的设置如图 2.76 所示。

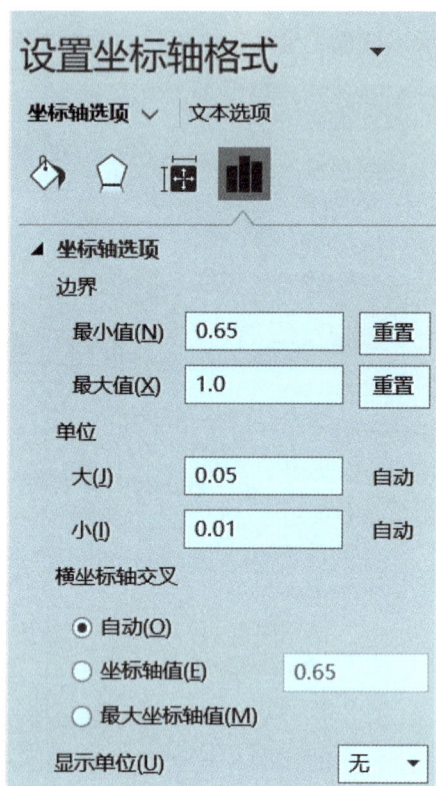

图 2.76　次坐标轴选项边界和单位的设置

4. 更改图表类型

单击"图表设计"选项卡的"类型"组中的"更改图表类型"按钮，在弹出的"更改图表类型"对话框中将"年度销售额完成百分比"的图表类型设置为"带数据标记的折线图"，单击"确定"按钮。更改图表类型的设置如图 2.77 所示。

5. 修改数据系列格式

（1）选中折线"年度销售额完成百分比"，右侧会弹出"设置数据系列格式"窗格，单击"填充与线条"按钮🖊，然后单击"线条"按钮～线条，展开"线条"选区，选中"实线"单选按钮，将颜色设置为"橙色，个性色 6，淡色 40%"。修改线条颜色和样式的设置如图 2.78 所示。

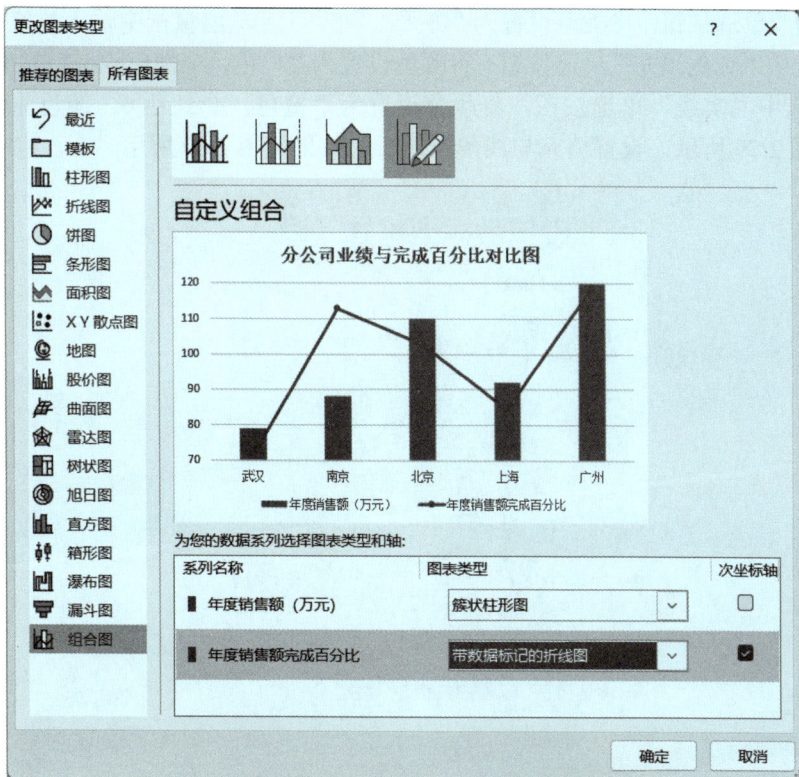

图 2.77　更改图表类型的设置

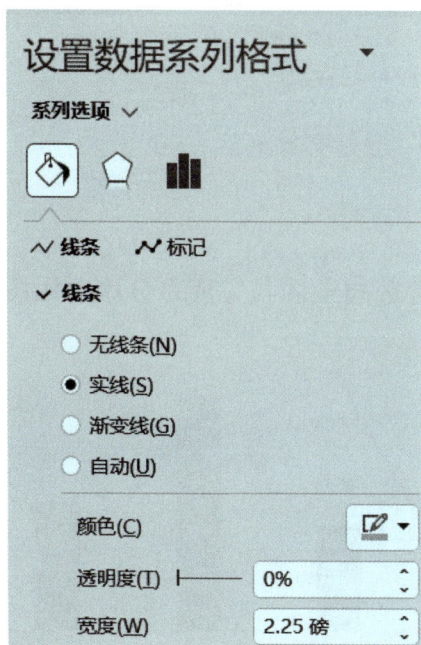

图 2.78　修改线条颜色和样式的设置

（2）单击"填充与线条"按钮，然后单击"标记"按钮，在"标记选项"选区中选中"内置"单选按钮，将类型设置为"方形"，在"大小"增量框中输入数值"8"。在"填充"选区中选中"纯色填充"单选按钮，将颜色设置为"橙色，个性色6，淡色40%"，在"边框"选区中选中"实线"单选按钮，将颜色设置为"橙色，个性色6，淡色40%"。标记选项的设置如图2.79所示，设置填充与线条样式后的效果如图2.80所示。

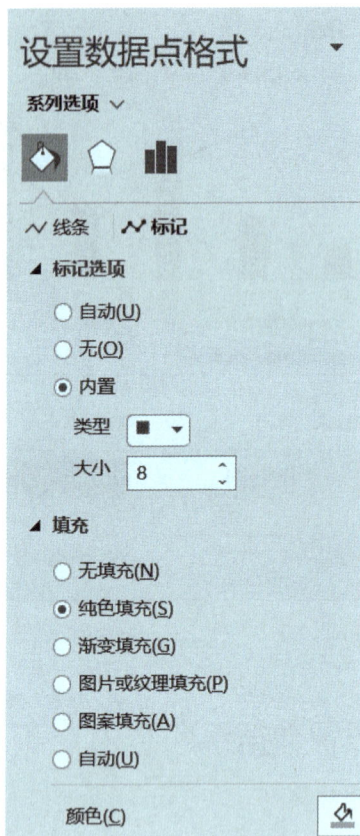

图2.79　标记选项的设置

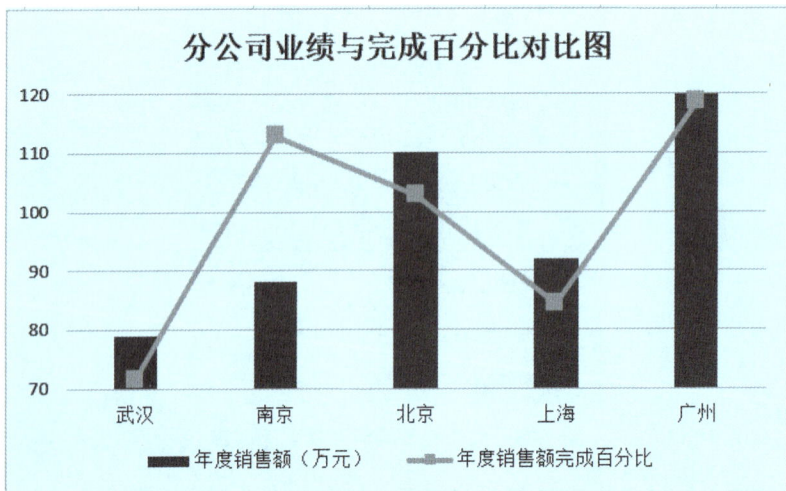

图2.80　设置填充与线条样式后的效果

6.　修改主要网格线格式

选中图表，单击"格式"选项卡的"当前所选内容"组中的"设置所选内容格式"按钮，在工作表的右侧会出现"设置图表区格式"窗格，单击"图表选项"右侧的下拉按钮，在弹出的下拉菜单中选择"垂直（值）轴 主要网格线"命令（此时窗格的名称变为"设置主要网格线格式"），展开"线条"选区，将颜色设置为"红色，个性色 2，淡色 40%"，将宽度设置为"0.5 磅"，效果如图 2.81 所示。

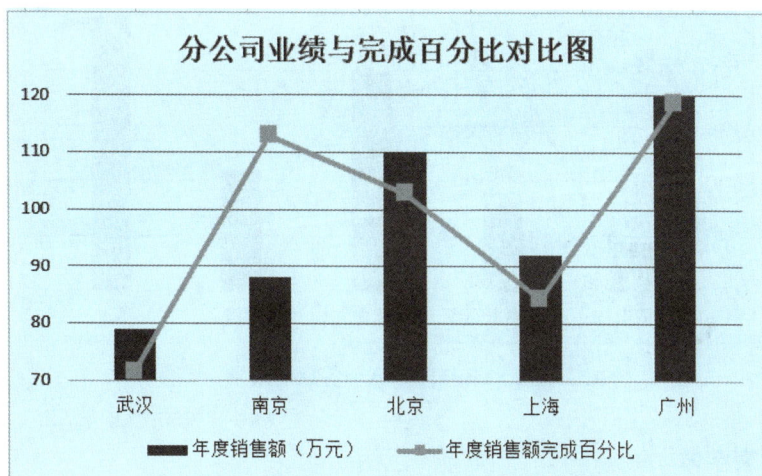

图 2.81　修改主要网格线格式后的效果

7.　更改图例位置

选中当前图表中的图例并右击，在弹出的快捷菜单中选择"设置图例格式"命令，在工作表的右侧会出现"设置图例格式"窗格，在"图例选项"选区的"图例位置"区域中选中"靠上"单选按钮，效果如图 2.82 所示。

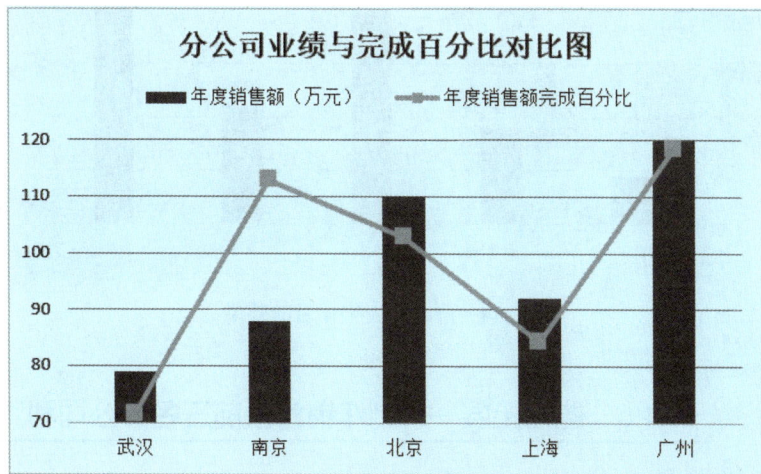

图 2.82　更改图例位置后的效果

8. 修改数据标签

选中数据标签，单击"图表设计"选项卡的"图表布局"组中的"添加图表元素"下拉按钮，在弹出的下拉菜单中选择"数据标签"→"数据标签外"命令，效果如图2.83所示。

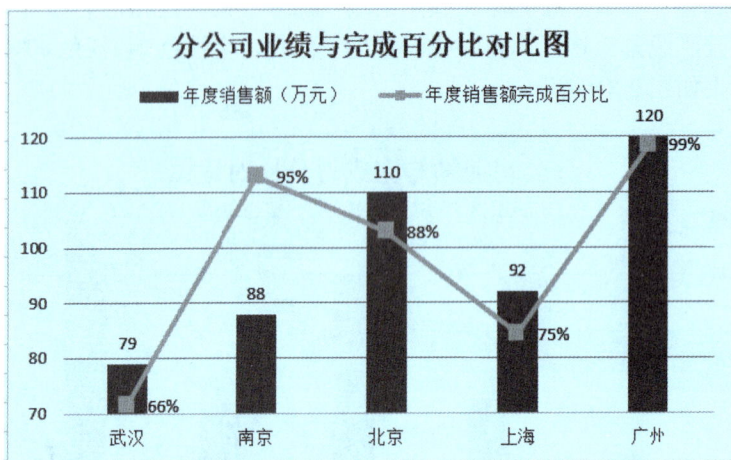

图 2.83　修改数据标签后的效果

9. 修改图表字体

选中图表，选择"开始"选项卡，在"字体"组中将字体设置为"方正舒体"，效果如图2.84所示。

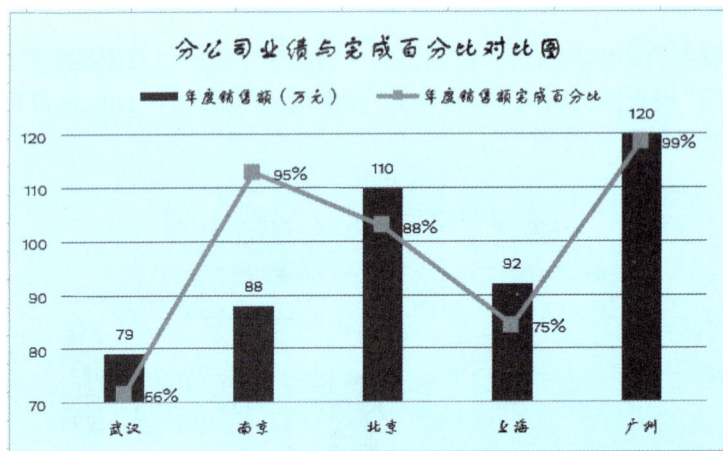

图 2.84　修改图表字体后的效果

微课：制作销售额前三名分公司利润分布图

2.4.5　能力拓展——制作销售额前三名分公司利润分布图

在公司本年度的销售业绩中，北京、上海、广州这3个地区分公司的业绩突出，夏雪需要核算这3个地区分公司利润所占比例，并用饼图显示利润所占百分比。

打开素材文件"年度销售额与年度销售额完成百分比 (能力拓展).xlsx",对表 Sheet1 中的数据进行操作。用饼图显示分公司利润所占百分比的效果如图 2.85 所示。

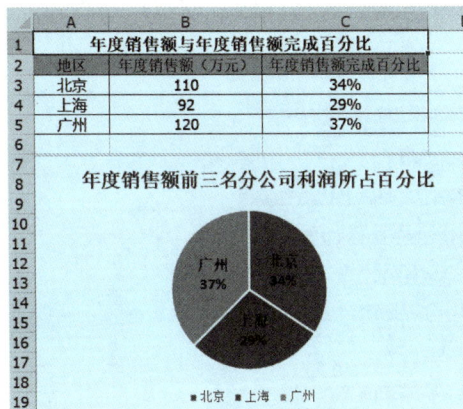

图 2.85　用饼图显示分公司利润所占百分比的效果

任务 5　制作产品销售分析表

2.5.1　任务描述

在年终产品销售分析中,李主任要求夏雪对智能摄像头产品的销售数量清单进行多维度分析,从而为来年的运营销售策略提供依据和参考。

2.5.2　技术分析

1. 创建数据透视表

在 Excel 中可以通过两种方法创建数据透视表:第一种方法是先创建空白数据透视表,再添加字段;第二种方法是通过"推荐的数据图表"功能创建数据透视表。下面以产品销售情况为例介绍如何创建数据透视表。

打开素材文件"产品销售情况 .xlsx",对表 Sheet1 中的数据进行操作。产品销售情况数据源如图 2.86 所示。

	A	B	C	D	E
1	地区	产品	销售日期	销售数量	销售金额
2	武汉	cp101	2021/1/3	1000	989
3	南京	cp101	2021/3/8	1600	1200
4	北京	cp201	2021/3/8	1488	1600
5	上海	cp301	2021/4/12	2600	2300
6	广州	cp101	2021/1/16	1900	2278
7	重庆	cp201	2021/6/2	2200	2633

图 2.86　产品销售情况数据源

1）创建数据透视表的参数设置

选中数据源的数据区域中的任意一个单元格，然后单击"插入"选项卡的"表格"组中的"数据透视表"按钮，打开"来自表格或区域的数据透视表"对话框，创建数据透视表的参数设置如图 2.87 所示。

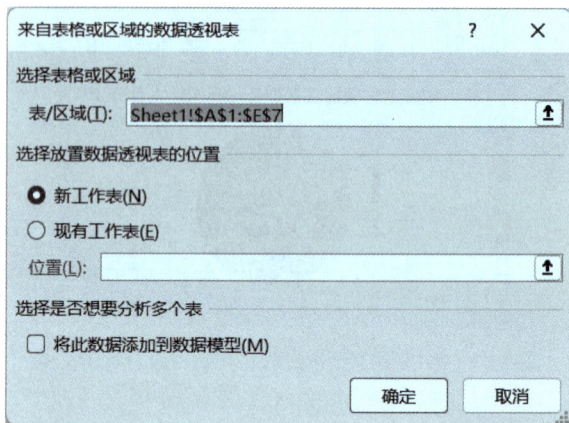

图 2.87　创建数据透视表的参数设置

2）设置数据透视表区域

在对话框中选择需要分析的数据所在的表格或区域，选择放置数据透视表的位置，这里所有参数设置保持不变，单击"确定"按钮，在指定的位置会出现一个空白的数据透视表。数据透视表设置界面如图 2.88 所示。

图 2.88　数据透视表设置界面

3）给数据透视表添加字段

在"数据透视表字段"窗格的"选择要添加到报表的字段"列表框中，将"产品"字段拖曳到"行"标签编辑框中，在工作表中会出现"行标签"，在其下方会显示所有产品的名称，不重复排列，并在最下方显示"总计"文本，再将"销售数量"和"销售金额"字段拖曳到"值"标签编辑框中，则在"值"标签编辑框内会显示"求和项：销售数量"和"求和项：销售金额"，在工作表"行"标签的右侧会显示各产品销售数量求和项与各产品销售金额求和项，效果如图 2.89 所示。

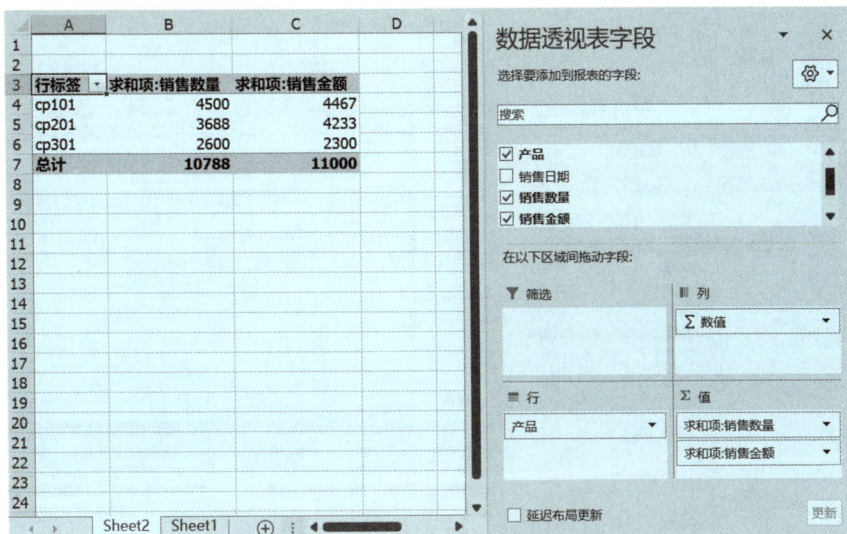

图 2.89 给数据透视表添加字段后的效果

2. 编辑数据透视表

创建数据透视表之后，可以根据需要对布局、样式、数据汇总方式、值的显示方式、字段分组、计算字段和计算项等进行修改。

1）修改数据透视表的布局

在"数据透视表字段"窗格的"在以下区域间拖动字段"区域的标签编辑框中，单击某个字段右侧的下拉按钮，通过弹出的下拉菜单中的命令，可以选择先删除该字段，再重新到字段列表框中将需要的字段拖动到相应的标签编辑框中，也可以对字段进行上移、下移、移至开头、移至末尾等操作。修改数据透视表布局的设置界面如图 2.90 所示。

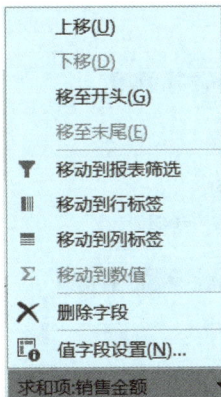

图 2.90 修改数据透视表布局的设置界面

2）修改数据透视表的样式

选择"设计"选项卡，在"数据透视表样式"组中可以选择任意一个内置的数据透视表样式，将其应用到选中的数据透视表，数据透视表样式应用效果如图 2.91 所示。

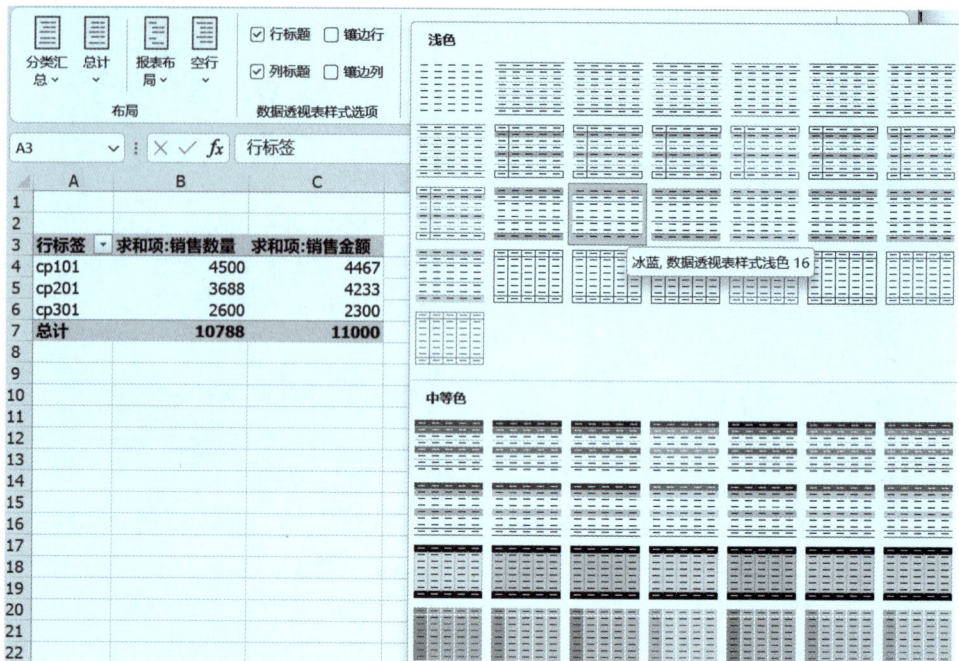

图 2.91　数据透视表样式应用效果

3）设置数据的汇总方式和显示方式

　　如果要更改值字段的汇总方式，则可以单击"值"标签编辑框中字段右侧的下拉按钮，在弹出的下拉菜单中选择"值字段设置"命令，打开"值字段设置"对话框，在"值汇总方式"选项卡的"计算类型"列表框中选择需要的计算类型，单击"确定"按钮完成值字段汇总方式的修改，如图 2.92 所示。

图 2.92　设置值字段汇总方式

　　如果要改变值字段的显示方式，则可以在"值字段设置"对话框的"值显示方式"选项卡的"值显示方式"下拉列表框中选择需要的显示类型,单击"确定"按钮完成值字段显示方式的修改,如图 2.93 所示。

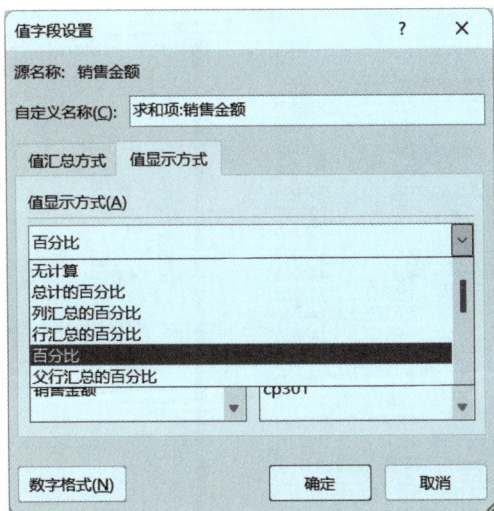

图 2.93 设置值字段显示方式

2.5.3 示例演示——制作产品销售分析表

打开素材文件"摄像头销售情况 .xlsx",对表 Sheet1 中的数据进行操作。

微课:制作产品销售分析表

1. 插入数据透视表

(1)制作产品采购分析表所需的数据源如图 2.94 所示,单击数据源的数据区域中的任意一个单元格,在"插入"选项卡的"表格"组中单击"数据透视表"按钮,打开"来自表格或区域的数据透视表"对话框,各种参数设置保持不变,单击"确定"按钮,即可生成空白的数据透视表。

	A	B	C	D	E	F
1	订单编号	订单时间	产品型号	单价	数量	总金额
2	A2021001	2021/1/5	A	1000	200	200000
3	A2021002	2021/1/5	B	1100	320	352000
4	A2021003	2021/2/6	A	1000	200	200000
5	A2021004	2021/2/7	C	1200	180	216000
6	A2021005	2021/3/12	A	1000	200	200000
7	A2021006	2021/4/13	D	1280	300	384000
8	A2021007	2021/5/14	A	1000	200	200000
9	A2021008	2021/5/15	B	1100	300	330000
10	A2021009	2021/6/20	C	1200	300	360000
11	A2021010	2021/7/21	C	1200	400	480000
12	A2021011	2021/7/22	B	1100	220	242000
13	A2021012	2021/8/23	D	1280	300	384000
14	A2021013	2021/9/2	A	1000	260	260000
15	A2021014	2021/9/3	C	1200	260	312000
16	A2021015	2021/10/4	D	1280	210	268800
17	A2021016	2021/10/5	B	1100	200	220000
18	A2021017	2021/10/6	A	1000	100	100000
19	A2021018	2021/11/7	D	1280	200	256000

图 2.94 制作产品采购分析表所需的数据源

（2）在"数据透视表字段"窗格的"选择要添加到报表的字段"列表框中，勾选"订单时间"、"单价"、"数量"和"总金额"复选框，如图2.95所示。

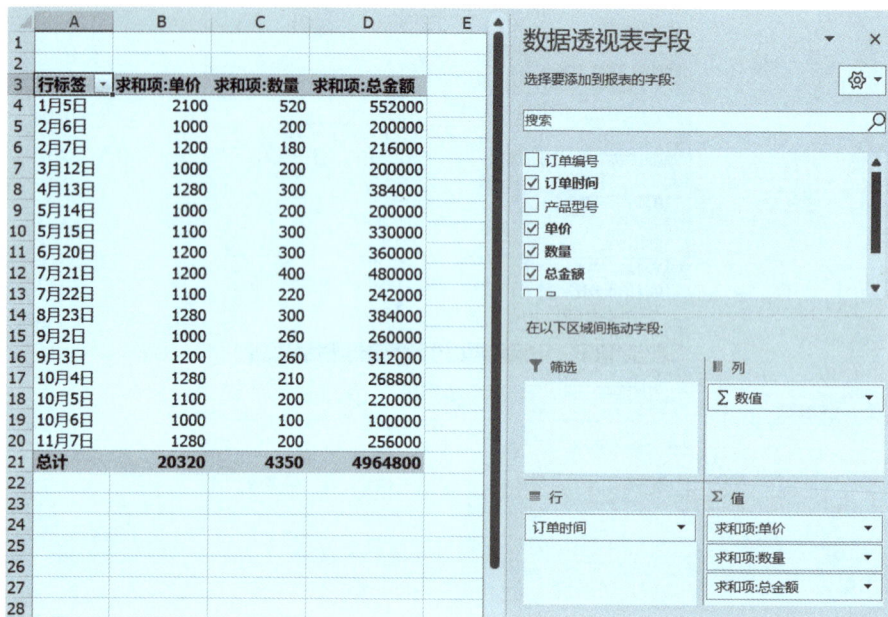

图2.95　选择字段

2. 设置总金额的数字格式

（1）在数据透视表中，右击"求和项∶总金额"列中的任意一个单元格，在弹出的快捷菜单中选择"数字格式"命令，如图2.96所示。

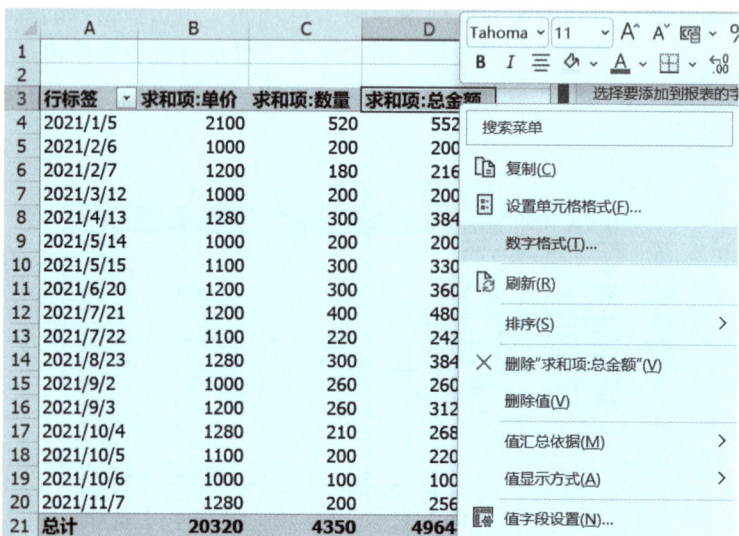

图2.96　选择"数字格式"命令

（2）在弹出的"设置单元格格式"对话框的"数字"选项卡中，将小数位数设置为数值"0"，货币符号设置为"¥"，其他选项为默认值，如图2.97所示。

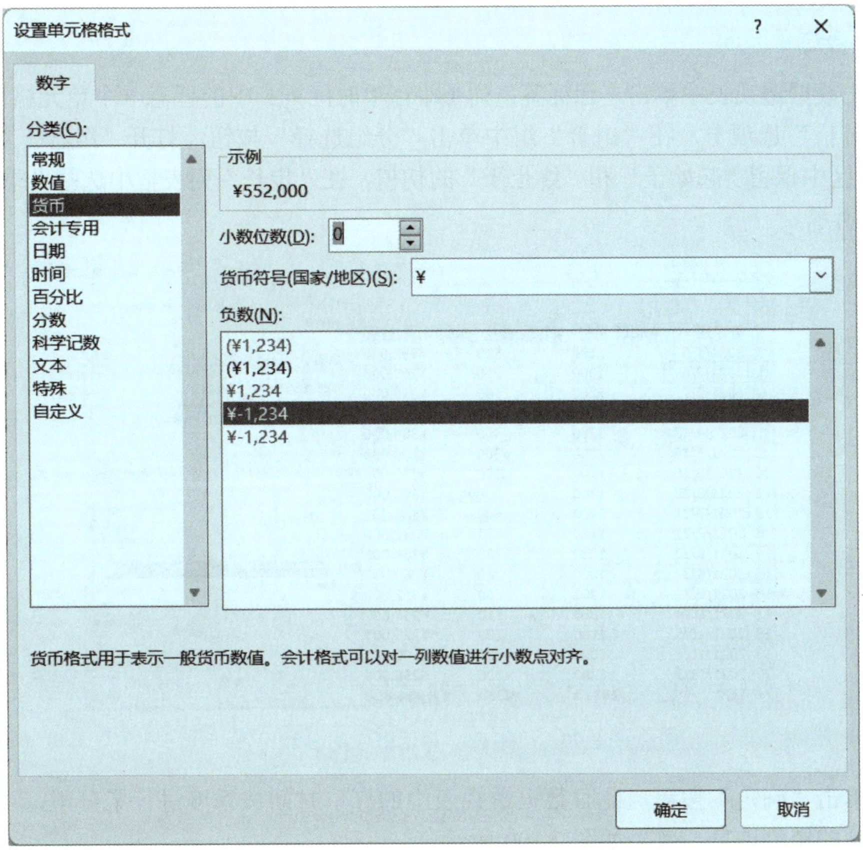

图 2.97　“设置单元格格式”对话框

（3）单击“确定”按钮，总金额以货币方式显示，效果如图 2.98 所示。

	A	B	C	D
1				
2				
3	行标签	求和项:单价	求和项:数量	求和项:总金额
4	1月5日	2100	520	¥552,000
5	2月6日	1000	200	¥200,000
6	2月7日	1200	180	¥216,000
7	3月12日	1000	200	¥200,000
8	4月13日	1280	300	¥384,000
9	5月14日	1000	200	¥200,000
10	5月15日	1100	300	¥330,000
11	6月20日	1200	300	¥360,000
12	7月21日	1200	400	¥480,000
13	7月22日	1100	220	¥242,000
14	8月23日	1280	300	¥384,000
15	9月2日	1000	260	¥260,000
16	9月3日	1200	260	¥312,000
17	10月4日	1280	210	¥268,800
18	10月5日	1100	200	¥220,000
19	10月6日	1000	100	¥100,000
20	11月7日	1280	200	¥256,000
21	总计	20320	4350	¥4,964,800

图 2.98　以货币方式显示总金额的效果

3. 组合订单时间

（1）在数据透视表中单击"行标签"列（即订单时间列）中的任意一个单元格，选择"数据透视表分析"选项卡，在"组合"组中单击"分组选择"按钮，打开"组合"对话框，在"自动"选区中保留"起始于"和"终止于"的初值，在"步长"列表框中选择"季度"选项，如图 2.99 所示。

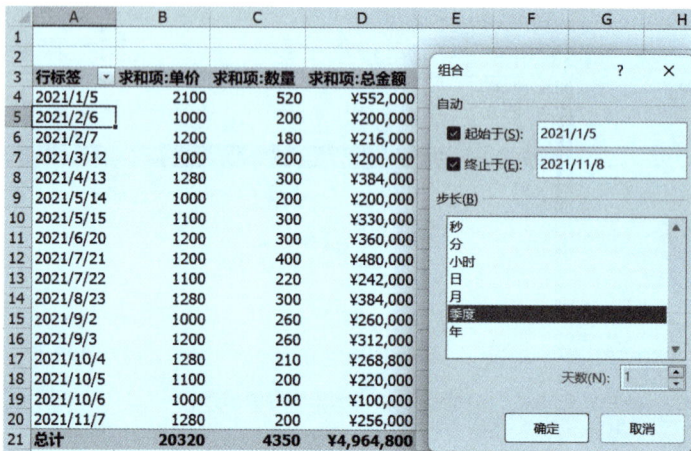

图 2.99 "组合"对话框中的参数设置

（2）单击"确定"按钮，此时数据透视表中的订单时间按季度进行了分组，可以根据季度查看产品的销售信息，效果如图 2.100 所示。

图 2.100 订单时间按季度分组后的效果

4. 应用数据透视表样式

（1）选中数据透视表，选择"设计"选项卡，在"数据透视表样式"组中单击下拉按钮 ▼，弹出的下拉菜单如图 2.101 所示。

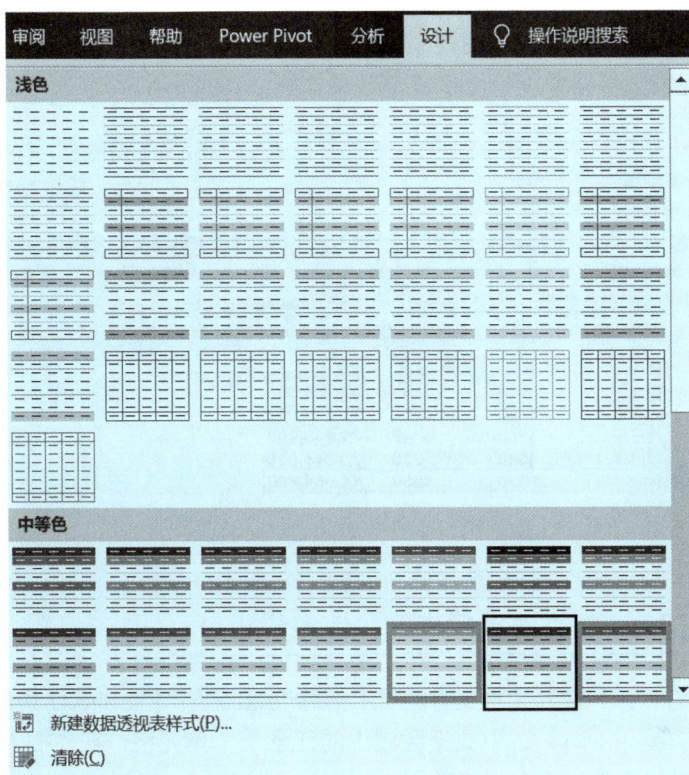

图 2.101　弹出的下拉菜单

（2）在如图 2.101 所示的下拉菜单中，选择"中等色"组中的"冰蓝，数据透视表样式，浅色 9"，数据透视表样式应用效果如图 2.102 所示。

	A	B	C	D
3	行标签	求和项:单价	求和项:数量	求和项:总金额
4	⊟第一季	5300	1100	¥1,168,000
5	A2021001	1000	200	¥200,000
6	A2021002	1100	320	¥352,000
7	A2021003	1000	200	¥200,000
8	A2021004	1200	180	¥216,000
9	A2021005	1000	200	¥200,000
10	⊟第二季	4580	1100	¥1,274,000
11	A2021006	1280	300	¥384,000
12	A2021007	1000	200	¥200,000
13	A2021008	1100	300	¥330,000
14	A2021009	1200	300	¥360,000
15	⊟第三季	5780	1440	¥1,678,000
16	A2021010	1200	400	¥480,000
17	A2021011	1100	220	¥242,000
18	A2021012	1280	300	¥384,000
19	A2021013	1000	260	¥260,000
20	A2021014	1200	260	¥312,000
21	⊟第四季	4660	710	¥844,800
22	A2021015	1280	210	¥268,800
23	A2021016	1100	200	¥220,000
24	A2021017	1000	100	¥100,000
25	A2021018	1280	200	¥256,000
26	总计	20320	4350	¥4,964,800

图 2.102　数据透视表样式应用效果

5. 折叠字段

选中数据透视表，单击"数据透视表分析"选项卡的"活动字段"组中的"折叠字段"按钮，则数据透视表中将按季度折叠字段，效果如图 2.103 所示。

图 2.103　按季度折叠字段后的效果

2.5.4　任务实现——制作产品销售人员信息分析表

微课：制作产品销售人员信息分析表

打开素材文件"职工信息表 .xlsx"，对表 Sheet1 中的数据进行操作。

（1）选中数据区域中的任意一个单元格，在"插入"选项卡的"图表"组中单击"数据透视图"下拉按钮，在弹出的下拉菜单中选择"数据透视图"命令，打开"创建数据透视图"对话框，创建数据透视图的参数设置如图 2.104 所示。

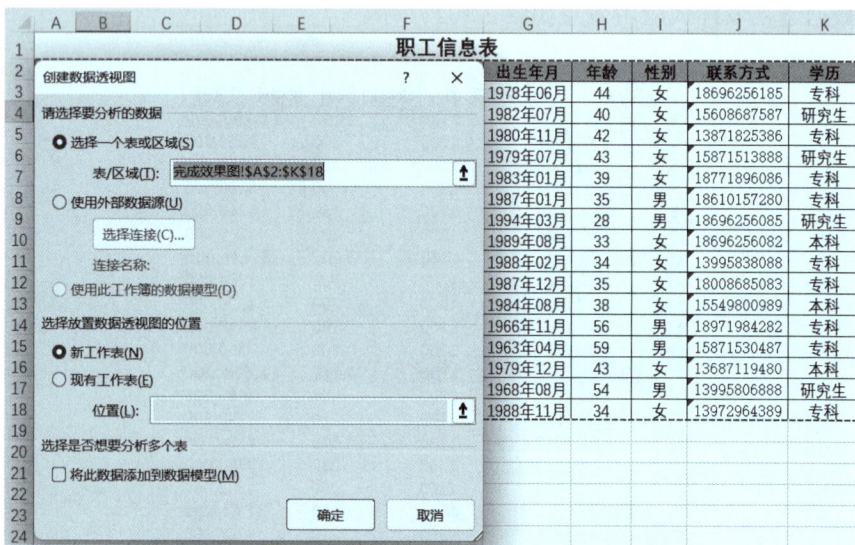

图 2.104　创建数据透视图的参数设置

（2）单击"确定"按钮，生成空白数据透视表和数据透视图，数据透视图的设置界面如图 2.105 所示。

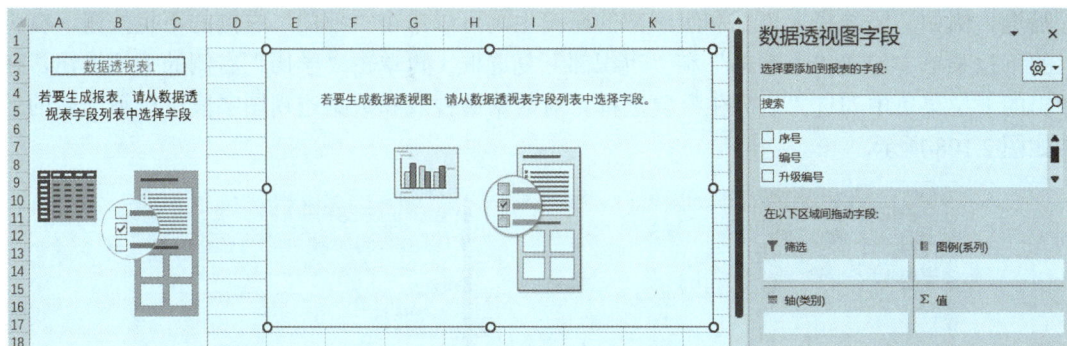

图 2.105　数据透视图的设置界面

（3）在"数据透视图字段"窗格的"选择要添加到报表的字段"列表框中，将"部门"字段拖曳到"轴（类别）"标签编辑框中，将"学历"字段分别拖曳到"图例（系列）"和"值"标签编辑框中，数据透视图字段选择如图 2.106 所示。

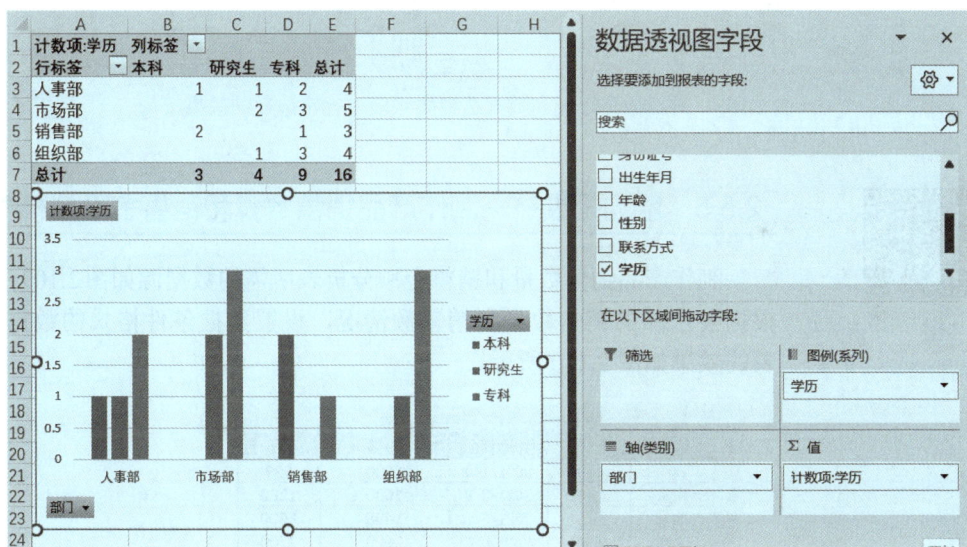

图 2.106　数据透视图字段选择

（4）双击数据透视表中的"行标签"字段名称，将"行标签"改为"部门"，双击数据透视表中的"列标签"字段名称，将"列标签"改为"学历"，按"Enter"键，效果如图 2.107所示。

图 2.107　修改数据透视表中的"行标签"和"列标签"后的效果

（5）单击数据透视表中"学历"或"部门"右侧的下拉按钮，可以分别对学历或部门进行筛选。例如，要选择人事部和组织部的研究生，可以单击"部门"右侧的下拉按钮，在弹出的下拉菜单中勾选"人事部"和"组织部"复选框，再单击"学历"右侧的下拉按钮，在弹出的下拉菜单中勾选"研究生"复选框。对数据透视表和数据透视图字段进行筛选后的效果如图 2.108 所示。

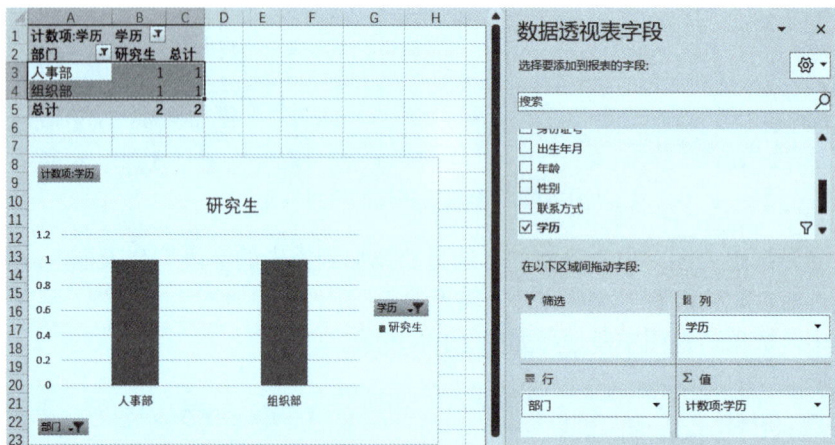

图 2.108　对数据透视表和数据透视图字段进行筛选后的效果

微课：制作产品销售数量和销售金额分析表

2.5.5　能力拓展——制作产品销售数量和销售金额分析表

制作产品销售数量和销售金额分析表所需的数据源如图 2.109 所示。根据各产品的销售数量和销售额情况，设置数据条件格式的数据透视表的效果如图 2.110 所示。

	A	B	C	D	E
1	地区	产品	销售日期	销售数量	销售金额
2	武汉	cp101	2021/1/3	1000	989
3	南京	cp101	2021/3/8	1600	1200
4	北京	cp201	2021/3/8	1488	1600
5	上海	cp301	2021/4/12	2600	2300
6	广州	cp101	2021/1/16	1900	2278
7	重庆	cp201	2021/6/2	2200	2633

图 2.109　制作产品销售数量和销售金额分析表所需的数据源

	A	B	C
3	行标签	求和项:销售数量	求和项:销售金额
4	cp101	4500	4467
5	cp201	3688	4233
6	cp301	2600	2300
7	总计	10788	11000

图 2.110　设置数据条件格式的数据透视表的效果

2.5.6　小组讨论

教育的根本问题是"培养什么人、怎样培养人、为谁培养人"，那么青年学生该如何做德智体美劳全面发展的社会主义建设者和接班人呢？

项目 3

演示文稿制作

项目介绍

　　演示文稿制作是信息化办公的重要组成部分。借助演示文稿制作工具,可快速制作出图文并茂、富有感染力的演示文稿,并且可通过图片、视频和动画等多媒体形式展现复杂的内容,从而使表达的内容更容易理解。本项目包含演示文稿制作、动画设计、母版制作和使用、演示文稿放映和导出等内容。

素养目标

1. 理解"坚持创新在我国现代化建设全局中的核心地位"。
2. 培养员工职场规划、总结汇报等能力。

学习目标

1. 了解演示文稿的应用场景,熟悉相关工具的功能、操作界面和制作流程。
2. 掌握演示文稿的创建、打开、保存、退出等基本操作。
3. 熟悉演示文稿不同视图方式的应用。
4. 掌握幻灯片的创建、复制、删除、移动等基本操作。
5. 理解幻灯片的设计及布局原则。
6. 掌握在幻灯片中插入各类对象的方法,如文本、图片、图表、表格、音频、视频等对象。
7. 理解幻灯片母版的概念,掌握幻灯片母版、备注母版的编辑及应用方法。
8. 掌握幻灯片切换动画、对象动画的设置方法及超链接、动作按钮的应用方法。

9. 了解幻灯片的放映类型，会使用排练计时进行放映。
10. 掌握幻灯片不同格式的导出方法。

任务 1 制作"个人简历"演示文稿

3.1.1 任务描述

大学毕业后，书小瑶决定去一家科技公司应聘平面设计师一职。在现场面试环节，应聘者需要利用演示文稿进行个人介绍，以便公司负责人更好地了解应聘者的情况。书小瑶决定使用 PowerPoint 来制作"个人简历"演示文稿，最终效果如图 3.1 所示。

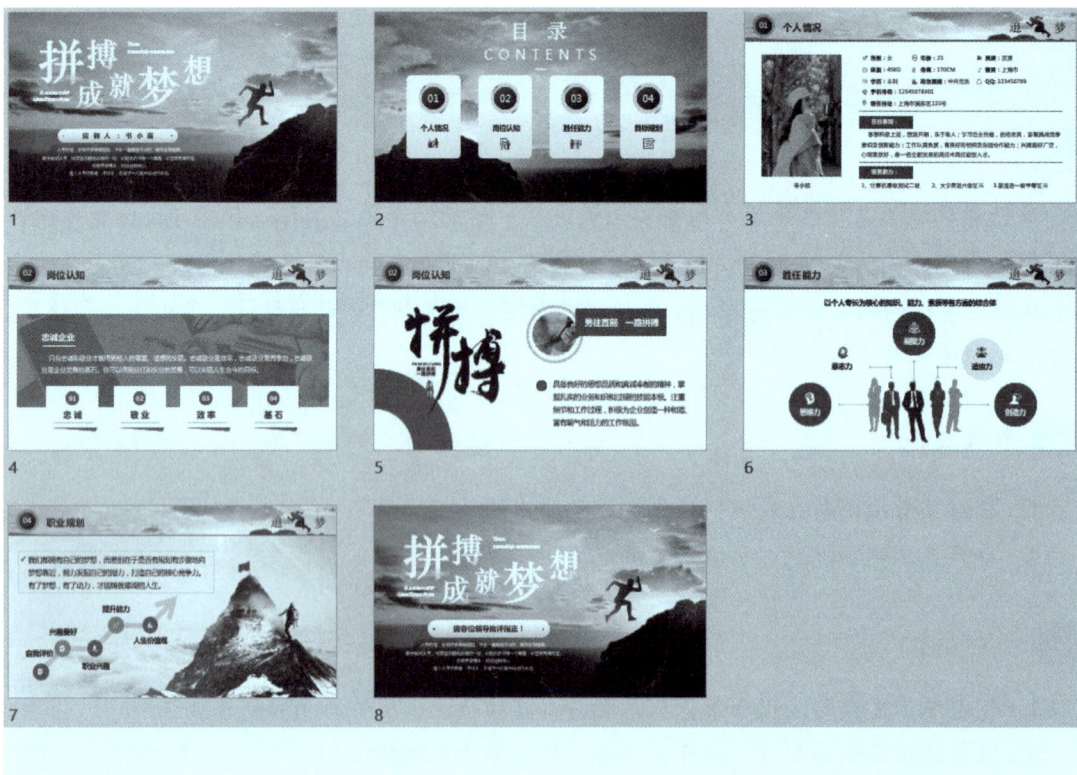

图 3.1 "个人简历"演示文稿效果图

3.1.2 技术分析

1. PowerPoint 工作界面

PowerPoint 的工作界面由快速访问工具栏、标题栏、选项卡、功能区、幻灯片大纲窗格、编辑区、状态栏、视图模式、显示比例等部分组成，如图 3.2 所示。

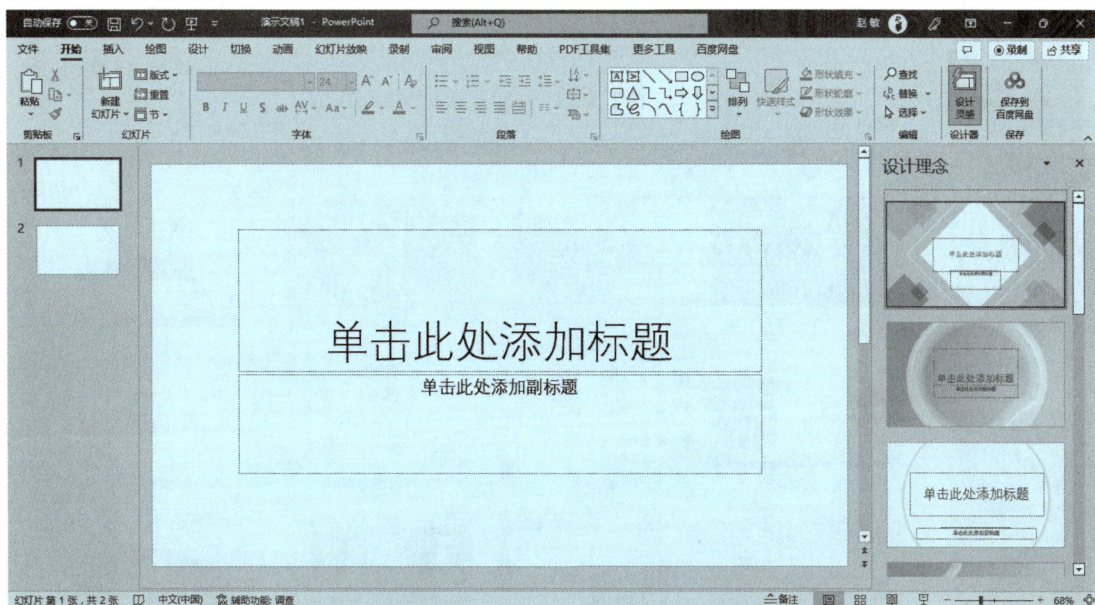

图 3.2 PowerPoint 的工作界面

界面中各组成部分功能如下：

- 快速访问工具栏：该工具栏常用的功能按钮，包括"保存""撤销""恢复"等，用户可以根据需要添加按钮。
- 标题栏：用于显示文档的标题和类型。
- 选项卡：位于标题栏下方，包括"开始"等选项，单击可切换选项。
- 功能区：显示当前选项所包含的功能按钮，例如切换至"开始"选项卡，显示复制、粘贴、字体和对齐方式等功能设置按钮。
- 编辑区：用于编辑和制作需要的演示文档内容。
- 大纲窗格：显示当前演示文档幻灯片的缩略图。
- 状态栏：显示当前的状态信息，如页数、字数及输入法等。
- 视图模式：提供普通视图、大纲视图、幻灯片浏览视图、备注页视图和阅读视图 5 种视图模式，可切换至任一视图模式来查看当前文档。
- 显示比例：用于设置编辑区的显示比例，可以通过拖动滑块快速调整。

2. 幻灯片模板

幻灯片模板是控制演示文稿统一外观最有力、最快捷的一种方法。包括预定义的格式和配色方案、动画方案、幻灯片母版及幻灯片版式等。如图 3.3 所示，为 PowerPoint 模板选择界面。

在模板选择界面，可以通过单击某个模板查看所选择模板的样式。例如，选择"星系演示文稿"后，可打开"星系演示文稿"模板预览窗口，如图 3.4 所示。

图 3.3　模板选择界面

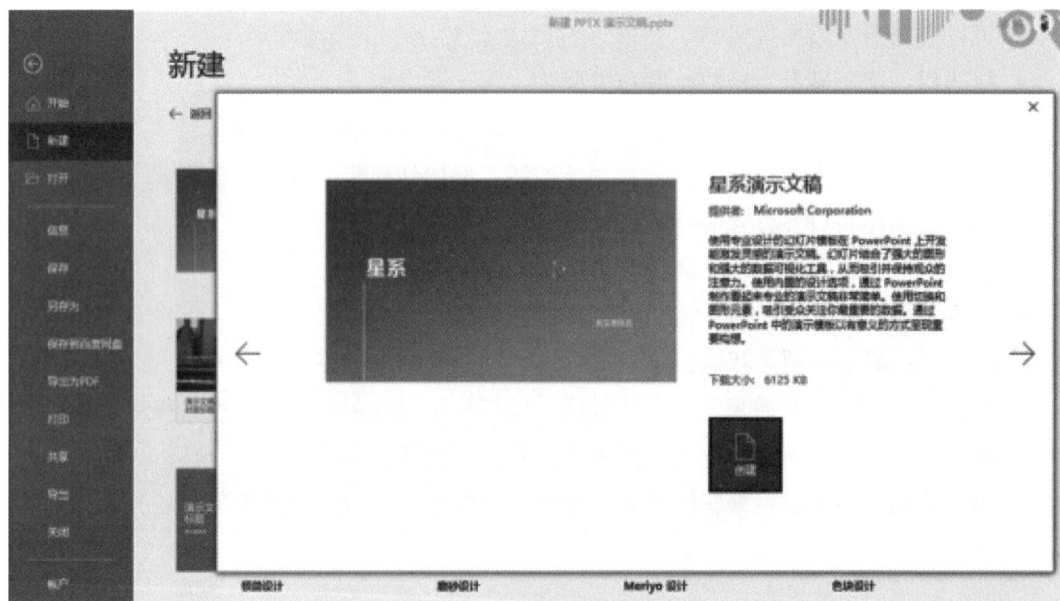

图 3.4　模板预览窗口

3. 新建与保存演示文稿

（1）新建演示文稿：在"文件"选项卡中，单击"新建"命令，可创建一个新的演示文稿。按"Ctrl+N"组合键，或在"快速访问工具栏"中单击"新建"按钮，也可创建新演示文稿。

（2）保存演示文稿：在"文件"选项卡，单击"保存"命令，或按"Ctrl+S"组合键，或单击"快速访问工具栏"中的"保存"按钮，均可保存演示文稿。第一次保存时，在"另存为"对话框中选择保存路径，输入文件名称，扩展名为".pptx"。

4. 视图模式

PowerPoint 中提供了 5 种视图模式：普通视图、大纲视图、幻灯片浏览视图、备注页视图和阅读视图，如图 3.5 所示。

图 3.5 PowerPoint 中的 5 种视图方式

（1）普通视图是 PowerPoint 常用视图方式，它将幻灯片和大纲集成到一个视图中，既可以输入、编辑和排版文本，也可以输入备注信息。

（2）大纲视图以多级大纲的形式显示演示文稿中各张幻灯片的文字内容。

（3）幻灯片浏览视图可以在屏幕上同时看到演示文稿中的所有幻灯片，这些幻灯片是以缩略图的形式整齐地显示在同一窗口中的。

（4）备注页视图以上下结构分别显示幻灯片的内容与备注信息。

（5）阅读视图将演示文稿作为适应窗口大小的幻灯片放映查看。

5. 幻灯片版式

幻灯片版式是 PowerPoint 中的一种常规排版的格式，通过幻灯片版式的应用可以对文字、图片等进行更加合理简洁的布局，版式由文字版式、内容版式、文字和内容版式、其他版式这 4 个版式组成。

3.1.3 示例演示——制作"个人简历"封面和目录

书小瑶利用幻灯片模板首先制作了"个人简历"演示文稿的封面和目录，演示文稿的封面和目录幻灯片制作完成后的效果如图 3.6 所示。

微课：制作"个人简历"封面和目录

图 3.6 "个人简历"演示文稿的封面和目录

1. 制作封面幻灯片

（1）选择"文件"菜单中的"新建"命令，单击"创建"按钮，或者打开"素材"文件夹中的"简历模板.pptx"文件，选中第一张幻灯片，开始制作"个人简历"演示文稿的封面。

（2）在封面幻灯片中插入"梦想.png"，在白色矩形中输入"应聘人：书小瑶"，将文本格式设置为"18号，微软雅黑"，颜色设置为深红；在白色圆角矩形下方，再插入一个文本框，输入对应文本，将文本格式设置为"12号，黑体"，颜色设置为白色，如图3.7所示。

图3.7 "个人简历"演示文稿的封面

2. 制作"目录"幻灯片

选中模板的第二张幻灯片，输入标题"目录 CONTENTS"，将文本格式设置为"60号，华文中宋"。在标题下方插入文本框，依次输入文本"个人情况"、"岗位认知"、"胜任能力"和"目标规划"，将文本格式均设置为"20号，微软雅黑"，再插入序号，效果如图3.8所示。

图3.8 "个人简历"演示文稿的目录

3.1.4 任务实现——丰富"个人简历"演示文稿内容

书小瑶制作完成"个人简历"演示文稿的封面和目录之后，需要
为其他幻灯片插入文本、图片、形状等元素，以丰富幻灯片的内容。
演示文稿的内容幻灯片制作完成后的效果如图 3.9 所示。

微课：丰富"个人简历"
演示文稿内容

图 3.9 演示文稿的内容幻灯片效果图

1. 查看幻灯片版式

在"开始"选项卡的"幻灯片"组中单击"版式"下拉按钮，在弹出的下拉菜单中会出
现当前模板的所有版式，如图 3.10 所示。

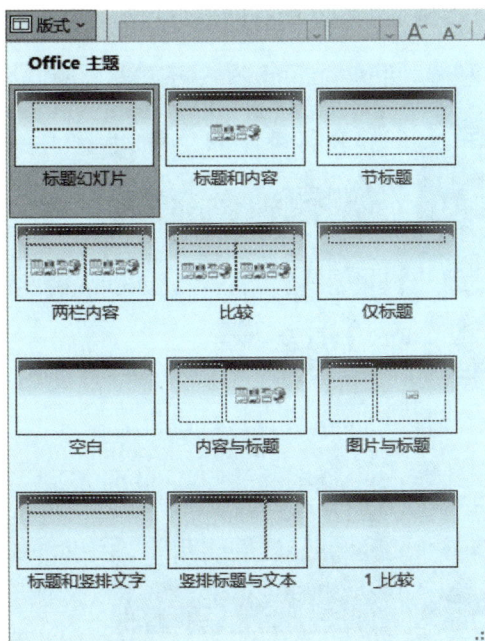

图 3.10 幻灯片版式

2. 复制、移动及删除幻灯片

为了让"个人简历"演示文稿的内容幻灯片更加清晰有条理，需要对"个人简历"演示文稿的内容幻灯片分别进行编辑。具体操作如下：

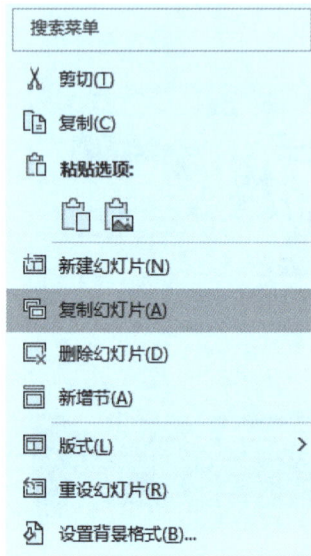

图 3.11　复制幻灯片

（1）在"普通视图"窗格中，选择第二张幻灯片并右击，在弹出的快捷菜单中选择"复制幻灯片"命令，如图 3.11 所示，得到第三张幻灯片；删除标题"目录"和内容，再连续复制三次第三张幻灯片，依次得到第四张至第六张幻灯片。

（2）选中第三张幻灯片，输入标题"个人情况"。同样，在第四至第六张幻灯片中分别输入标题"岗位认知"、"胜任能力"和"目标规划"。至此，"个人简历"演示文稿的内容幻灯片全部添加完成。

（3）选中第四张"岗位认知"幻灯片，在"插入"选项卡的"幻灯片"组中单击"新建幻灯片"下拉按钮，在弹出的下拉菜单中选择"复制选定幻灯片"命令，复制第四张幻灯片。

（4）在演示文稿中，如果出现多余的幻灯片，则选中多余的幻灯片并右击，在弹出的快捷菜单中选择"删除幻灯片"命令；或者选中多余的幻灯片，按键盘上的"Delete"键，直接删除该幻灯片。

（5）选中第一张封面幻灯片并右击，在弹出的快捷菜单中选择"复制幻灯片"命令，或者直接按下键盘的"Ctrl+D"组合键，复制第一张幻灯片，并用鼠标左键拖放到演示文稿的最后一页，删除标题内容，即完成"个人简历"演示文稿所有内容幻灯片的编辑。单击"幻灯片浏览"按钮，进入幻灯片浏览视图，所有的幻灯片都可以查看，如图 3.12 所示。

图 3.12　幻灯片浏览

3. 插入文本和图片

（1）制作第三张"个人情况"幻灯片。在"插入"选项卡"文本"组中单击"文本框"下拉按钮，如图 3.13 所示，在弹出的下拉菜单中选择"绘制横排文本框"命令。

（2）在"个人情况"幻灯片中绘制多个文本框，输入个人信息，将文本格式设置为"16 号，微软雅黑"，行距设置为"1.5 倍行距"，调整标题和内容文本框的位置；在"插入"选项卡的"文本"组中单击"文本框"下拉按钮，在弹出的下拉菜单中选择"绘制横排文本框"命令，在个人信息下方拖出一个文本框，输入"在校表现"及其内容；在"在校表现"文本框下方再拖出一个文本框，输入"语言能力"及其内容，修改字体和字号；调整各个文本框的位置和大小，如图 3.14 所示。

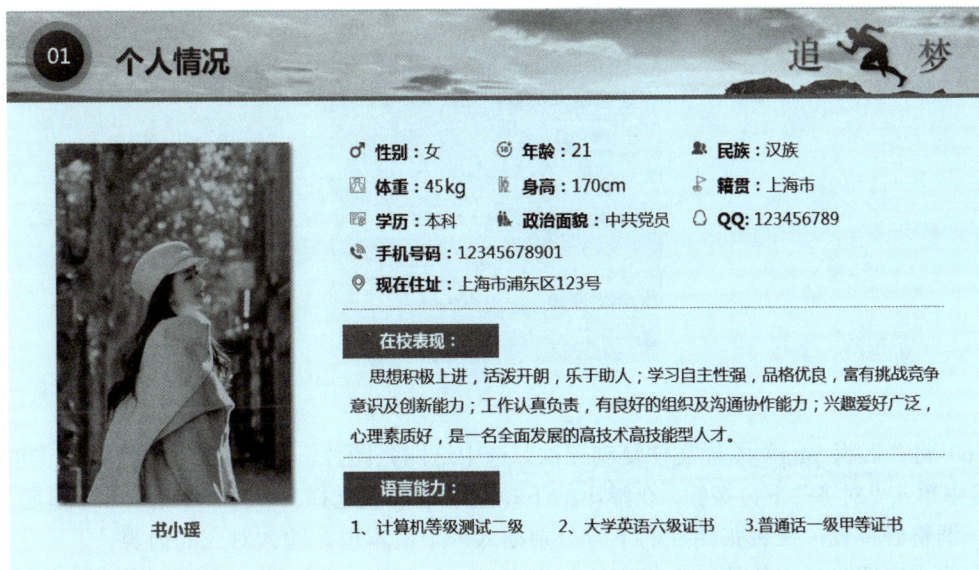

图 3.13　插入"文本框"

图 3.14　"个人情况"幻灯片

（3）在"插入"选项卡的"图像"组中单击"图片"下拉按钮，在弹出的下拉菜单中选择"此设备"命令，如图 3.15 所示。选择"素材"文件夹下的"01 任务一'个人简历'演示文稿"文件夹中的"插画 .jpg"文件，将图片放到幻灯片的左侧位置。

（4）在"图片格式"选项卡的"图片样式"组中选择"矩形投影"样式；单击"大小"组中右下角的扩展按钮，在幻灯片右侧出现的"设置图片格式"窗格，将图片高度、宽度分别设置为"12.11 厘米"、"8.13 厘米"，将图片的水平位置设置为"1.74 厘米，左上角"，垂直位置设置为"4.39 厘米，左上角"，如图 3.16 所示。

（5）制作第四张"岗位认知"幻灯片。在"插入"选项卡的"图像"组中单击"图片"下拉按钮，在弹出的下拉菜单中选择"此设备"命令，选择"素材"文件夹下的"01 任务一'个人简历'演示文稿"文件夹中的"形状 .png"文件，将图片导入幻灯片；然后，在图片上方插入

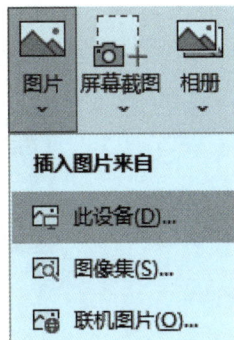

图 3.15　插入图片

一个文本框，输入对应的内容。

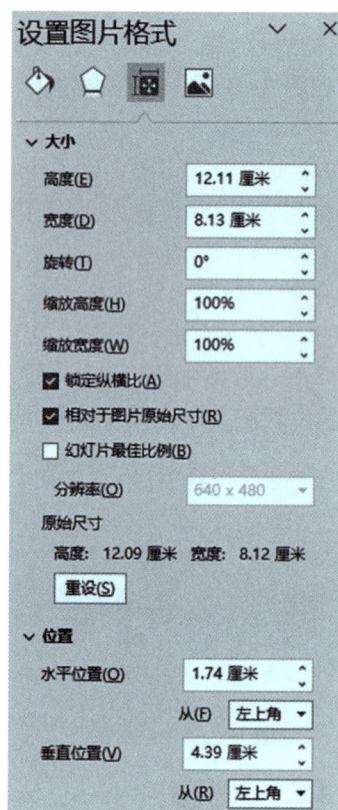

图 3.16　设置图片格式

（6）将"形状.png"图片文件复制三次，选中这四张图片，在"图片格式"选项卡的"排列"组中单击"对齐"下拉按钮，在弹出的下拉菜单中依次选择"垂直居中对齐"、"横向分布"命令，调整好位置；在每张图片的下方分别插入一个文本框，输入对应的内容。

至此，第四张"岗位认知"幻灯片制作完成，如图 3.17 所示。第五张"岗位认知"幻灯片的制作比较简单，这里不再赘述。

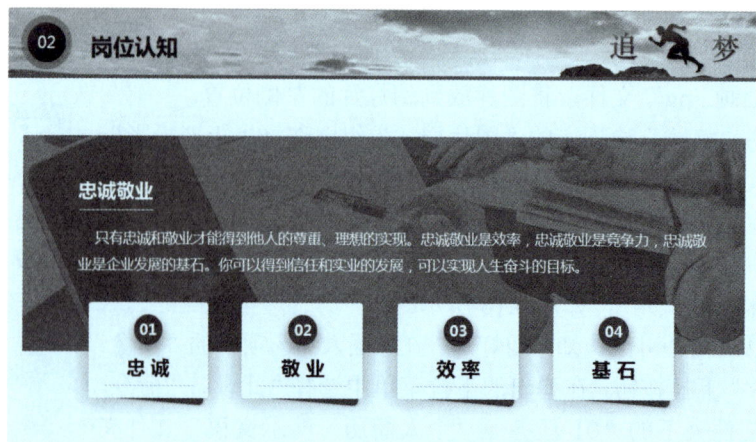

图 3.17　"岗位认知"幻灯片

4．插入形状

（1）制作第六张"胜任能力"幻灯片。在幻灯片中插入一个椭圆形状，删除其他多余的内容。在"插入"选项卡的"插图"组中单击"形状"下拉按钮，在弹出的下拉菜单的"基本形状"组中选择"椭圆"，如图 3.18 所示。

（2）修改形状样式。选中椭圆形状，在"形状格式"选项卡的"形状样式"组中选择"彩色填充‑红色，强调颜色 1"，如图 3.19 所示。其中，第二个和第四个椭圆的形状样式都设置为"白色，背景 1，深色 5%"。

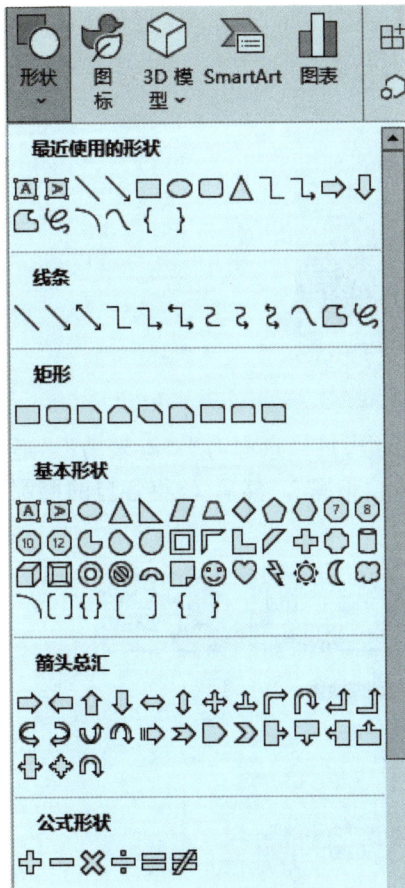

图 3.18　插入"椭圆"图形

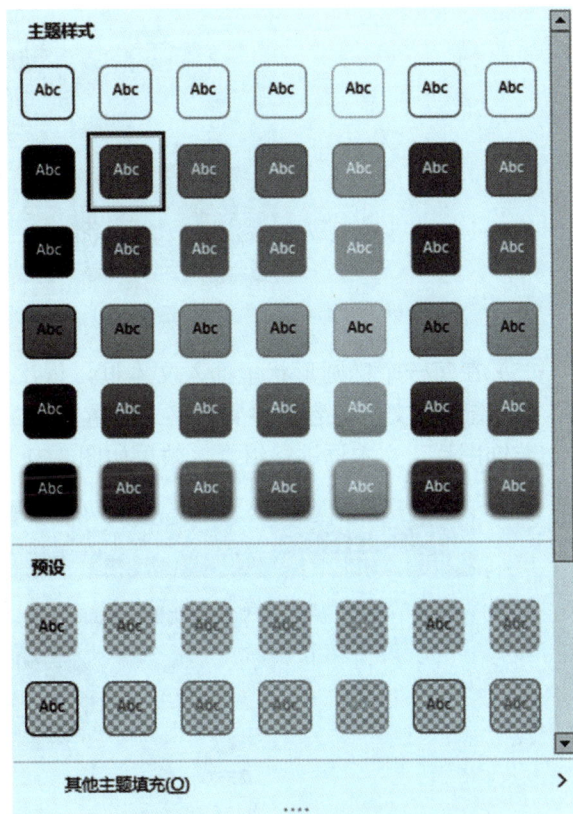

图 3.19　修改形状样式

（3）修改形状大小和形状轮廓。选中所有椭圆形状，在"形状格式"选项卡的"大小"组中，将椭圆形状的高度和宽度都设置为"4.39 厘米"，单击"形状效果"下拉按钮，选择"预设"命令，将形状轮廓设置为"预设 4"效果，如图 3.20 所示。

（4）在"胜任能力"幻灯片中插入一个文本框，并输入对应的文本内容，将文本格式设置为"20 号，微软雅黑"。然后，在"插入"选项卡中单击"图片"下拉按钮，选择"此设备"命令，选择"图 1.jpg""图 2.jpg""图 3.jpg""图 4.jpg""图 5.jpg"装饰文件，将它们分别摆放在椭圆形状的正中间，起到点缀的作用。

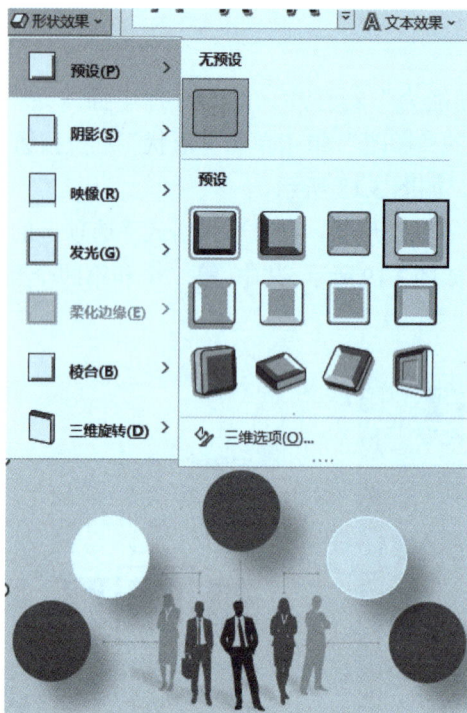

图 3.20　修改形状效果

（5）在每一个椭圆形状里插入文本框，依次输入"思维力""意志力""凝聚力""适应力""创造力"文本内容，将文本格式设置为"20 号，微软雅黑"，然后，将各自的椭圆形状与装饰图片、文本框进行组合，效果如图 3.21 所示。

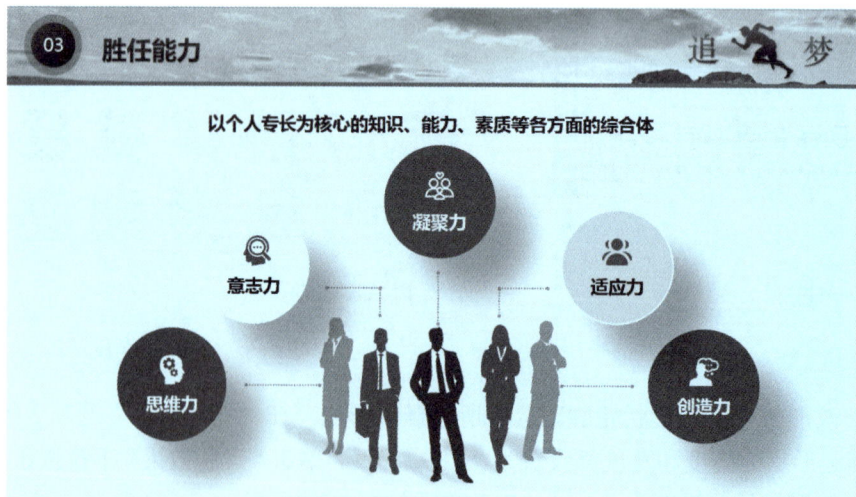

图 3.21　"胜任能力"幻灯片

（6）制作第七张"目标规划"幻灯片。将标题文本的格式设置为"28 号，微软雅黑（标题）"。在标题下方的文本框中输入内容，并将文本格式设置为"20 号，微软雅黑（正文）"。

（7）选中标题下方的文本框，在"形状格式"选项卡"形状样式"组中单击"形状填充"下拉按钮，在弹出的下拉菜单中选择"无填充"命令，如图 3.22 所示；在"形状格式"选项卡"形状样式"组中单击"形状轮廓"下拉按钮，在弹出的下拉菜单中选择"金色，个性色 4，淡色 60%"，如图 3.23 所示。

图 3.22　形状填充

图 3.23　形状轮廓

（8）在幻灯片中绘制一个椭圆形状，在"开始"选项卡的"绘图"组中单击"快速样式"下拉按钮，在弹出的下拉菜单中选择"渐变填充 - 红色，强调颜色 1，无轮廓"，如图 3.24 所示。选中圆形形状后，复制椭圆形状四次，并调整颜色。

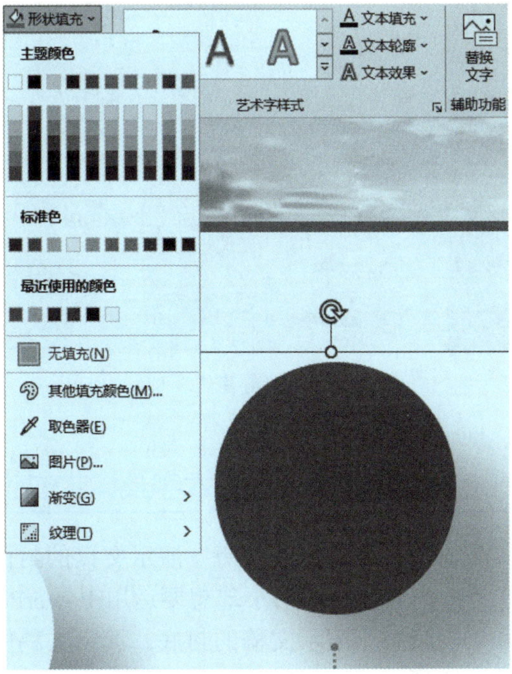

图 3.24　修改图形颜色

（9）插入四个"直线线条"形状和一个"直线箭头"形状，设置形状宽度为"15磅"，形状颜色为"白色，背景色1，深色15%"；将四个椭圆形状摆放在阶梯状线条上，如图3.25所示。

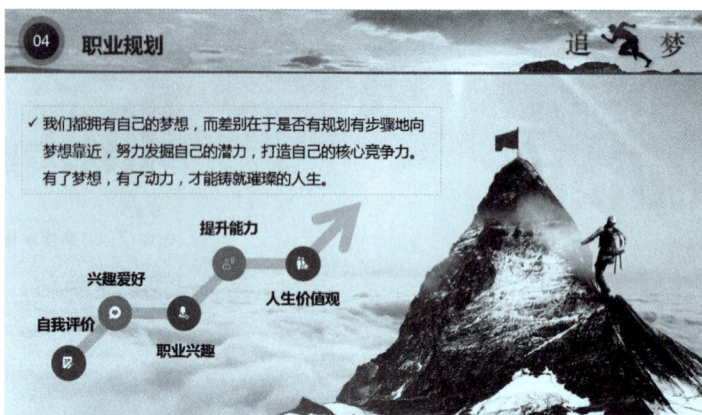

图3.25 "目标规划"幻灯片

5. 保存演示文稿和导出演示文稿

（1）保存演示文稿。选择"文件"菜单的"保存"或者"另存为"命令，在弹出的对话框中选择文件的保存路径和保存类型，文件名为"个人简历"，即保存成功。

（2）导出演示文稿。选择"文件"菜单的"导出"命令，在"导出"界面中选择"创建PDF/XPS文档"后单击"创建PDF/XPS"按钮，如图3.26所示，在弹出的"发布为PDF或XPS"对话框中，将保存类型设置为"PDF（*.pdf）"，输入文件名，单击"发布"按钮。

图3.26 "导出"窗口

3.1.5 能力拓展——艺术字及样式的应用

微课：艺术字及样式的应用

在制作完成"个人简历"演示文稿的封面和目录，并丰富了每张幻灯片的内容之后，书小瑶想要运用PowerPoint中的艺术字及样式制作"个人简历"演示文稿的封底。演示文稿的封底制作完成后，效果如图3.27所示。

图 3.27 "个人简历"演示文稿封底效果

1. 插入艺术字

（1）制作封底幻灯片。在"插入"选项卡的"文本"组中单击"艺术字"下拉按钮，在弹出的下拉列表中选择"填充：红色，主题色 1；阴影"，如图 3.28 所示。

（2）输入文本"请各位领导批评指正！"，将文本格式设置为"20 号，微软雅黑"，调整文本的位置，即制作完成。

2. 修改样式

（1）选中艺术字，在形状格式"选项卡的"艺术字样式"组中单击下拉按钮，在弹出的下拉菜单中选择样式"填充：红色，主题色 1；阴影"。也可以选中艺术字，单击"形状格式"选项卡"艺术字样式"组中的"文本效果"下拉按钮，在弹出的下拉菜单中选择"棱台"命令，为艺术字添加"圆形"文本效果，如图 3.29 所示。

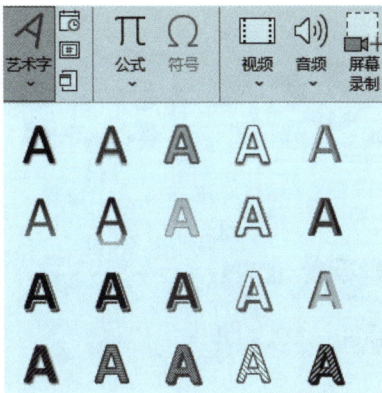

图 3.28 插入艺术字

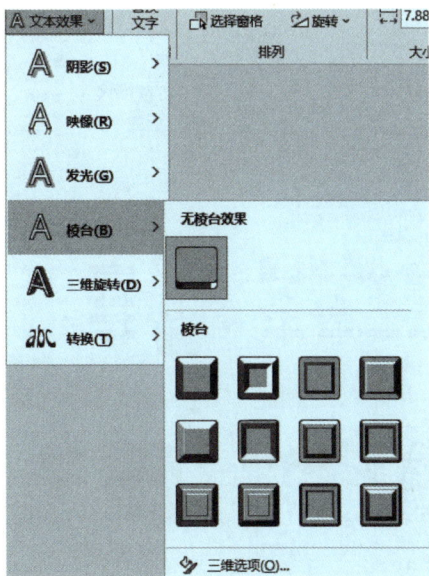

图 3.29 添加艺术字效果

（2）选中艺术字，在"艺术字样式"组中，单击"文本效果"下拉子菜单的"转换"，把艺术字样式转换成"拱形"，如图 3.30 所示。

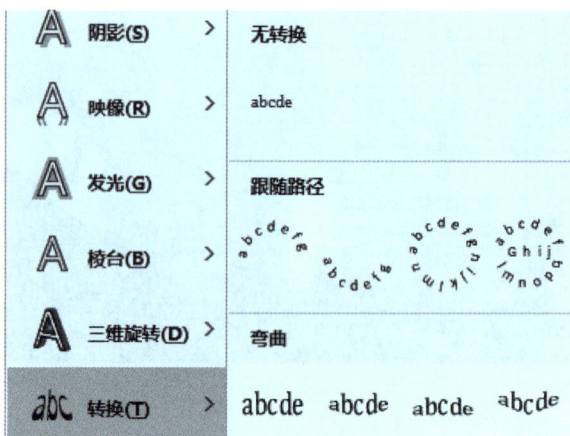

图 3.30 艺术字样式转换

任务 2 制作"岗位竞聘"演示文稿

3.2.1 任务描述

书小瑶在公司担任了 7 个月的平面设计师，工作期间积极上进、乐于助人，受到同事们的喜爱和领导的认可，现需要与三位同事一起竞聘公司技术总监一职。书小瑶决定使用 PowerPoint 来制作"岗位竞聘"演示文稿，最终效果如图 3.31 所示。

图 3.31 "岗位竞聘"演示文稿效果图

3.2.2 技术分析

1. 演示文稿导出

在 PowerPoint 中，导出演示文稿可以使用以下 6 种方式：

（1）创建 PDF/XPS 文档。

（2）创建视频。

（3）创建动态 GIF。

（4）将演示文稿打包成 CD。

（5）创建讲义。

2. 图片与形状

（1）设置图片

在"图片工具"的"格式"选项卡中对图片样式进行设置。

在"调整"组中可对图片背景、图片亮度、图片艺术效果进行设置。

在"图片样式"组中可对图片进行效果设置，如图 3.32 所示。单击扩展按钮可以弹出"设置图片格式"菜单，进行更详细的设置。

图 3.32 "图片样式"组

（2）设置形状格式

在"格式"选项卡中可对形状进行各类设置。"插入形状"组可插入、编辑或在形状内插入文本框。同时选中两个形状，可选择合并方式，如图 3.33 所示。

在"形状样式"组中可对形状的填充颜色、边框或效果进行设置。也可单击"扩展按钮"，在"设置形状格式"菜单中进行设置，如图 3.34 所示。

（3）对齐

选中图片，在"对齐"下拉列表中选择对齐方式，此时是相对于整张幻灯片的对齐设置。若选中两张图片，即可选择两个图片所需的对齐方式。

（4）旋转

选中图片，单击"图片工具"的"格式"选项卡"排列"组，可在"旋转"按钮的下拉列表中选择旋转方式。

（5）组合

选中两个或多个元素，可进行组合或者解除。组合元素将被视为一个整体进行操作，如移动、缩放等。选中两个形状，右键选择组合；或选中已经组合的形状，取消组合。

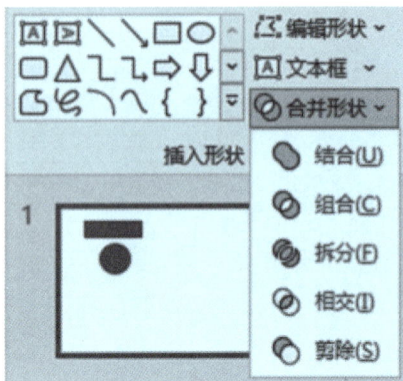

图 3.33　"合并形状"按钮

图 3.34　设置形状格式

微课：制作"岗位竞聘"封面和目录

3.2.3　示例演示——制作"岗位竞聘"封面和目录

　　书小瑶非常珍惜这次岗位竞聘的机会，为了更好地设计报告，她决定应用模板来制作"岗位竞聘"演示文稿，先设计"岗位竞聘"演示文稿的封面和目录，制作完成"岗位竞聘"演示文稿封面和目录后的效果如图 3.35 所示。

图 3.35　"岗位竞聘"的封面和目录效果图

1. 制作"封面"幻灯片

　　（1）选择"文件"菜单中的"新建"命令，创建空白演示文稿，或者打开"素材"文件夹中的"岗位竞聘模板 .pptx"文件，如图 3.36 所示。开始制作封面幻灯片。

　　（2）选择模板中的第 1 张幻灯片，插入"标语 .png"并选中，在"图片格式"选项卡的"调整"组的"颜色"中设置"重新着色"为"黑白：75%"；输入"岗位竞聘报告"，将文本格式设置为"48 号，微软雅黑"；在两个深红色形状上输入文本"竞聘人：书小瑶"、"竞聘部门：技术部"，将文本格式设置为"12 号，微软雅黑"，如图 3.37 所示。

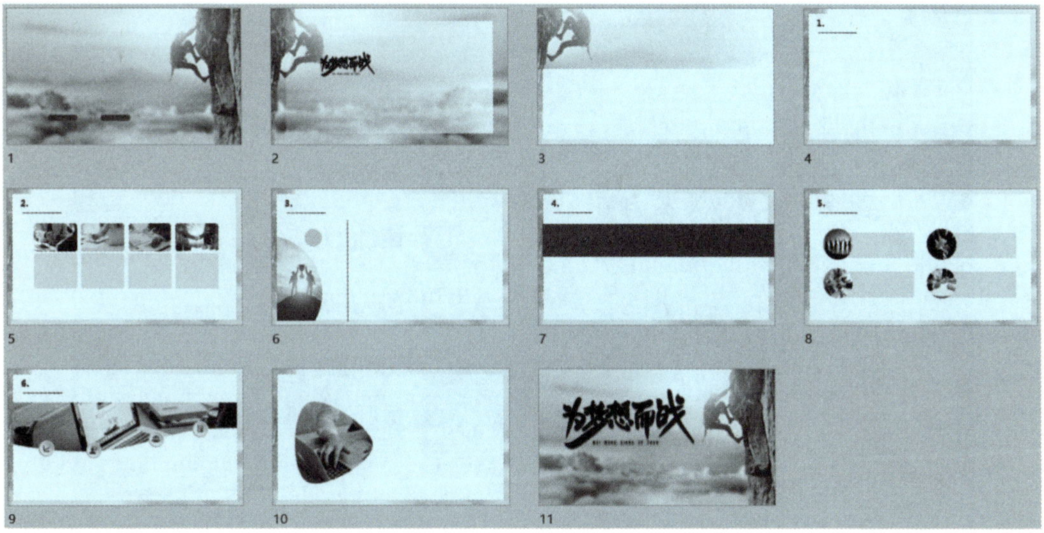

图 3.36　"岗位竞聘"模板

图 3.37　"岗位竞聘"演示文稿封面

2. 制作"目录"幻灯片

（1）选中第 2 张幻灯片，输入标题"目录 CONTENTS"，将文本格式设置为"24 号，黑体"。插入基本形状"六边形"，将形状样式设置为"强烈效果 - 橙色，强调颜色 2"，添加序号"01"，将文本格式设置为"24 号，黑体，白色"。

（2）在形状右侧插入一个文本框，输入"岗位经历"，将文本格式设置为"24 号，黑体"，将颜色设置为"橙色"；在"岗位经历"文本框的右侧输入英文内容，英文字号为"14 号"，颜色为"白色，背景 1，深色 50%"。用同样的方法，制作"岗位理解""履职能力""团队拓展""工作措施"和"规划展望"目录，效果如图 3.38 所示。

图 3.38　"目录"幻灯片

（3）选中"目录"幻灯片，单击"设计"选项卡的"自定义"组中的"设置背景格式"按钮，在幻灯片右侧会出现"设置背景格式"窗格，在窗格"图片源"的"插入"选项中选择"背景 .png"文件，将透明度设置为"15%"，如图 3.39 所示。至此，"目录"幻灯片制作完成。

图 3.39　修改背景格式

（4）单击"视图"选项卡的"母版视图"组中的"幻灯片母版"按钮，进入母版视图，在"标题和内容版式"母版幻灯片和"仅标题版式"母版幻灯片中，将标题文本框中文本的格式设置为"48 号，黑体"。

3.2.4　任务实现——丰富"岗位竞聘"演示文稿内容

书小瑶制作完成"岗位竞聘"演示文稿的封面和目录后，为了进一步丰富"岗位竞聘"演示文稿的内容，将继续添加"岗位经历""岗位理解""履职能力""团队拓展""工作措施""规划展望"幻灯片的

微课：丰富"岗位竞聘"演示文稿内容

制作，完成后的演示文稿效果，如图 3.40 所示。

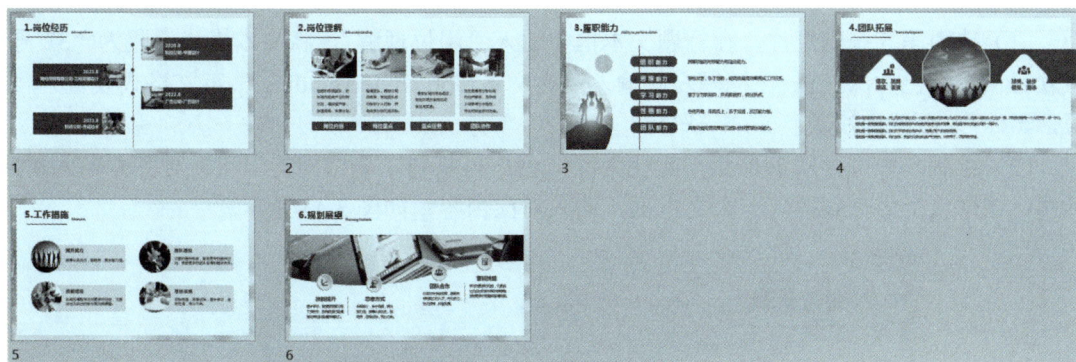

图 3.40　"岗位竞聘"演示文稿的内容幻灯片效果图

1. 制作"岗位经历"幻灯片

（1）选中第 4 张幻灯片，在标题文本框中输入"岗位经历 Job Experience"，将英文字号设置为"12 号"。打开"素材"文件夹"02 任务二'岗位竞聘'演示文稿"文件夹，将"图片 1.jpg""图片 2.jpg""图片 3.jpg""图片 4.jpg"文件依次插入幻灯片，将图片样式设置为"映像棱台，白色"。

（2）插入一个矩形形状，放在第 1 张图片左边缘处并置于底层。将形状样式设置为"强烈效果 - 橙色，强调颜色 2"。再复制 3 个相同的形状，分别摆放在对应图片的左侧或右侧位置。

（3）在每一个形状中插入文本框，输入对应文本，将文本格式设置为"16 号，微软雅黑"，颜色设置为"白色，背景 1"。然后，分别将每一个形状和对应的图片、文本框进行组合。

（4）在幻灯片的正中间绘制一条 0.8 磅的竖线，将颜色设置为"中等线 - 强调颜色 4"，在线条上绘制 4 个实心圆点，颜色设置为"红色"，对齐方式为"纵向分布"，调整实心圆点的间隔距离，与竖线组合成一个对象，如图 3.41 所示。

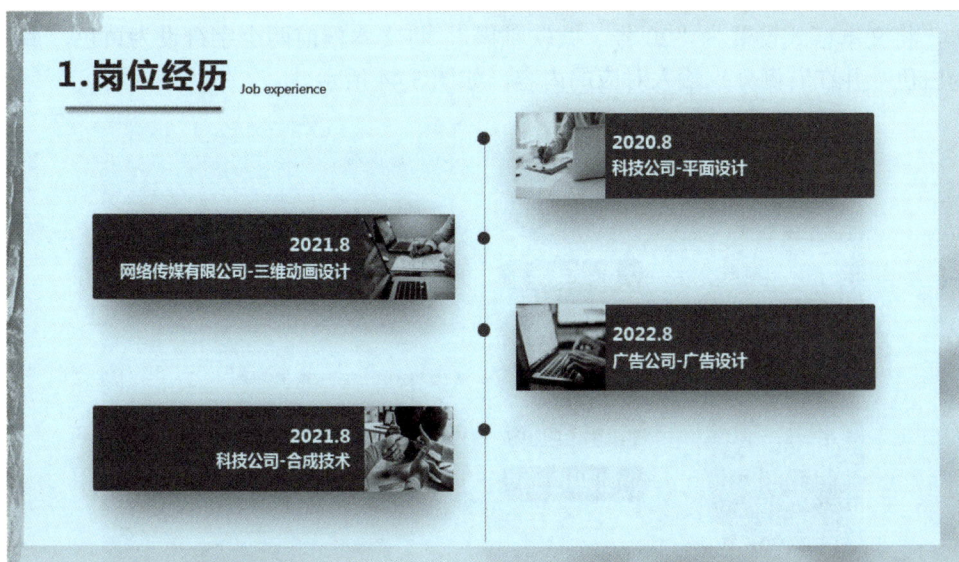

图 3.41　"岗位经历"幻灯片

2. 制作"岗位理解"幻灯片

（1）选中第 5 张幻灯片，在标题文本框中输入"岗位理解"，将文本格式设置为"32 号，微软雅黑"，颜色为深红色。在标题右侧输入英文文本"Job Understanding"，英文格式设置为"12 号，黑体"，颜色为浅灰色。

（2）绘制一个圆角矩形形状，颜色为深红色。再复制 3 个相同的形状，对齐并输入对应标题；在形状上方分别插入一个文本框，输入对应内容，如图 3.43 所示。

图 3.42　"岗位理解"幻灯片

3. 制作"履职能力"幻灯片

（1）选中第 6 张幻灯片，在标题文本框中输入"履职能力"，将文本格式设置为"32，微软雅黑"，颜色为深红色。在标题右侧插入一个文本框，输入文本"Ability to Perform Duties"，将文本格式设置为"12 号，黑体"，颜色为浅灰色。

（2）绘制一个"流程图：终止"形状，颜色为深红色；复制 4 个相同形状，在形状中输入文本，将文本格式设置为"20 号，微软雅黑"，将文本框前两个字符设为黄色，后两个字符设为白色；并在右侧分别输入对应的内容，如图 3.44 所示。

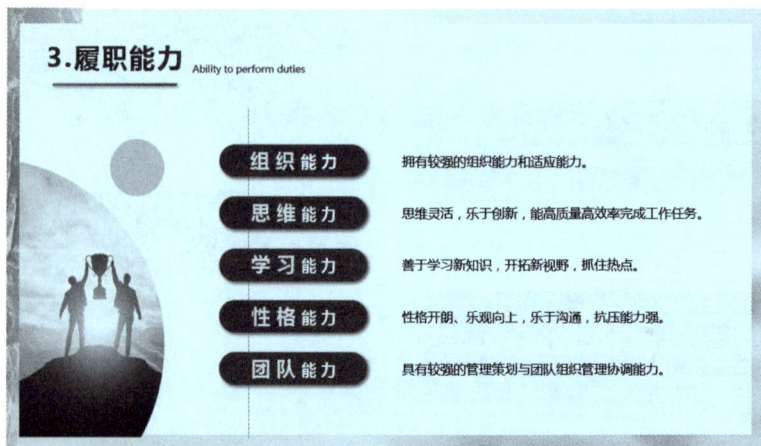

图 3.43　"履职能力"幻灯片

4. 制作"团队拓展"幻灯片

（1）选中第 7 张幻灯片，在标题文本框中输入"团队拓展"，将文本格式设置为"32 号，微软雅黑"，颜色为深红色。在标题右侧输入"Team Development"英文文本， 将文本格式设置为"12 号，黑体"，颜色设置为"浅灰色，背景 2，深色 90%"。

（2）在"插入"选项卡中单击"图片"下拉按钮，选择"此设备"命令，选择"素材"文件夹下的"团队.png"文件，将它放在幻灯片的正中间位置。在"图片格式"选项卡的"图片样式"组中单击"图片边框"下拉按钮，在弹出的下拉菜单中选择"粗细"的"其他线条"命令， 打开"设置图片格式"窗格，在"填充与线条"选区中选择"纯色填充"单选按钮；在"线条" 选区中选择"实线"单选按钮，将颜色设置为"白绿，背景色 1，深色 5%"，线条宽度设置为"3.5 磅"， 连接类型设置为"圆角"。

（3）在幻灯片的左侧绘制一个圆角矩形形状，选中形状，单击"形状格式"选项卡"排列"组中的"旋转"下拉按钮，在弹出的下拉菜单中选择"其他旋转选项"命令，在幻灯片"设置图片格式"窗格的形状"大小与属性"组中，单击"大小与属性"按钮，将图片的高度、宽度都设置为"5.21 厘米"，旋转角度设置为"45°"。

（4）在"形状格式"选项卡的"形状样式"组中单击"形状效果"下拉按钮，在弹出的下拉菜单中选择"三维旋转"命令，将"角度"设置为"透视：上"。将绘制好的形状再复制一个，摆放在幻灯片的右侧位置，使两边对称均衡。

（5）在幻灯片左侧的形状上插入一个文本框，并输入文本内容，将文本格式设置为"20号，微软雅黑"，将圆角矩形形状和文本框进行组合。用同样的方法，将幻灯片右侧形状和文本框分别组合。依次插入"装饰 1.png""装饰 2.png"，起装饰的作用。

（6）在幻灯片底部插入一个文本框，输入相应文本，将文本设置为"12 号，黑体"，颜色设置为"浅灰色，背景 2，深色 90%"；部分文字颜色为红色，如图 3.42 所示。

图 3.44 "团队拓展"幻灯片

5. 制作"工作措施"幻灯片

（1）选中第 8 张幻灯片，在标题文本框中输入"工作措施 Measures"， 并设置文本大小和颜色。绘制 4 个圆角矩形形状，填充颜色都设置为"白色，背景 1，深色 5%"。

（2）在每一个圆角矩形形状的左侧分别插入一张图片，调整位置后，置于顶层。然后，输入相应文本，设置文本大小和颜色，即完成"工作措施"幻灯片的制作。

6. 制作"规划展望"幻灯片

（1）选中第 9 张幻灯片，在标题文本框中输入"规划展望 Planning Outlook"，并设置文本大小和颜色。

（2）在幻灯片中插入 4 张图片，调整位置，置于顶层。在每一张图片下方插入一个文本框，输入相应文本，并设置文本的大小和颜色，即完成"规划展望"幻灯片的制作。

微课：幻灯片图片样式
的应用

3.2.5　能力拓展——幻灯片图片样式的应用

在制作完成"岗位竞聘"演示文稿的封面和目录，并丰富幻灯片的内容后，书小瑶想要修饰幻灯片的图片样式，美化与完善"岗位竞聘"演示文稿。图 3.45 所示为幻灯片图片样式应用后的效果。

图 3.45　图片样式应用后的效果图

1. 制作"评聘宣言"幻灯片

选中第 3 张幻灯片，在标题文本框中输入"评聘宣言"，将文本格式设置为"60 号，微软雅黑"，并在标题下方输入英文标题"Declaration of Competition"，将英文格式设置为"16号，微软雅黑"。在幻灯片中插入图片"奔跑 .png"，将图片格式的图片效果设置为"发光"，发光变体设置为"发光：18 磅；橙色，主题色 2"，如图 3.46 所示。

图 3.46　"评聘宣言"幻灯片

2. 制作"结束语"幻灯片

（1）选中第 10 张幻灯片，在"插入"选项卡的"图像"组中单击"图片"下拉按钮，在弹出的下拉菜单中选择"此设备"命令。插入"素材"文件夹下的"插图 .png"图片，放到幻灯片的左侧位置。

（2）在"图片格式"选项卡的"图片样式"组中选择"图片效果"样式，为图片添加"偏移：右下"外部阴影效果。单击"大小"组中右下角的扩展按钮，在幻灯片右侧出现"设置图片格式"窗格，将高度、宽度分别设置为"11.33 厘米""11.11 厘米"，将水平位置设置为"左上角，3.19 厘米"，垂直位置设置为"左上角，4.63 厘米"。

（3）插入"素材"文件夹下的"结束语 .png"图片，放在第一张图片的右上角。同样，在"图片样式"组中选择"图片效果"样式为"偏移：右下"的外部阴影效果。

（4）在幻灯片右侧位置输入标题内容，将文本格式设置为"28 号，黑体"，颜色为"其他颜色"，选择自定义颜色模式"RGB"，颜色参数为红色"214"、绿色"42"、蓝色"40"。再插入一个文本框，输入结束语，字号为"18 号"，如图 3.47 所示。

图 3.47　"结束语"幻灯片

3. 制作演示文稿封底幻灯片

（1）选中第 10 张幻灯片，输入文本"感谢聆听与指导！"，将文本格式设置为"48 号，微软雅黑"，颜色设置为"橙色，个性色 2，深色 50%"。

（2）在标题下方插入两个"矩形：圆角"形状，将样式设置为"中等效果 - 红色，强调颜色 5"，分别输入"竞聘人：书小瑶""竞聘部门：技术部"文本内容，并将文本格式设置为"12 号，微软雅黑"，颜色设置为"白色，背景 1"，如图 3.48 所示。

图 3.48　演示文稿封底幻灯片

任务 3　制作"工作总结"演示文稿

3.3.1　任务描述

　　书小瑶在进入公司近一年的时间里，展现了踏实而勤恳的工作作风，高效而富有创新的工作能力，得到领导的高度认可。年底将至，公司的技术总监决定把技术创新部门年度工作总结的汇报任务交给书小瑶完成，汇报一年来部门的主要工作情况，以及未来的发展规划。图 3.49 所示为"工作总结"演示文稿制作完成后的效果。

图 3.49　"工作总结"演示文稿效果图

3.3.2 技术分析

1. SmartArt 图形

SmartArt 图形是信息和观点的视觉表示形式，可以将文字转化为图形的形式，可快速、准确、直观地传递信息。

（1）插入 SmartArt 图形

单击"插入"选项卡"插图"组中的"SmartArt"按钮，如图 3.50 示，选择所需图形，如图 3.51 所示，其中包含"列表、流程、循环、层次结构、关系、矩阵、棱锥图、图片"分类，选择分类下的图形，单击"确定"按钮，即可生成所需图形。

图 3.50 "SmartArt"按钮

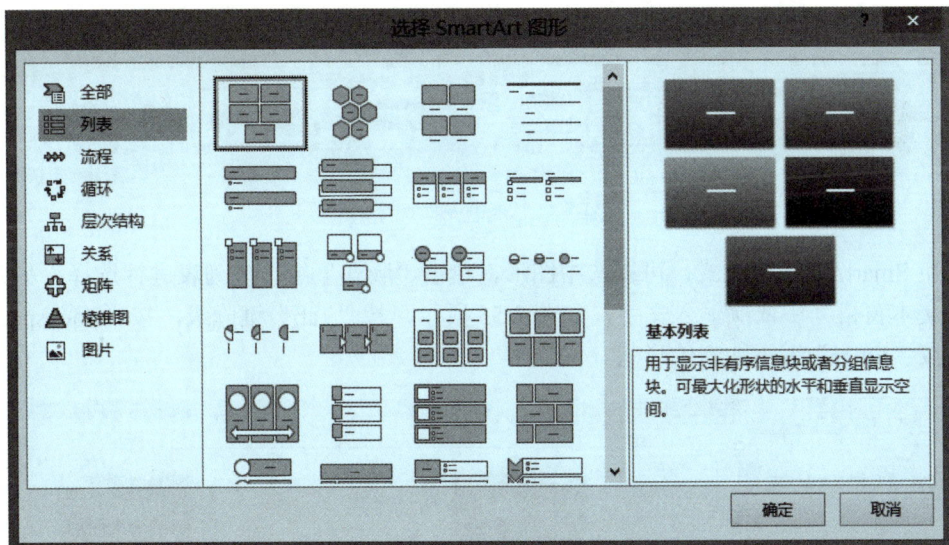

图 3.51 "选择 SmartArt 图形"对话框

对于已有层次结构的文本，如图 3.52 所示，可以直接转换为 SmartArt；选中对话框后，单击"开始"选项卡"段落"组中的"转换为 SmartArt"按钮，如图 3.53 所示。即可将有层次结构的文本转换为 SmartArt。

统一原则
- 以最少的标准去覆盖最大的范围
- 扩大标准的适用范围
- 减少不必要的重复或多样化

协调原则
- 为保持标准系统的整体功能达到最佳
- 必须协调对接好系统内外关联因素之间的关系

图 3.52 已有层次的文本

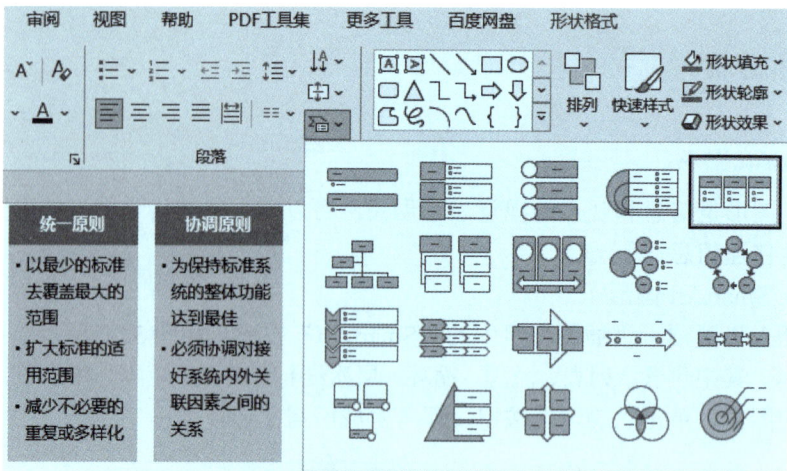

图 3.53　转换为 SmartArt

（2）调整 SmartArt 结构

添加形状时，在"SmartArt 设计"选项卡的"创建图形"组中，单击"添加形状"下拉按钮；调整级别时，单击"升级"或"降级"按钮；调整先后顺序时，单击"上移"或"下移"按钮；删除形状时，选中形状，按"Delete"键，如图 3.54 所示。

图 3.54　"设计"选项卡

更换 SmartArt 图形版式，可以选中图形，单击"版式"组下拉列表进行选择。另外，可以在"文本窗格"中依次输入文字，如图 3.55 所示，按"Tab"键降级，按"Backspace"键升级，按"Enter"键添加新的形状。

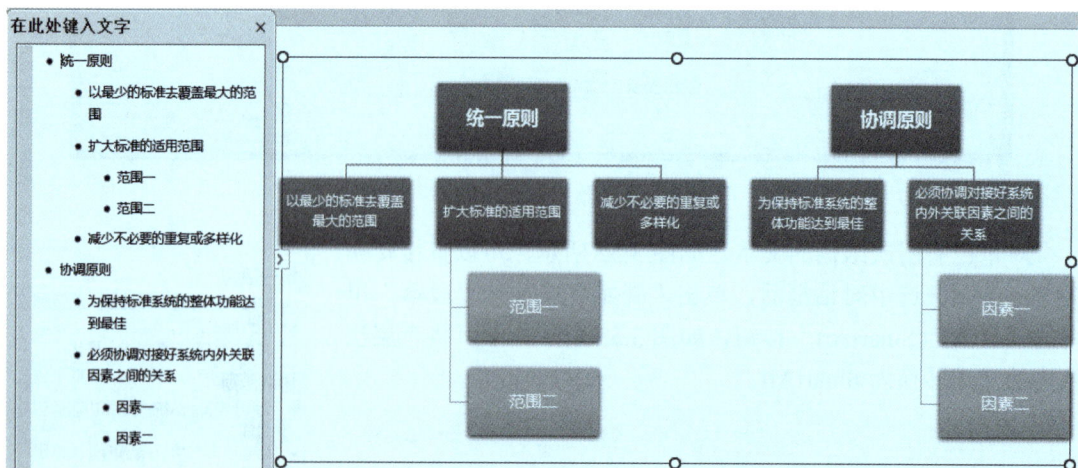

图 3.55　文本窗格

（3）设置 SmartArt 样式

更改 SmartArt 颜色样式，可单击"SmartArt 设计"选项卡"SmartArt 样式"组，选择颜色方案，或单击"更改颜色"下拉按钮，选择更多样式效果。

2．动画

动画是增强演示文稿交互性、形象性、生动性的重要手段，适当的动画可大大提升演示文稿的诉求力和感染力。在 PowerPoint 中可以给元素添加或设置动画效果，动画效果主要有"进入、强调、退出、动作路径"等类型，如图 3.56 所示。

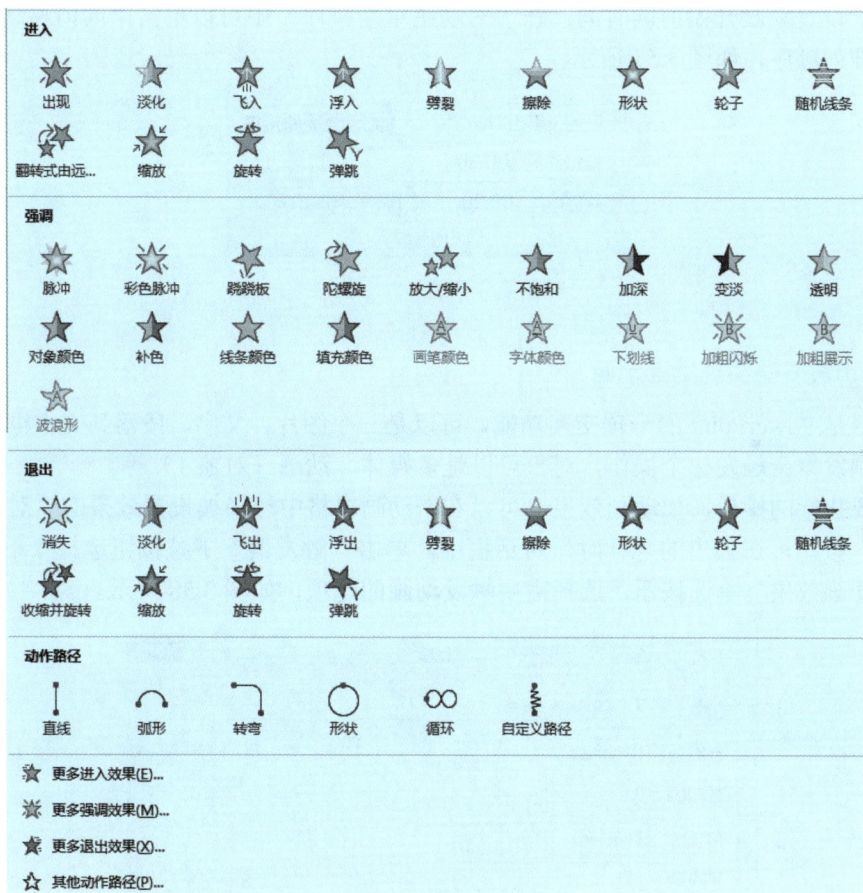

图 3.56　"动画"列表

"进入"动画是常用于设置幻灯片对象（文本、图片、声音、图像等）进入放映画面的动画效果。

"强调"动画是为已显示的幻灯片对象设置强调效果。

"退出"动画是"进入"动画的逆过程，用于设置幻灯片对象离开放映画面的动画效果。

"动作路径"动画是实现指定对象按照系统自带或用户绘制的路径进行运动。

其中，进入效果、强调效果和退出效果都分为 4 种子类型：基本型、细微型、温和型和华丽型。动作路径效果的 4 种子类型为基本型、直线与曲线型、特殊型和绘制自定义路径型。

另外，对动画进一步管理的时候，通常有以下两种方法：

（1）使用动画窗格对动画进行管理。

在"动画窗格"里，动画的激活方式有以下三种：

① 单击时；　② 与上一动画同时；　③ 在上一动画之后。

激活方式为"单击时"的动画才有数字标识，其他激活方式没有数字标识。用户可使用动画窗格对设置的动画效果进行管理。还可调整顺序、删除动画效果。

（2）使用"计时"组对动画进行管理。

切换至"计时"组，"开始"下拉列表用于设置动画开始的时间，含"单击时""从上一项开始""从上一项之后开始"；"持续时间"微调按钮用于设置动画持续的时间；"延迟"微调按钮用于设置动画开始前的时间；在"对动画重新排序"中可以单击"向前移动"或"向后移动"排列顺序，如图 3.57 所示。

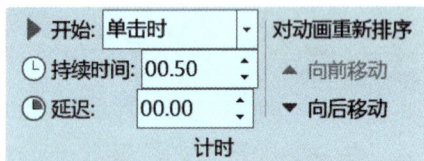

图 3.57　"计时"组

3. 使用触发器实现交互动画

触发器是 PowerPoint 的一项交互功能，可以是一个图片、文字、段落、文本框（对象2）等，单击触发器会触发一个操作，对象可以是多媒体、动画（对象1）等。

设置要执行的操作，如动画效果，可以右击动画窗格中已经被设置效果的"对象1"，单击"计时"按钮，在弹出的"计时"对话框中，单击"触发器"下拉按钮选择"单击下列对象时启动动画效果"单选按钮，选择需要触发动画的选项，如图 3.58 所示。

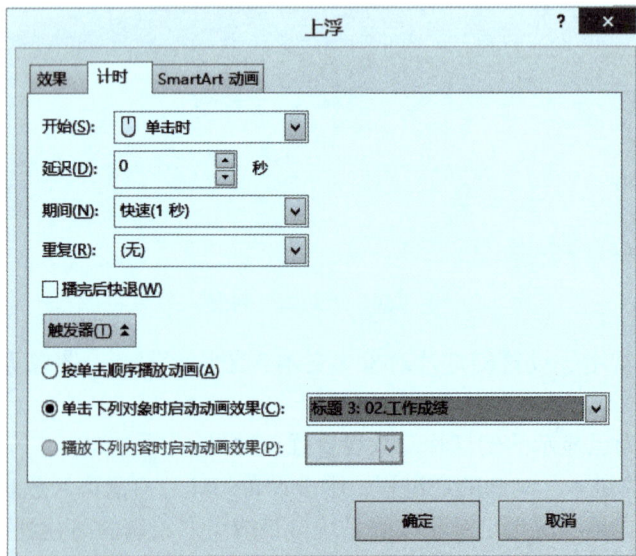

图 3.58　"触发器"对话框

特定动画效果的实现，需要在各种动画效果中加以巧妙组合和精心设计，同时为了增强动画特效，也需要使用触发器来对动画对象加以控制。

4. 动作与动作按钮

动作设置是为某个对象（文字、文本框、图片、形状或艺术字等）添加相关动作而使其变成一个按钮，通过单击该按钮而跳转到其他幻灯片或文档。

动作与超链接的区别：超链接可以设置"屏幕提示"，就是在当鼠标指向超链接时，"手形"指针的右下方会出现文字提示；动作设置可以附加"播放声音"来强调超链接，也可以通过"单击时突出显示"来强调超链接。

3.3.3　示例演示——统一"工作总结"演示文稿风格

为了统一"工作总结"演示文稿的风格，书小瑶需要使用模板，还要对幻灯片的大小、背景、配色文案进行修改，对幻灯片母版进行编辑；完成对"工作总结"演示文稿的风格统一之后，效果如图3.59所示。

微课：统一"工作总结"演示文稿风格

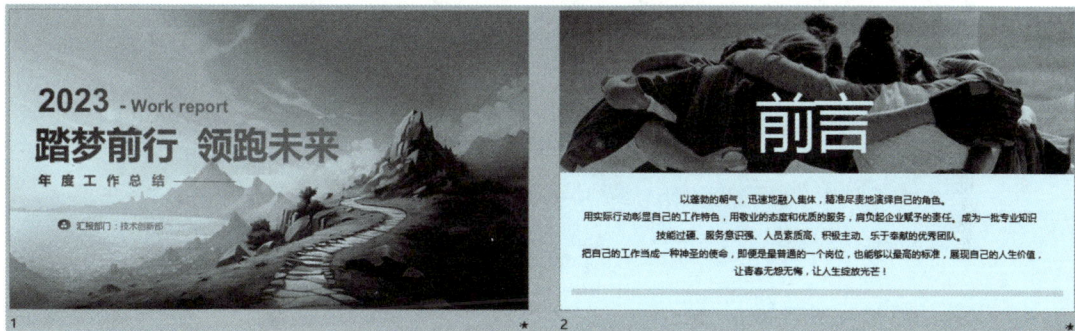

图3.59　统一"工作总结"演示文稿风格

1. 创建模板

选择"文件"菜单中的"新建"命令，搜索联机模板和主题"天体"，选择第4个模板，单击"创建"按钮。

2. 设置幻灯片大小

选中第一张幻灯片，在"设计"选项卡"自定义"组中单击"幻灯片大小"下拉按钮，在弹出的下拉菜单中选择"自定义幻灯片大小"命令，打开"幻灯片大小"对话框，在"幻灯片大小"下拉列表中选择"宽屏"选项，如图3.60所示，单击"确定"按钮，在弹出的对话框中，选择"确保适合"。

3. 设置幻灯片背景

在"设计"选项卡"自定义"组中单击"设置背景格式"按钮，打开"设置背景格式"窗格，选中"渐变填充"单选按钮，"类型"设置为"线性"，"渐变光圈"中间色标颜色为"橙色，个性色3"，两边色标颜色为"金色，个性色5"，如图3.61所示。

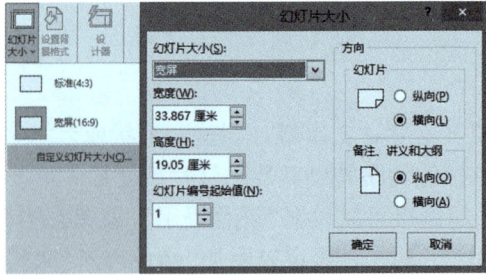

图 3.60　设置幻灯片大小

图 3.61　设置幻灯片背景

4. 设置幻灯片配色方案

在"设计"选项卡的"变体"组中单击下拉按钮，在弹出的下拉菜单中选择"颜色"，然后，在展开的颜色列表中选择"字幕"，如图 3.62 所示。

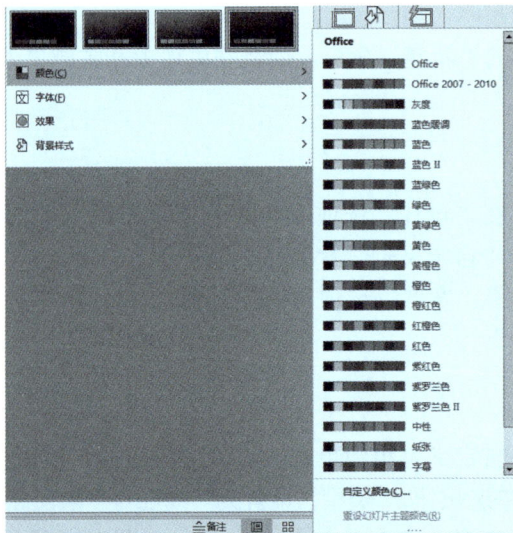

图 3.62　设置幻灯片配色方案

5. 设计母版

（1）打开"视图"选项卡"母版视图"组中的"幻灯片母版"，进入母版编辑窗口，在"设计"选项卡"自定义"组中单击"设置背景格式"按钮，打开"设置背景格式"窗格，选中"图片或纹理填充"单选按钮，如图 3.63 所示。

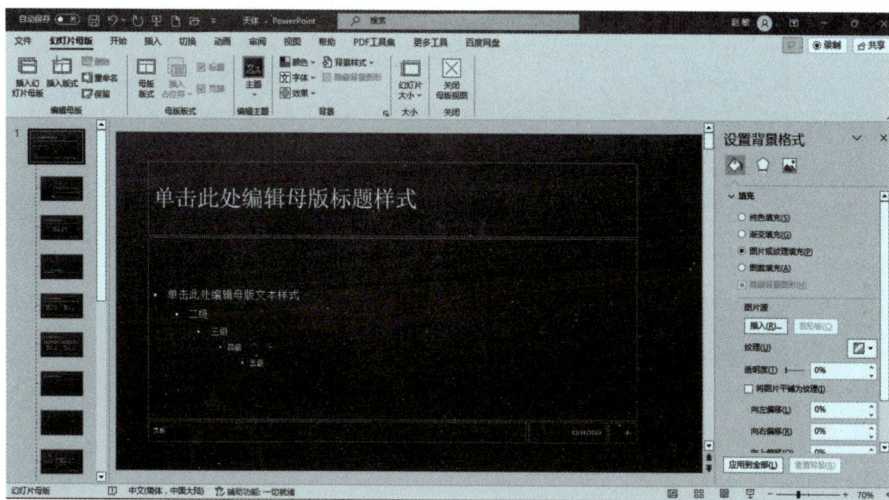

图 3.63　"封面"幻灯片

（2）在"图片源"处单击"插入"按钮，打开"插入图片"对话框，选择"来自文件"选项，在弹出的对话框中选择"素材"文件夹下的"03 任务三'工作总结'演示文稿"文件夹中的"背景 .png"文件，如图 3.64 所示。

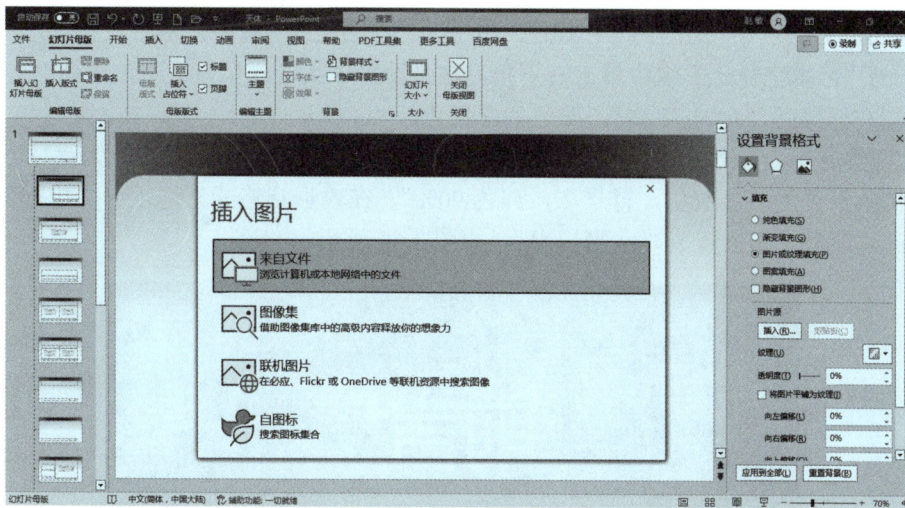

图 3.64　"插入图片"对话框

6. 设计封面幻灯片

（1）打开"视图"选项卡"母版视图"组中的"幻灯片母版"，进入母版编辑窗口，在"设计"选项卡"自定义"组中单击"设置背景格式"按钮，打开"设置背景格式"窗格，选中"图片或纹理填充"单选按钮，如图 3.63 所示。

（2）在标题下方插入一个文本框，输入副标题"年度工作总结"，将文本设置为"24 号，华文中宋"；在副标题下方也插入一个文本框，输入"汇报部门：技术创新部"，将字体设置为"16 号，华文中宋"，如图 3.65 所示。

图 3.65　封面幻灯片

7. 制作"前言"幻灯片

（1）新建一张"标题与内容"幻灯片，在"插入"选项卡"图像"组中单击"图片"按钮，选择插入图片来自"此设备"，在弹出的对话框中选择素材图片"前言 .png"文件，将图片放在幻灯片上方位置，置于底层。

（2）输入标题文本"前言"，将文本格式设置为"115 号，微软雅黑"，选中标题文本框，在"形状格式"选项卡"艺术字样式"组中单击右下角，将艺术字样式设置为"填充：白色；边框：橙色，主题色 2；清晰阴影：橙色，主题色 2"。然后，选中艺术字，在"形状格式"选项卡下的"艺术字样式"组中单击右下角，在"设置形状格式"窗格中，选择"文本轮廓"为"实线"，"宽度"为"0.75 磅"，颜色为深红色。

（3）在标题下方插入一个内容文本框，输入前言内容，将文本格式设置为"18 号，微软雅黑"，颜色设置为"浅灰色，背景 2.，深色 90%"，在"形状格式"选项卡"排列"组中选择"对齐"，调整文本位置为"水平居中"，如图 3.66 所示。

图 3.66　"前言"幻灯片

3.3.4　任务实现——丰富"工作总结"演示文稿内容

为了进一步丰富"工作总结"演示文稿的内容，书小瑶决定为后面的幻灯片分别插入表格、图表和 SmartArt 图形等元素，然后，对幻灯片中的部分元素设计动画效果，以丰富"工作总结"演示文稿的播放效果。制作完成后的效果如图 3.67 所示。

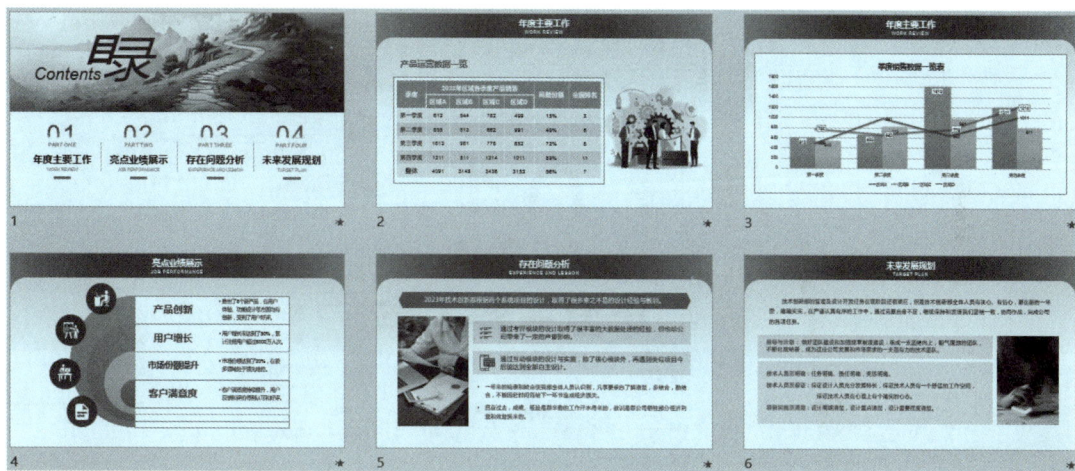

图 3.67　"工作总结"演示文稿的内容幻灯片

1. 制作"目录"幻灯片

（1）新建"空白"版式幻灯片，插入素材文件夹中的"风景 .png"文件，插入文本框，输入文本"目录 Contents"，将文本"目"设置为"88 号"，"录"设置为"138 号"，"Contents"设置为"48 号"，样式为"微软雅黑，斜体"，如图 3.68 所示。

图 3.68　设置"目录"文本格式

（2）选中图片后，在"图片格式"选项卡的"大小"组中单击"裁剪"命令，如图 3.69 所示，在图片裁剪框中，将图片拖放到合适的位置后进行裁剪。

（3）打开"素材"文件夹"03 任务三'工作总结'演示文稿"文件夹，将"图 1.png""图 2.png""图 3.png"和"图 4.png"插入幻灯片，在"形状格式"选项卡"排列"组中单击"对齐"列表，依次选择"对齐幻灯片""垂直居中""横向分布"命令，并移到目录下方位置，依次添加文本"年度主要工作""亮点业绩展示""存在问题分析""未来发展规划"，样式为"28 号，微软雅黑"，依次选中不同图片和对应文本并右击，选择"组合"命令，如图 3.70 所示。

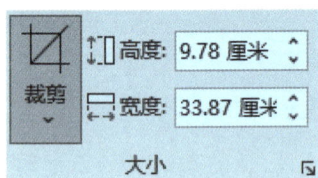

图 3.69　"裁剪"下拉按钮

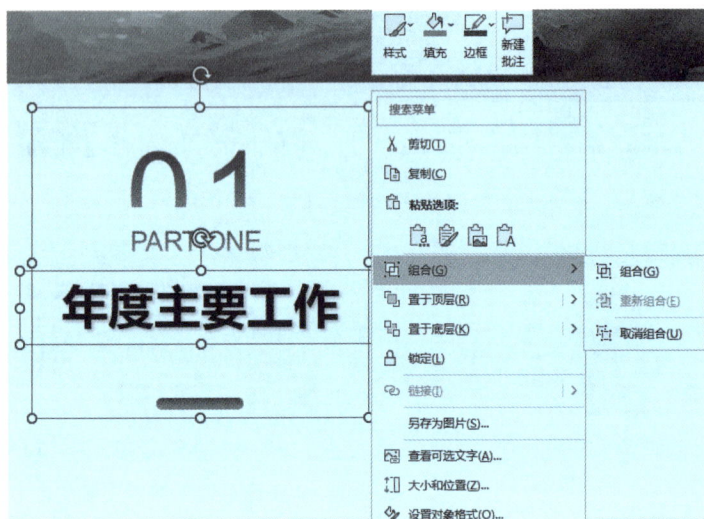

图 3.70　"组合"命令

（4）将不同的图片和对应文本分别组合成对象之后，依次输入对应的英文内容，字号"12 号"，如图 3.71 所示。

图 3.71　"目录"幻灯片

（5）制作"年度主要工作""亮点业绩展示""存在问题分析"和"未来发展规划"幻灯片。新建 4 个"仅标题"版式幻灯片，分别输入对应的标题文本，字号为"24 号"，颜色为"白色，背景 1"；另外，将"年度主要工作"和"未来发展规划"幻灯片中分别插入装饰图；在"年度主要工作"幻灯片中插入一个白色金边矩形形状；在"亮点业绩展示"幻灯片中插入 4 个圆形形状，环绕在幻灯片的左侧位置，如图 3.72 所示。

图 3.72 "仅标题"版式幻灯片

2. 插入 SmartArt 图形

当单张幻灯片里面内容太多的时候，我们可以借助 SmartArt 图形来组织架构。

（1）选中"亮点业绩展示"幻灯片，在"插入"选项卡"插图"组中单击"SmartArt"按钮，在弹出的"选择 SmartArt 图形"对话框中选择"列表"中的"目标图列表"选项，在幻灯片中插入 SmartArt 图形并输入文本，置于底层，如图 3.73 所示。

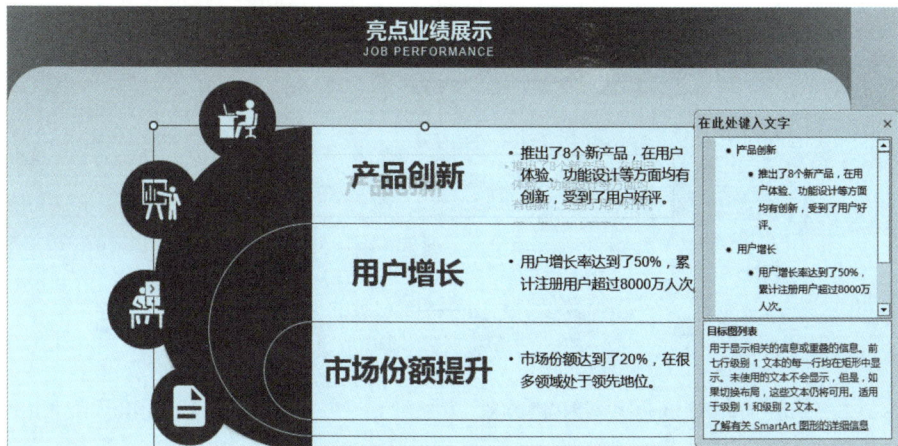

图 3.73 插入"目标图列表"的 SmartArt 图形

（2）在"SmartArt 设计"选项卡的"创建图形"组中单击"添加形状"下拉按钮，在弹出的下拉菜单中选择"在后面添加形状"命令，为"目标图列表"SmartArt 图形增加一个形状，如图 3.74 所示。

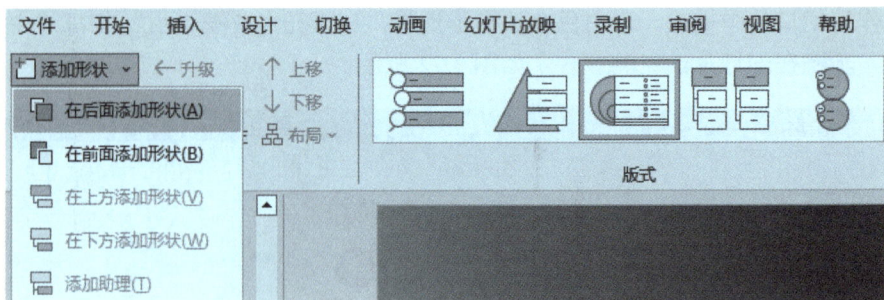

图 3.74　选择"在后面添加形状"命令

（3）选中新添加的"目标图列表"SmartArt 图形，输入对应的文本内容，并调整 SmartArt 图形的大小和级别，移动到幻灯片正中间的位置上。

（4）选中 SmartArt 图形，在"SmartArt 设计"选项卡"SmartArt 样式"组中单击"更改颜色"下拉按钮，在"彩色"组中选择"彩色范围 个性色 2 至 3"，如图 3.75 所示，单击右侧的下拉按钮，在弹出的"文档的最佳匹配对象"组中选择"强烈效果"。

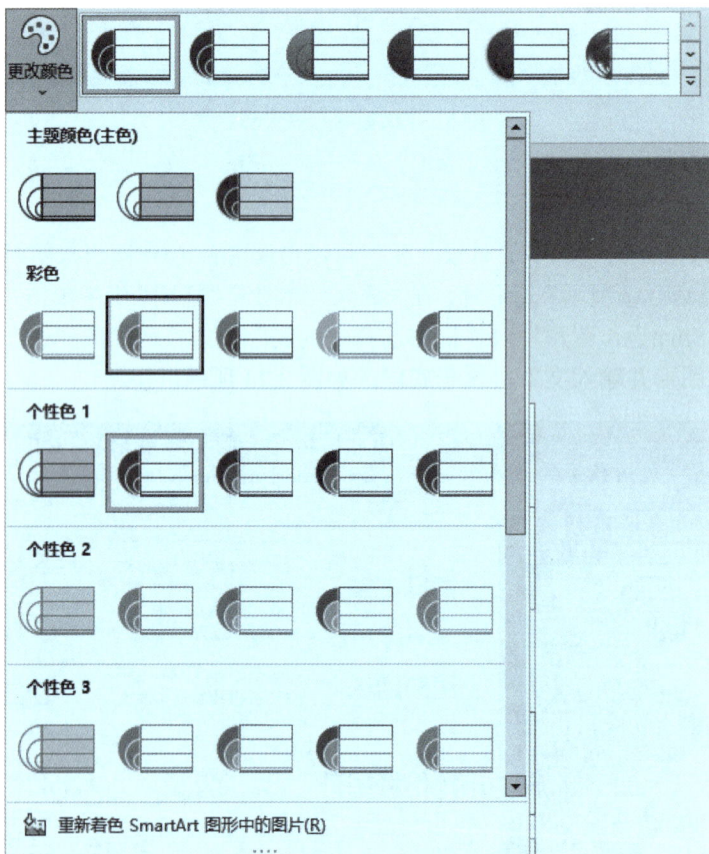

图 3.75　修改 SmartArt 图形的样式

（5）使用 SmartArt 图形能够在幻灯片中创建逻辑关系更清晰明了的图形排版，如图 3.76 所示。另外，选择在幻灯片左侧的 4 张装饰小图片，在"图片格式"选项卡"图片样式"组中选择"矩形投影"样式，增强效果。

图 3.76 "亮点业绩展示"幻灯片修改后的效果

3. 插入超链接

（1）打开"目录"幻灯片，选中"年度主要工作"文本框并右击，在弹出的快捷菜单中选择"链接"命令，打开"插入超链接"对话框，选择"本文档中的位置"选项，在列表框中选择"4. 幻灯片 4"，单击"确定"按钮，如图 3.77 所示。

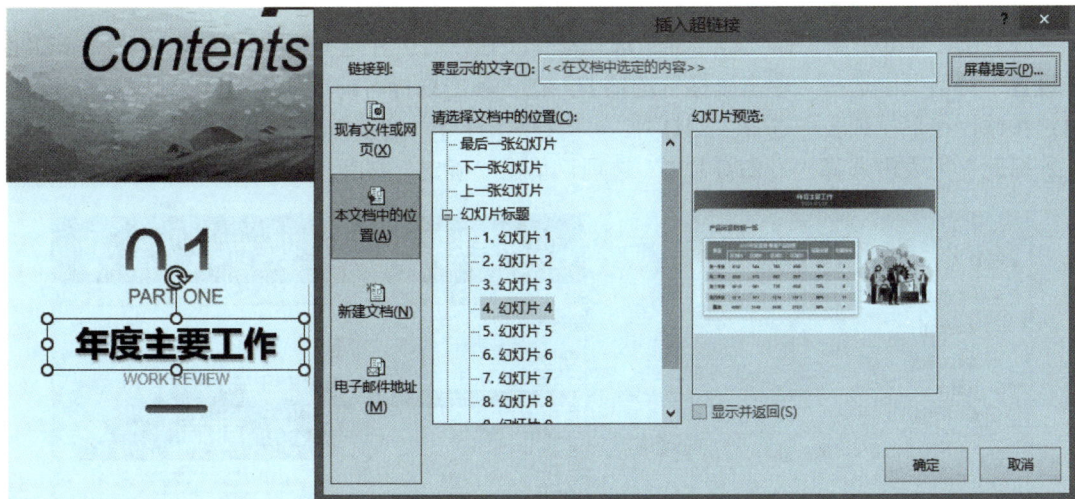

图 3.77 "插入超链接"对话框

（2）从普通视图模式切换到阅读视图模式，当播放到目录幻灯片时，将鼠标滑到"年度主要工作"文本框并单击，即可超链接到第 4 张幻灯片"年度主要工作"上。

（3）选中"亮点业绩展示"文本框，并右击，在弹出的快捷菜单中选择"链接"命令，打开"插入超链接"对话框，选择"本文档中的位置"选项，在列表框中选择"6. 幻灯片 6"，单击"确定"按钮。

（4）选中"存在问题分析"文本框，并右击，在弹出的快捷菜单中选择"链接"命令，打开"插入超链接"对话框，选择"本文档中的位置"选项，在列表框中选择"7.幻灯片 7"，单击"确定"按钮，即成功添加超链接。

（5）选中"未来发展规划"文本框，并右击，在弹出的快捷菜单中选择"链接"命令，打开"插入超链接"对话框，选择"本文档中的位置"选项，在列表框中选择"8.幻灯片 8"，单击"确定"按钮。至此，"目录"幻灯片成功添加了超链接。

（6）将"年度主要工作""亮点业绩展示""存在问题分析"和"未来发展规划"文本框的字体设置为"微软雅黑"，添加阴影效果"偏移：左下"；将"WORK REVIEW"、"JOB PERFORMANCE"、"EXPERIENCE AND LESSON"、"TARGET PLAN"英文文本框的字体设置为"Arial（正文）"，颜色设置为"白色，背景 1，深色 25%"。

4. 插入动作和动作按钮

为了在幻灯片中能够通过超链接快速跳转到指定的幻灯片，或者播放多媒体、运行特定程序的效果等，我们可以使用动作按钮来增加互动性，为用户提供更加便捷的操作方式。

（1）打开"年度主要工作"幻灯片，在"插入"选项卡"插图"组中单击"形状"下拉按钮，在弹出的下拉菜单"动作按钮"组中选择"动作按钮：后退或前一项"添加动作按钮，将形状样式设置为"强烈效果 - 橙色，强调颜色 2"，如图 3.78 所示。

图 3.78　选择"动作按钮：后退或前一项"

（2）在"年度主要工作"幻灯片中选择动作按钮，右击并选择"编辑链接"命令，在"操作设置"对话框中选择"单击鼠标"选项卡，在"单击鼠标时的动作"选区选中"超链接到"单选按钮，在下拉列表中选择"幻灯片 …"选项，打开"超链接到 幻灯片"对话框，在"幻灯片标题"列表中选择"2.幻灯片 2"选项，单击"确定"按钮，如图 3.79 所示。

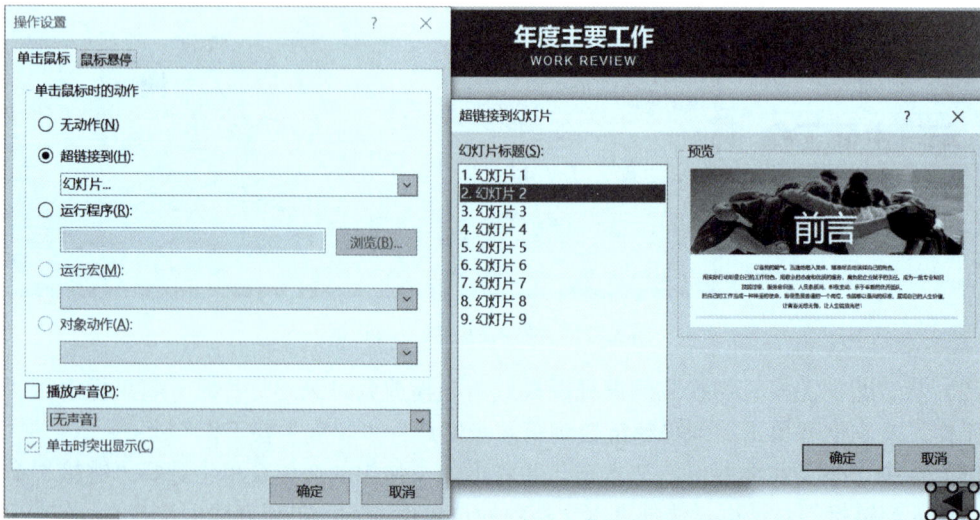

图 3.79　设置动作按钮的超链接目标

（3）在"年度主要工作"幻灯片中选择动作按钮，在"形状样式"组"形状效果"下拉列表中选择"棱台"，在弹出的列表项中选择"圆形"；将此动作按钮依次复制到"亮点业绩展示""存在问题分析"和"未来发展规划"幻灯片中，以便快速返回目录。

（4）打开"未来发展规划"幻灯片，选中动作按钮并右击，在弹出的快捷菜单中选择"编辑链接"命令，打开"操作设置"对话框，在"单击鼠标"选项卡"单击鼠标时的动作"选区选中"无动作"单选按钮；在"鼠标悬停"选项卡"鼠标移过时的动作"选区选中"超链接到"单选按钮，在下拉列表中选择"第一张幻灯片"选项，勾选"播放声音"复选框，在下拉列表中选择"微风"选项。

（5）打开"年度主要工作"幻灯片，插入"动作按钮：前进或下一项"动作按钮，将样式与前面按钮的样式保持一致；选中动作按钮并右击，在弹出的菜单中选择"编辑链接"命令，打开"操作设置"对话框，在"单击鼠标"选项卡"单击鼠标时的动作"选区选中"无动作"单选按钮；在"鼠标悬停"选项卡"鼠标移过时的动作"选区选中"超链接到"单选按钮，在下拉列表中选择"下一张幻灯片"选项，勾选"播放声音"复选框，在下拉列表中选择"照相机"选项，然后，保存全部幻灯片。

5. 设计动画

（1）打开"目录"幻灯片，选中"年度主要工作"文本框和图片的组合形状，在"动画"选项卡的"动画"组中的"动画样式"下拉菜单中选择"自顶部"的"擦除"进入动画效果；在"动画"选项卡的"计时"组中将持续时间设置为 0.75 秒。

（2）选中"亮点业绩展示"文本框和图片的组合形状，在"动画"选项卡的"动画"组中的"动画样式"下拉菜单中选择"自底部"的"擦除"进入动画效果。

（3）选中"存在问题分析"文本框和图片的组合形状，在"动画"选项卡的"动画"组中的"动画样式"下拉菜单中选择"自顶部"的"擦除"进入动画效果。

（4）选中"未来发展规划"文本框和图片的组合形状，在"动画"选项卡的"动画"组中的"动画样式"下拉菜单中选择"自底部"的"擦除"进入动画效果。然后，保存"目录"幻灯片，打开"目录"幻灯片的动画窗格，在动画窗格中单击"全部播放"按钮，预览"目录"幻灯片的动画播放效果。

（5）在动画窗格中选择动画对象"2"，单击其右侧的下拉按钮，在弹出的下拉菜单中选择"从上一项开始"命令。选中动画对象"3"，将计时开始激活条件设置为"从上一项开始"，如图 3.80 所示。选中动画对象"4"，将计时开始激活条件设置为"上一动画之后"。

（6）打开"亮点业绩展示"幻灯片，选中 SmartArt 图形，为 SmartArt 图形添加"轮辐图案"的"轮子"进入动画效果；然后，在效果"序列"中选择"一次级别"，使目标图列表的所有项目同时出现。

（7）选中"亮点业绩展示"幻灯片左侧的四个圆形装饰图片，为图片添加"向内溶解"的进入动画效果，然后，将持续时间设置为 0.75 秒。

（8）打开幻灯片动画窗格，选择全部动画列表，单击下拉

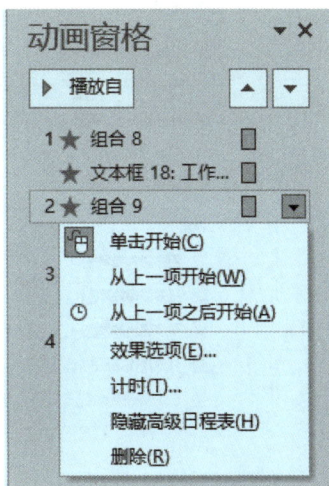

图 3.80　修改动画触发条件

按钮，在下拉菜单中选择"计时"命令，在"SmartArt 动画"选项卡"组合图形"下拉列表中选择"一次按级别"选项，并且，勾选"倒序"复选框，单击"确定"按钮，如图 3.81 所示。

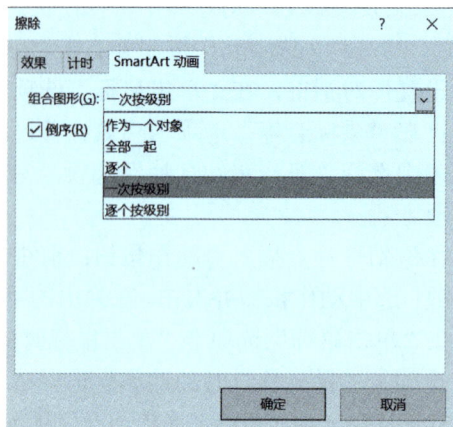

图 3.81　修改 SmartArt 图形的动画顺序

（9）在"亮点业绩展示"幻灯片中，选中标题文本框，在"动画"选项卡"高级动画"组中单击"添加动画"下拉按钮，在弹出的下拉菜单"强调"组中选择"脉冲"，如图 3.82 所示。在"计时"组"开始"下拉列表中选择"与上一动画同时"选项，将持续时间设置为 1.25 秒，单击"向前移动"按钮，将此动画移至最顶层位置。

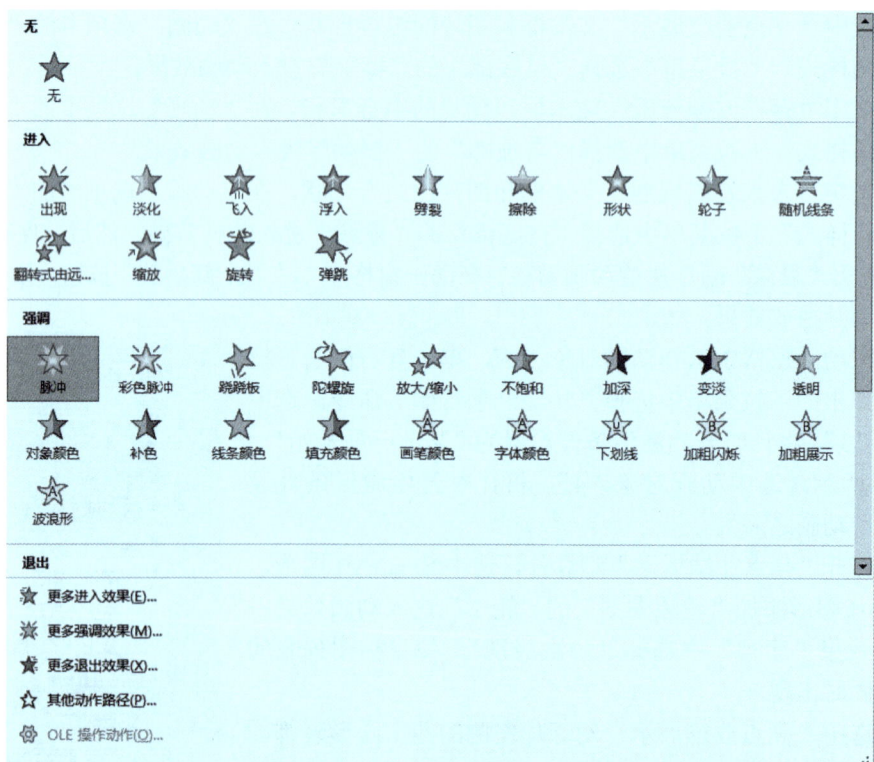

图 3.82　"强调"类型动画效果

（10）在"动画窗格"中，单击"亮点业绩展示"标题文本框的"脉冲"动画效果右侧的下拉按钮，在弹出的下拉菜单中选择"计时"命令，打开"脉冲"对话框，在"效果"选项卡的"设置动画文本"下拉列表中选择"按词顺序"选项，在"计时"选项卡的"重复"下拉列表中选择"直到幻灯片末尾"选项。

（11）打开"前言"幻灯片，选中标题文本框，添加"向上弧线"的"动作路径"类型动画效果，会出现一条弧线，弧线绿色三角框的一端可修改起点位置，红色三角形框的一端可修改终点位置。调好弧线后，在"开始"下拉列表中选择"上一动画之后"选项，在"动画"选项卡的"计时"组中，将持续时间设置为 0.75 秒；选中标题下方的文本框，添加"下浮"退出动画效果，将动画开始条件分别设置为"单击时"和"与上一动画同时"，将持续时间都设置为 0.75 秒。如图 3.83 所示。

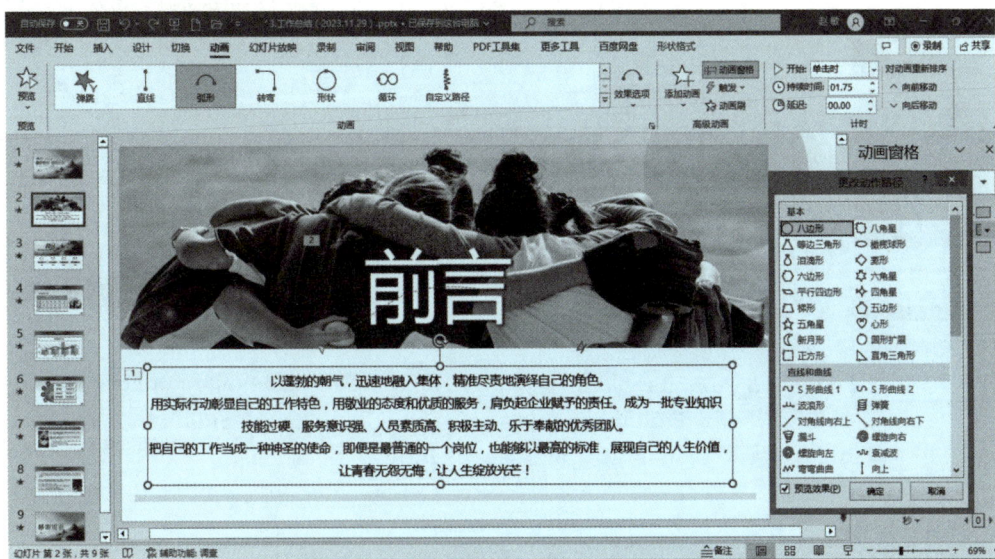

图 3.83　添加"动作路径"类型的动画效果

3.3.5　能力拓展——制作表格和图表幻灯片

为了更好地汇报科技创新部一年的工作情况，书小瑶准备在"工作总结"演示文稿中插入表格和图表，让汇报数据更加直观，制作完成后，效果如图 3.84 所示。

微课：制作表格和图表幻灯片

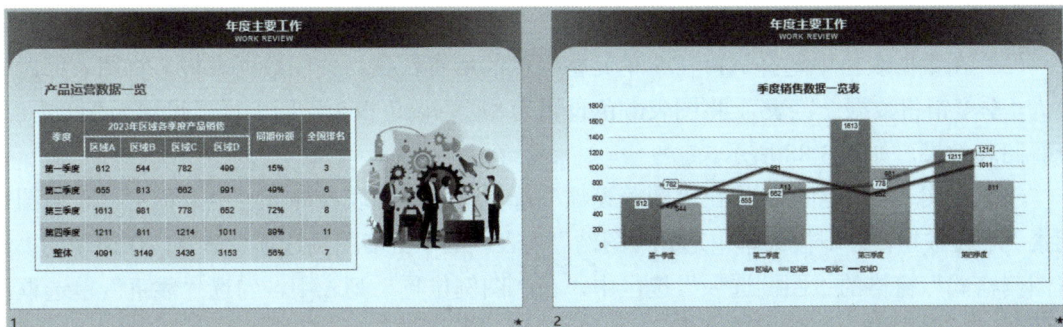

图 3.84　在幻灯片中插入表格和图表后的效果

1. 插入 Excel 表格

首先，打开"年度主要工作"幻灯片，在"插入"选项卡"表格"组中单击"表格"下拉按钮，在展开列表中选择 9 行 7 列的表格，合并部分单元格，并输入对应内容，将表格样式设置为"中度样式 2- 强调 2"，部分单元格底纹颜色单独设置，效果如图 3.85 所示。

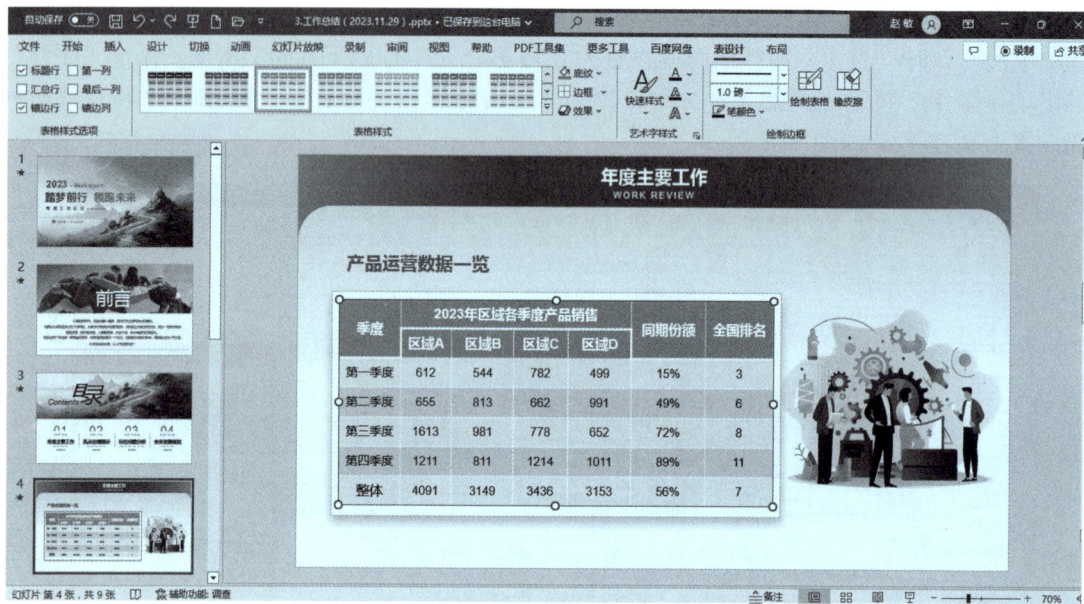

图 3.85　设置表格样式

2. 插入图表

（1）为了让汇报数据更加直观，需要在幻灯片中插入图表。新建一张"仅标题"版式幻灯片，输入标题"年度主要工作"，在"插入"选项卡的"插图"组中单击"图表"按钮，打开"插入图表"对话框，在左侧列表中选择"组合图"选项，在右侧列表中选择"自定义组合"，在"为您的数据类型选择图表类型和轴"列表中为"系列 1"、"系列 2"添加"簇状柱形图"图表类型，为"系列 3"添加"折线图"图表类型，单击"确定"按钮，效果如图 3.86 所示。

（2）选中图表，在"图表设计"选项卡的"数据"组中单击"编辑数据"下拉按钮，在弹出的下拉菜单中选择"在 Excel 中编辑数据"命令，在打开的 Excel 窗口中制作图表表格内容，输入表格数据内容，如图 3.87 所示。

（3）在数据表格中选择 A1：D5 单元格区域的所有数据，关闭数据表格。将图表标题修改为"季度销售数据一览表"，将图表颜色设置为"彩色调色板 3"，图表样式设置为"样式 8"，查看图表效果，如图 3.88 所示。

（4）在图表中添加图例。在"图表设计"选项卡的"图表布局"组中，单击"添加图表元素"下拉按钮，在下拉菜单中选择"图例"列表下的"更多图例选项"命令，在出现的"设置图例格式"窗格的"图例选项"选区中，在"图例位置"列表中，勾选"靠下"单选框，至此图表制作完成，如图 3.89 所示。

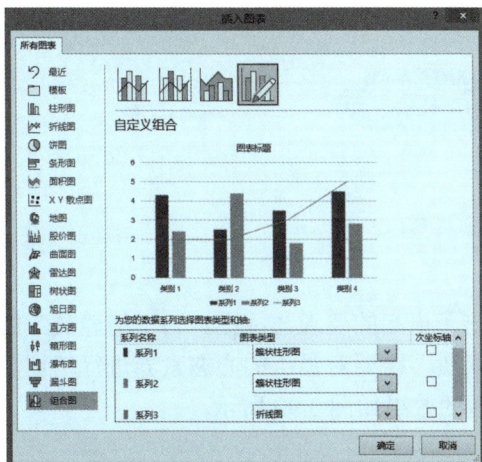

图 3.86 插入图表

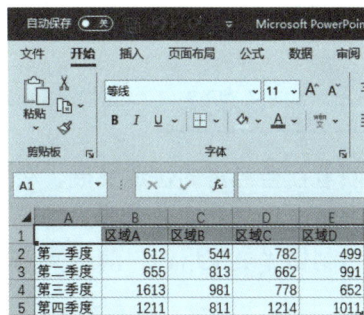

图 3.87 制作图表表格内容

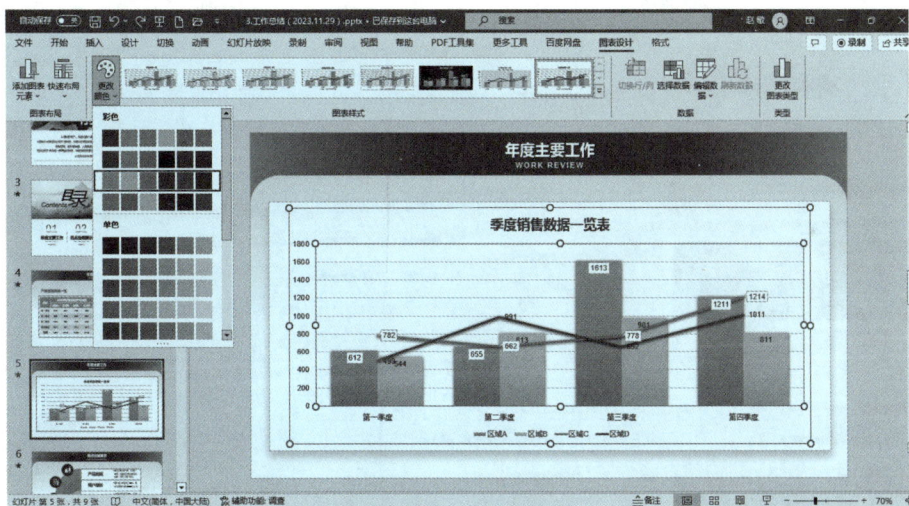

图 3.88 修改图表的标题、颜色和样式

图 3.89 在图表中添加图例

任务4 制作"员工培训"演示文稿

3.4.1 任务描述

随着社会经济的快速发展，公司对员工提出了更高的要求与标准。为了培养员工的敬业精神，塑造良好的职业素养，提高员工的综合素质，需要对员工的心态素养进行培训。书小瑶负责制作"员工培训"演示文稿，制作完成后的效果如图3.90所示。

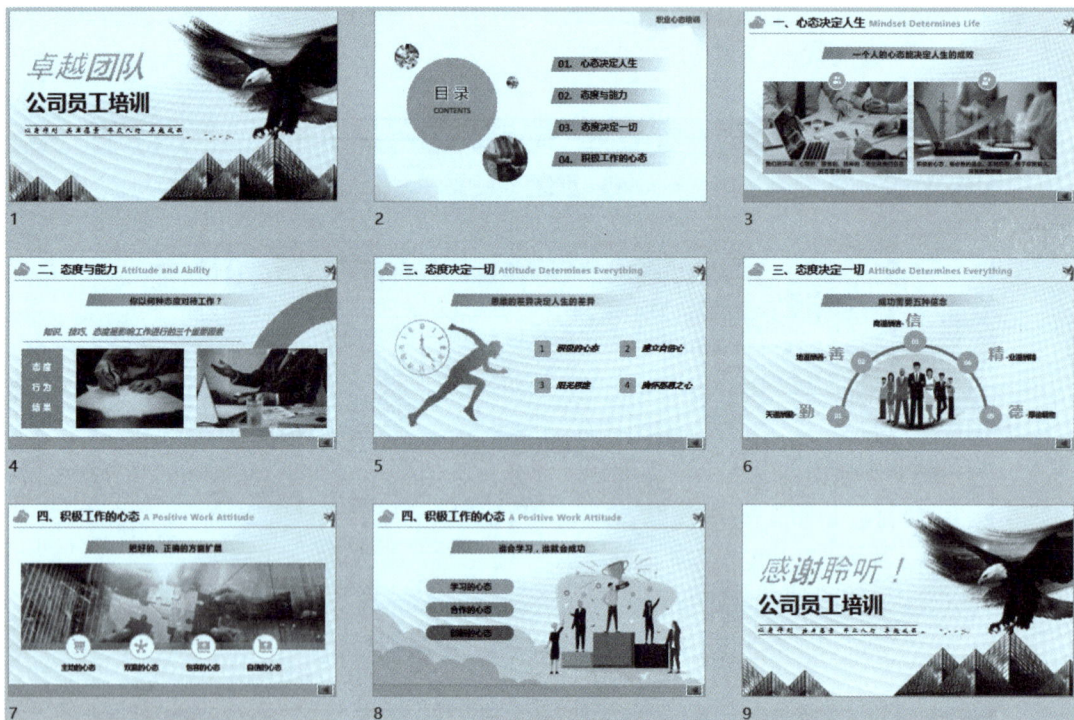

图3.90 "员工培训"演示文稿效果图

3.4.2 技术分析

1. 幻灯片母版

幻灯片母版的作用是创建统一的幻灯片样式。如需修改全部幻灯片的外观，则只需在幻灯片母版上做一次修改，PowerPoint将自动更新所有幻灯片。

母版分为幻灯片母版、讲义母版和备注母版。幻灯片母版用于控制幻灯片上键入的标题和文本的格式与类型；讲义母版用于控制幻灯片以讲义形式打印的格式；备注母版可以用来控制备注页的版式及设置备注幻灯片的格式。

2. 超链接

超链接（hyperlink）是指从一个对象指向一个目标的链接关系。

在 PowerPoint 中，超链接对象可以是文字、文本框、图片、图形、形状或艺术字。超链接的方式有以下四种：

（1）当前文件或网页：将当前演示文稿同一文件夹里的文件与选定对象建立超链接。

（2）本文档中的位置：将当前演示文稿中的其他幻灯片与选定对象建立超链接。

（3）新建文档：创建一个新的文档并与选定对象建立超链接。

（4）电子邮件地址：将某个电子邮件地址与选定对象建立超链接。

3. 幻灯片的放映

（1）演示文稿的制作完成后，单击"幻灯片放映"视图按钮，进行幻灯片的播放，如图 3.91 所示。或在"幻灯片放映"选项卡"开始放映幻灯片"组中，选择所需的放映方式，如图 3.92 所示。

（2）PowerPoint 提供了以下三种不同的放映方式，如图 3.93 所示。

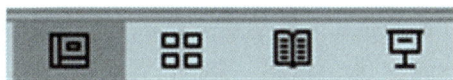

图 3.91　幻灯片放映按钮

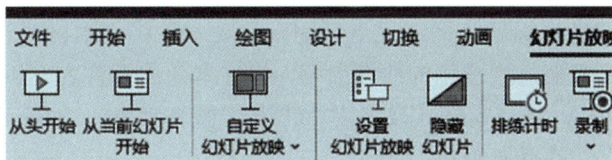

图 3.92　"开始放映幻灯片"组　　　　图 3.93　三种放映类型

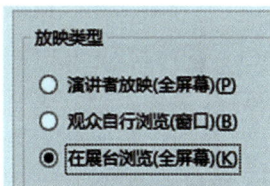

① 演讲者放映：全屏演示，放映过程完全由演讲者控制，适用于会议或教学等。

② 观众自行浏览：窗口演示，允许观众利用窗口控制放映过程，适用于人数较少的场合。

③ 在展台放映：全屏演示，演示文稿自动循环放映，观众只能观看不能控制，适用于展台演示。采用该方法的演示文稿应按事先预定的或通过选择"幻灯片放映/排练计时"命令设置的时间和次序放映。

3.4.3　示例演示——统一"员工培训"演示文稿风格

书小瑶利用 PowerPoint 中的幻灯片母版将"员工培训"演示文稿的整体风格进行了统一，并制作了"员工培训"演示文稿的封面和目录。演示文稿的封面和目录制作完成后的效果如图 3.94 所示。

微课：统一"员工培训"演示文稿风格

1. 修改母版

（1）新建一个空白演示文稿，打开"视图"选项卡"母版视图"组中的"幻灯片母版"，进入母版视图，选择"主题幻灯片母版"幻灯片，在"幻灯片母版"选项卡的"背景"组中单击右下角按钮，打开"设置背景格式"窗格，选中"图片或纹理填充"单选按钮，将纹理设置为"羊皮纸"，透明度设置为"50%"，在"图片源"插入图片"扇形纹理 .jpg"。

（2）选中"标题和内容"母版版式幻灯片，修改内容占位符和标题占位符的位置，然后，打开"素材"文件夹"04 任务四'员工培训'演示文稿"文件夹，将"装饰图片 1.png"、"装饰图片 2.png"插入幻灯片，调整图片的位置与大小。

图 3.94   "员工培训"演示文稿封面和目录效果图

（3）在"标题和内容"母版版式幻灯片中，绘制一条直线，将样式设置为"彩色填充 – 金色，强调颜色 1，无轮廓"，并将线条形状设置为"实线"，将线条的透明度设置为"10%"，宽度设置为"1 磅"；然后，在幻灯片的底部位置绘制一个高度和宽度分别为"1.18 厘米"和"34.38厘米"矩形形状，将样式设置为"彩色填充 – 金色，强调颜色 4，无轮廓"；完成设置后，关闭母版视图。

2. 制作封面和"目录"幻灯片

（1）制作封面幻灯片。在第 1 张幻灯片标题处插入"卓越团队"文本，将文本格式设置为"96 号，黑体，加粗，斜体"，字体颜色由金色到橙色的线性渐变，将文本效果设置为"偏移：向上"；在副标题处输入"公司员工培训"，将文本格式设置为"60 号，微软雅黑"，如图 3.95所示。然后，为该幻灯片添加"涡流"切换动画效果。

图 3.95   "封面"幻灯片

（2）制作"目录"幻灯片。新建"仅标题"版式幻灯片，绘制一个圆形形状和一个矩形形状，圆形形状颜色为金色。选择矩形形状并右击，选择"编辑顶点"命令。将矩形形状左上角的顶点向右拖移一些位置，变成斜角矩形形状。设置形状颜色为渐变填充，渐变光圈添加三个色标，颜色依次设置为"橙色，个性色 2"，"金色，个性色 1，淡色 60%"和"白色，背景 1"。将做好的形状复制 3 个，依次输入文本并组合，添加进入动画效果，如图 3.96 所示。

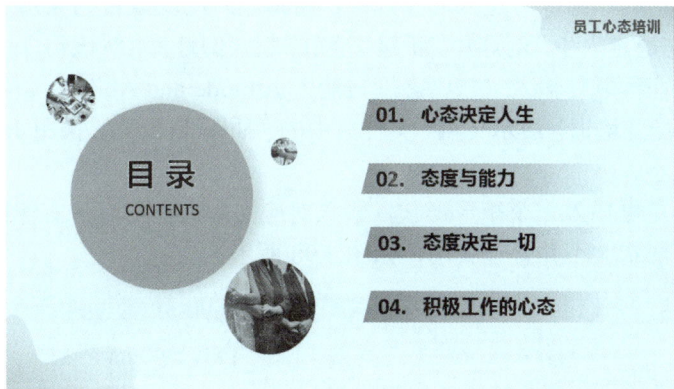

图 3.96　　"目录"幻灯片

3.4.4　任务实现——丰富"员工培训"演示文稿内容

书小瑶制作完成"员工培训"演示文稿的封面和目录后，为了让演示文稿更有视觉冲击力，需要给幻灯片添加更多的动画效果。演示文稿的内容制作完成后，效果如图 3.97 所示。

丰富"员工培训"演示
文稿内容

图 3.97　　"员工培训"演示文稿内容幻灯片的效果

1.　制作"心态决定人生"和"态度与能力"幻灯片

（1）制作"心态决定人生"幻灯片。对该张幻灯片添加"自底部"的"覆盖"切换动画效果。新建"仅标题"版式幻灯片，在标题处输入"一、心态决定人生 Mindset Determines Life"。将"素材"文件夹下"04 任务四'员工培训'演示文稿"文件夹中的"插图 1.png"、"插图 2.png"插入幻灯片，在"图片格式"选项卡"调整"组的"透明度"下拉列表中选择"透明度：15%"。将图片的水平位置依次设置为"从左上角，1.86 厘米""从左上角，17.22 厘米"，垂直位置都设置为"从左上角，7.09 厘米"。

（2）绘制两个矩形形状，分别放在两张图片底部边缘处，输入对应文本。将形状样式设置为"彩色填充 - 金色，强调颜色 4，无轮廓"，将文本样式设置为"16 号，微软雅黑"，将颜色设置为"橙色，个性色 3，深色 50%"。为副标题文本框添加"脉冲"强调动画效果，将持续时间设置为 0.75 秒。然后，将两个形状分别与图片组合，并为组合对象分别添加"自顶部"和"自底部"的"擦除"进入动画效果，将持续时间均设置为 0.75 秒。

（3）制作"心态决定人生"幻灯片。新建"空白"版式幻灯片，对该幻灯片添加"页面卷曲"的切换动画效果。在标题处输入"二、态度与能力 Attitude and Ability"。将"素材"文件夹下的"04 任务四'员工培训'演示文稿"文件夹中的"插图 3.png"、"插图 4.png"插入幻灯片，调整图片位置与大小。

（4）在幻灯片左侧插入一个矩形形状，输入对应文本；在幻灯片右侧插入一个"圆形：空心"形状，调整形状大小并置于底层，如图 3.98 所示。

图 3.98 "心态决定人生"幻灯片和"态度与能力"幻灯片

2. 制作"态度决定一切"和"积极工作的心态"幻灯片

（1）新建"空白"版式幻灯片，在标题处输入"三、态度决定一切 Attitude Determines Everything"，在副标题处输入"思维的差异决定人生的差异"。

（2）在幻灯片左侧插入"插图 5.png"，在右侧绘制 4 个"矩形：圆角"形状，将样式设置为"彩色填充 – 金色，强调颜色 1，无轮廓"，添加形状效果"预设 1"；在每一个形状右侧输入对应文本，添加"脉冲"强调动画效果，如图 3.99 所示。

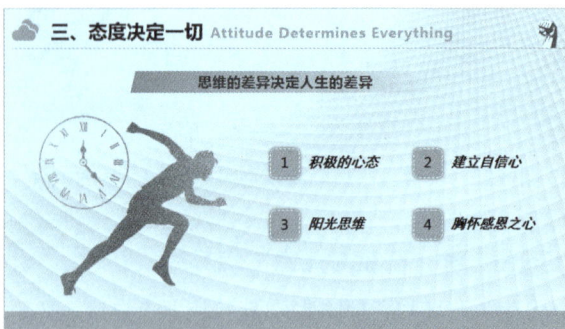

图 3.99 "态度决定一切"幻灯片

（3）为"态度决定一切"幻灯片添加"自右侧"的"揭开"切换动画效果，复制该幻灯片，修改副标题为"成功需要五种信念"，删除幻灯片其余内容；将素材文件夹中的"插图 6.png""拱形弧线 .png"插入幻灯片；绘制 5 个圆形形状，并围绕拱形弧线依次摆放 5 个圆形形状，输入对应文本"勤、善、信、精、德"和"天道酬勤、地道酬善、商道酬信、业道酬精、厚德载物"，如图 3.100 所示。

图 3.100　设置幻灯片动画效果

（4）将"勤、善、信、精、德"文本框分别与圆形形状组合，并依次添加"浮入"进入动画效果，将动画持续时间设置为 0.75 秒；对拱形弧线形状添加"轮子"进入动画效果，将动画持续时间设置为 1 秒；然后，将"勤"组合对象的动画开始条件设置为"单击时"，其余组合对象的动画开始条件设置为"上一动画之后"；在动画窗格中将"勤"组合对象的动画效果放在拱形弧线形状的动画效果前面播放。

（5）复制"态度决定一切"幻灯片，修改标题为"四、积极工作的心态 A Positive Work Attitude"，修改副标题为"把好的，正确的方面扩展"；将幻灯片的切换动画效果修改为"立方体"；在幻灯片中插入"插图 7.png"，设置图片水平位置为"从左上角，1.27 厘米"，垂直位置为"从左上角，5.78 厘米"。

（6）在图片底部边缘处绘制 4 个白色圆形形状，垂直居中对齐，横向分布，输入对应文本，添加"加粗闪烁"强调动画效果。然后，为每一个圆形形状添加装饰图片，并与圆形形状组合。

（7）复制"积极工作的心态"幻灯片，修改副标题为"谁会学习，谁就会成功"，删除其余内容；将素材"插图 8.png"插入幻灯片，置于底层；绘制三个金色的"流程图：终止"形状，左对齐，并输入文本内容。如图 3.101 所示。

图 3.101　"积极工作的心态"幻灯片

3. 制作演示文稿的封底

（1）复制"封面"幻灯片，删除内容。插入样式为"填充：金色，主题 1；阴影"艺术字"谢谢聆听"；绘制两条颜色为"白色，背景 1，深色 35%"直线形状，在两条直线之间插入文本格式为"20 号，华中新魏"的文本"以身作则、共启愿景、率众人行、卓越成果"。

（2）为艺术字添加超链接，返回第一张幻灯片。选中艺术字右击，并选择"编辑链接"命令，打开"操作设置"对话框，在"单击鼠标"选项卡的"单击鼠标时的动作"选中"超链接到"下拉列表中的"第一张幻灯片"；勾选"播放声音"复选框，在下拉列表中选择"微风"选项，输入副标题文本，如图 3.102 所示。

图 3.102 演示文稿的封底

3.4.5 能力拓展——放映并发布"员工培训"演示文稿

书小瑶已经基本完成"员工培训"演示文稿内容的制作，接下来需要为演示文稿添加超链接，并设置幻灯片放映方式，最后导出演示文稿并发布。

1. 添加超链接

（1）打开第 2 张幻灯片，将"心态决定人生"文本框超链接到第 3 张幻灯片，将"态度与能力"文本框超链接到第 4 张幻灯片，如图 3.103 所示。将"态度决定一切"文本框超链接到第 5 张幻灯片，将"积极工作的心态"文本框超链接到第 7 张幻灯片。

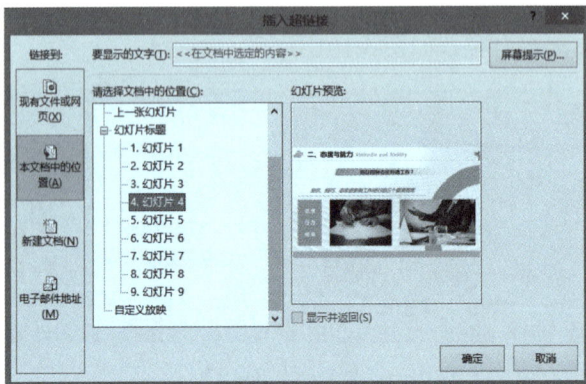

图 3.103 编辑链接

（2）在"心态决定人生"幻灯片右下角处，插入"动作按钮：后退或前一项"动作按钮，将形状样式设置为"强烈效果 - 橙色，强调颜色 5"。右击并选择"编辑链接"命令，在"单击鼠标时的动作"选区选中"超链接到"下拉列表中的"幻灯片…"选项，在"幻灯片标题"列表中选择"2.幻灯片 2"选项，单击"确定"按钮。其余幻灯片也用此方法返回目录。

2. 修改幻灯片放映方式

在"幻灯片放映"选项卡的"设置"组中单击"设置幻灯片放映"按钮，在弹出的"设置放映方式"对话框的"放映类型"选区中,选择"在展台浏览(全屏幕)"单选按钮,在"幻灯片放映监视器"列表中选择"主监视器",在"分辨率"列表中选择"使用当前分辨率"。

任务 5　制作"颁奖典礼"演示文稿

3.5.1　任务描述

为了增强公司的凝聚力,表达对员工的人文关怀,公司将举办一场盛大的颁奖典礼,以激励员工的积极性。宣传部让书小瑶制作"颁奖典礼"演示文稿,在公司大厅循环播放,激励员工创造更多的奇迹;"颁奖典礼"演示文稿制作完成后的效果如图 3.104 所示。

图 3.104　"颁奖典礼"演示文稿效果图

3.5.2　技术分析

1. PowerPoint 多媒体

在 PowerPoint 中可以插入音频、视频、Flash 动画等多媒体元素。PowerPoint 支持的音乐格式有 ".aiff"".au"".mid 或 .midi"".mp3"".wav"".wma"。

（1）插入音频

单击"插入"选项卡的"媒体"组中的"音频"按钮,选择"PC 上的音频",单击"插入"

按钮，这时呈现出音频图形，即代表音频插入成功，如图 3.105 所示。插入音频后，选中音频工具"播放"选项卡，对音频进行编辑。

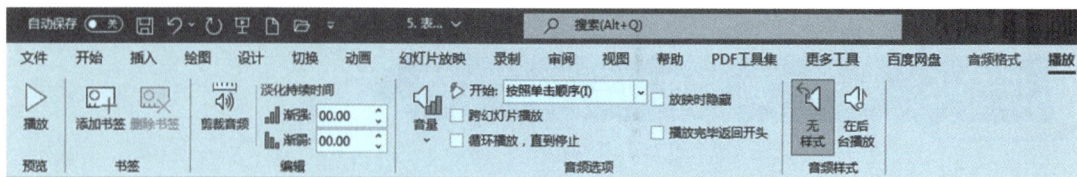

图 3.105　音频"播放"选项卡

（2）插入视频

单击"插入"选项卡的"媒体"组中的"视频"按钮，在下拉列表中选择"PC 上的视频"命令，或者在插入新幻灯片后单击占位符中的"插入视频"按钮，选中视频，单击"插入"按钮。

插入视频后，选中视频会出现"视频格式"选项卡，如图 3.106 所示，利用该操作可以对视频形状、视频边框、视频效果进行设置。

图 3.106　"格式"选项卡部分

在"播放"选项卡对视频进行编辑，例如剪裁视频等，在"视频选项"组，设置"开始"选项，如"按照单击顺序""自动"或"单击时"，再根据需要选中其他复选框。在"字幕选项"组中插入字幕，如图 3.107 所示。

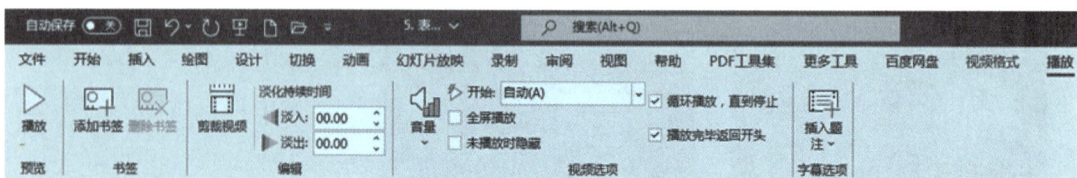

图 3.107　视频"播放"选项卡

2. 幻灯片切换

幻灯片切换是指在放映演示文稿期间，从一张幻灯片移动到下一张幻灯片时出现的视觉效果。你可以控制速度、添加声音和自定义切换效果外观，使演示文稿更加生动。

3. 排练计时

进入"幻灯片放映"状态，在"设置"组中，单击"排练计时"按钮，如图 3.108 所示。屏幕左上角会出现录制窗口，在播放过程中保持每张幻灯片的动画和播放停留时间以及切换动画和时间。播放结束后，在屏幕中间会出现是否保留计时的提示，如果满意就单击"是"；如果需要调整，就单击"否"，再开启一次"排练计时"，重新录制幻灯片的播放时长，直至满意为止。

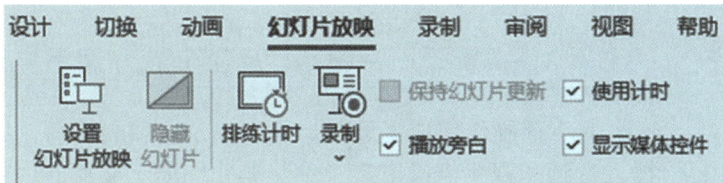

图 3.108　排练计时

提示： PowerPoint 主要是辅助演示，而演示时间一般很难把握，利用"排练计时"功能可以在演示前先模拟一遍，一边播放幻灯片，一边根据需要进行讲解，将讲解时间记录下来，后期再灵活的分配时间。

4. 幻灯片打包

幻灯片打包就是把演示文稿的所有相关内容全部放在一个地方，形成一个独立的整体，打包文件夹里面会有自带的播放器，使演示文稿在任何计算机上都能正常演示。

3.5.3　示例演示——统一"颁奖典礼"演示文稿风格

书小瑶利用 PowerPoint 中的幻灯片母版统一了"颁奖典礼"演示文稿的风格，并制作了封面幻灯片。演示文稿的封面制作完成后的效果如图 3.109 所示。

微课：统一"颁奖典礼"
演示文稿风格

图 3.109　"颁奖典礼"演示文稿封面

1. 制作封面幻灯片

（1）打开"素材"文件夹中的"颁奖典礼模板 .pptx"文件，选中第 1 张幻灯片，插入"金色文字 .png""帆船 .png"和"手 .png"3 张图片，并调整大小和位置。

（2）在标题文本框中输入"年度优秀员工颁奖典礼"，将文本格式设置为"28 号，华文中宋"。然后，在副标题文本框中输入开幕式致辞。至此，封面幻灯片制作完成。

3.5.4　任务实现——丰富"颁奖典礼"演示文稿内容

书小瑶制作完成"颁奖典礼"演示文稿封面后，继续在幻灯片中插入音频和视频，以丰富"颁奖典礼"演示文稿的内容。演示文稿的内容制作完成后的效果如图 3.110 所示。

图 3.110　"颁奖典礼"演示文稿的内容幻灯片

1. 插入文本和图片

（1）新建第 2 张幻灯片，插入 4 个文本框，分别输入"一等奖""二等奖""三等奖""四等奖"。打开"素材"文件夹，将"1 .png""2 .png""3 .png""4 .png"文件分别插入幻灯片中，调整大小和位置，如图 3.111 所示。

图 3.111　为幻灯片添加文本和图片

（2）新建 4 张"图片与内容"版式幻灯片，在幻灯片的图片框中分别插入一张获奖员工的图片，并调整大小和位置。在标题文本框中分别输入"新颖创意之星""最佳新锐人物""优秀项目经理""最佳敬业之星"，在副标题文本框中分别输入对应的介绍，如图 3.112 所示。

图 3.112　其他幻灯片的效果

2. 插入声音

（1）打开第 2 张幻灯片，在"插入"选项卡的"媒体"组中单击"音频"下拉按钮，在弹出的下拉菜单中选择"PC 上的音频"命令，在弹出的"插入音频"对话框中选择"你的答案 .mp3"音频文件，以增强颁奖典礼的感染力。

（2）在幻灯片中插入音频后，会出现一个扬声器的图标，单击"播放"按钮，就能听到激昂的音乐效果了；然后，选中扬声器图标，在"播放"选项卡的"音频选项"组中的"开始"下拉列表中选择"自动"选项，勾选"跨幻灯片播放"和"循环播放，直到停止"复选框，如图 3.113 所示。

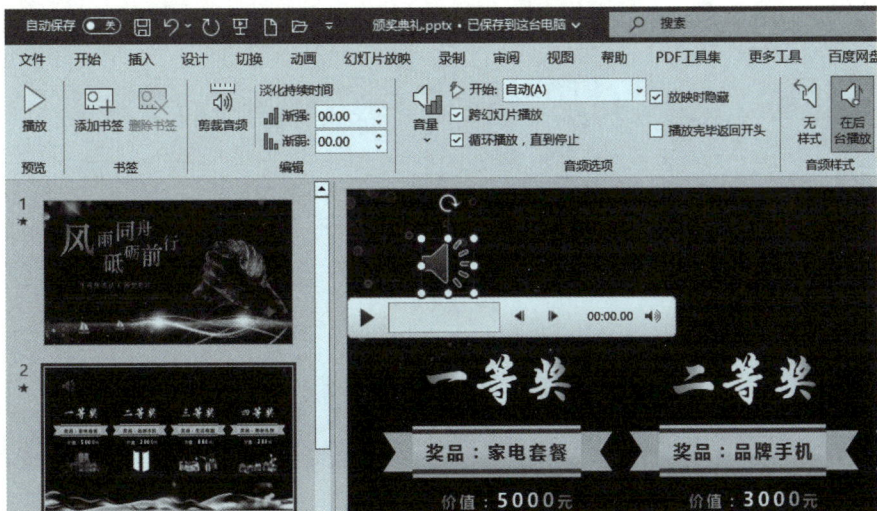

图 3.113　插入音乐

（3）在"播放"选项卡的"编辑"组中单击"剪裁音频"按钮，打开"剪裁音频"对话框，为了不播放音频文件后 4 秒的音乐，将结束时间设置为"01:06"，如图 3.114 所示。

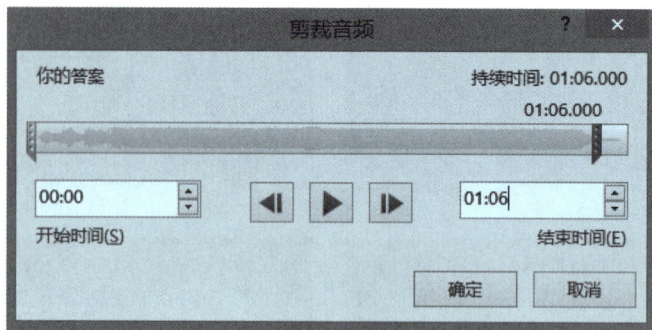

图 3.114　剪裁音频

3. 插入视频

为了更好地呼应公司员工们的热情，需要插入一个开场小视频在大厅循环播放，以烘托出颁奖典礼的开场气氛。具体操作如下：

（1）新建一张"空白"版式幻灯片，移动到演示文稿开头，作为整个演示文稿的开场部分；在"插入"选项卡的"媒体"组中单击"视频"下拉按钮，在弹出的下拉菜单中选择"PC上的视频"命令，在弹出的对话框中选择"开场.mp4"文件。

（2）在幻灯片中选择视频，在"播放"选项卡"视频选项"组的"开始"下拉列表中选择"自动"选项，依次勾选"全屏播放""未播放时隐藏""循环播放，直到停止"和"播放完毕返回开头"复选框，查看开场视频播放效果，如图 3.115 所示。

图 3.115　视频播放效果

3.5.5　能力拓展——放映并发布"颁奖典礼"演示文稿

　　书小瑶制作的"颁奖典礼"演示文稿已基本完成,为了让整个演示文稿更完整、更震撼,需要设置幻灯片的切换和自定义放映方式。同时,为了让幻灯片在任何设备环境下都可正常播放,需要将演示文稿所有文件打包到同一个文件夹中,如图 3.116 所示。

微课:放映并发布"颁奖典礼"演示文稿

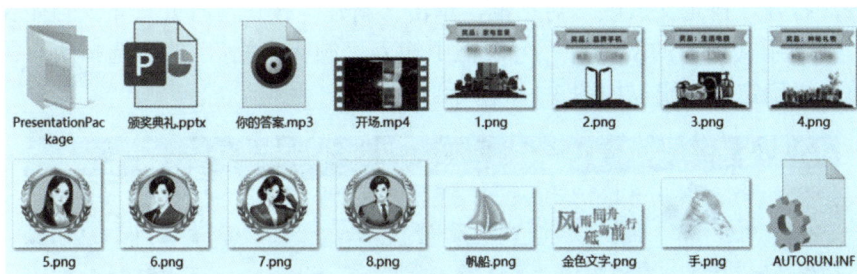

图 3.116　打包成功后的文件夹

1. 设置幻灯片切换

　　(1)打开第 2 张幻灯片,在"切换"选项卡的"切换到此幻灯片"组中单击下拉按钮,在弹出的下拉列表的"华丽"组中选择"涡流"切换效果,如图 3.117 所示。

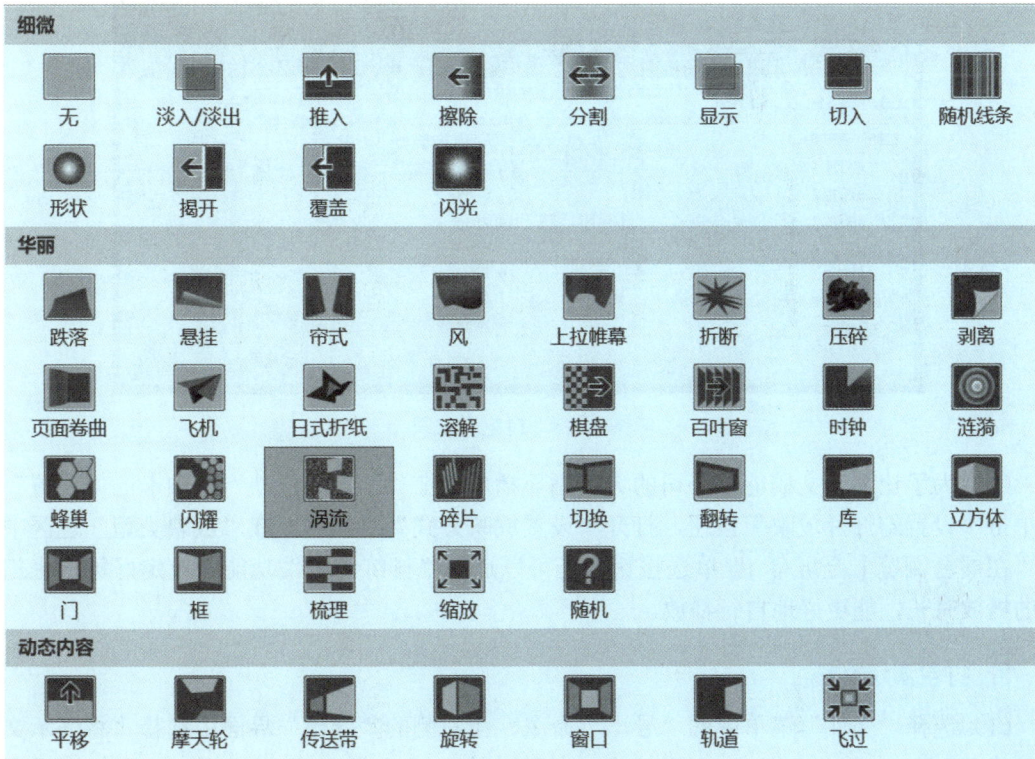

图 3.117　设置幻灯片的切换效果

（2）打开第 3 张幻灯片，添加"帘式"切换效果，将持续时间设置为"05:00"秒；最后，打开剩余的幻灯片，分别为每一张幻灯片依次添加"翻转""立方体""门""页面卷曲""蜂巢"的切换效果。

2. 设置幻灯片放映

（1）为了让演示文稿按预先自定义的方式进行放映，在"幻灯片放映"选项卡的"开始放映幻灯片"组中单击"自定义幻灯片放映"下拉按钮，在弹出的下拉菜单中选择"自定义放映"命令，打开"自定义放映"对话框，单击"新建"按钮，打开"定义自定义放映"对话框，在"在演示文稿中的幻灯片"列表框中输入"颁奖典礼"，然后选择所有需要播放的幻灯片，单击"确定"按钮，如图 3.118 所示。

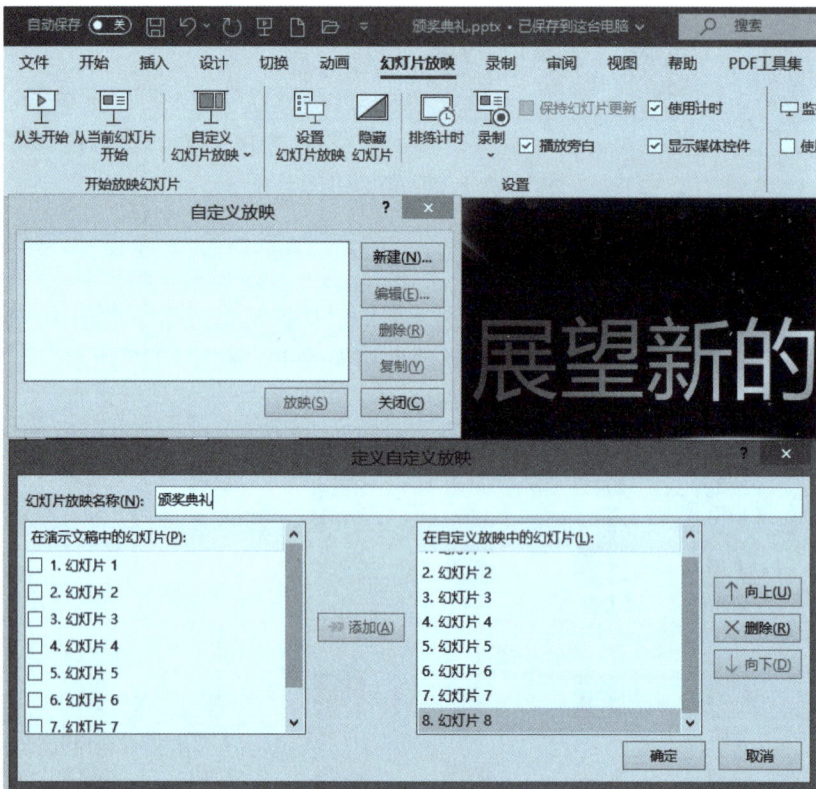

图 3.118　自定义放映

（2）为了让演示文稿能在公司的大厅循环播放，在"幻灯片放映"选项卡的"设置"组中单击"设置幻灯片放映"按钮，打开"设置放映方式"对话框，在"放映类型"选区中选中"在展台浏览（全屏幕）"单选按钮。还可以运用"排练计时"功能，设定好每一张幻灯片的播放时长，能更好地自行播放。

3. 打包演示文稿

（1）选择"文件"菜单中的"导出"命令，在右侧的"导出"界面中选择"将演示文稿打包成 CD"，单击"打包成 CD"按钮，在弹出的"打包成 CD"对话框中，添加演示文稿中需要加入的全部文件，包括图片文件、音频文件、视频文件等；然后根据播放的需求，单击"复制到文件夹 …"或"复制到 CD"按钮即打包成功，如图 3.119 所示。

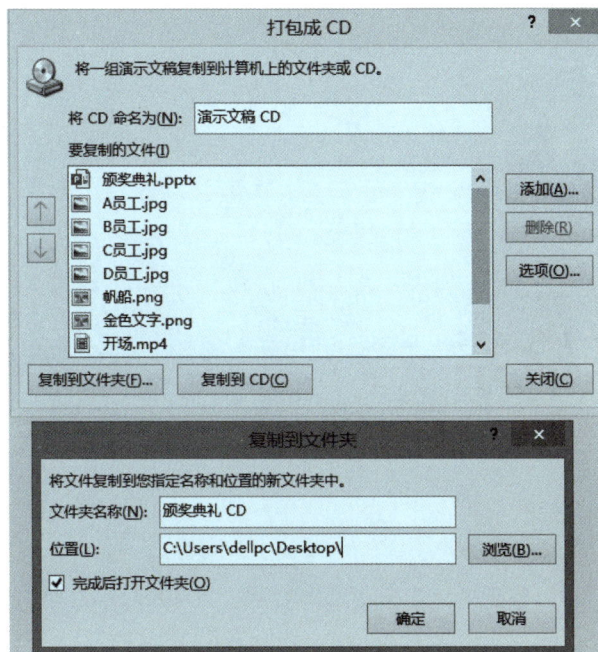

图 3.119　"打包成 CD"对话框

（2）当下一次需要播放"颁奖典礼"演示文稿的时候，无论是否更换播放设备或者环境，演示文稿将不受任何影响。因为，已经将"颁奖典礼"演示文稿所需要的相关图片、音频、视频等素材文件，全部添加并打包在同一个文件夹或 CD 中了。

3.5.6　小组讨论

党的二十大报告提出，必须坚持科技是第一生产力、人才是第一资源、创新是第一动力，深入实施科教兴国战略、人才强国战略、创新驱动发展战略，开辟发展新领域新赛道，不断塑造发展新动能新优势。要完善科技创新体系，坚持创新在我国现代化建设全局中的核心地位。那么应该如何理解"坚持创新在我国现代化建设全局中的核心地位"呢？

项目 4

信息检索

📖 项目介绍

在信息时代，信息检索是人们进行信息查询和获取的主要方式，是查找信息的方法和手段。掌握网络信息的高效检索方法，是现代信息社会对高素质技术技能人才的基本要求，能帮助人们快速获取所需要的正确信息。本项目包含信息检索的基础知识、使用搜索引擎进行信息检索、使用专用平台进行信息检索等内容。

📖 素养目标

1. 理解"推进教育数字化，建设全民终身学习的学习型社会、学习型大国"。
2. 提升信息检索、处理等信息素养能力。
3. 培养员工利用常用软件工具解决问题的能力。

📖 学习目标

1. 理解信息检索的基本概念，了解进行信息检索的基本流程。
2. 掌握常用搜索引擎的自定义搜索方法，掌握布尔逻辑检索、截词检索、位置检索、限制检索等检索方法。
3. 掌握通过网页、社交媒体等不同信息平台进行信息检索的方法。
4. 掌握通过期刊、论文、专利、商标、数字信息资源平台等专用平台进行信息检索的方法。

任务 1 信息检索的基础知识

4.1.1 任务描述

信息具有使用价值，能满足人们的特定需要，为社会服务。人们进行生产经营、科研等活动，会产生各种原始记录及成果，然后将其以文字、图形、符号、音频、视频等方式记录在载体上形成信息资源供他人检索使用。人们既可以通过报纸、图书、电视、互联网站、微博、微信、论坛、朋友圈等获取信息资源，也可以通过期刊、论文、专利等专用平台进行信息检索。认识各种信息资源，了解其加工、整理、组织并存储的方式，掌握信息检索的基本概念、工具和方法，是准确进行信息检索的基础，是生活在信息爆炸时代必备的技能知识。

4.1.2 知识讲解

1. 信息与信息资源的概念

信息是指音讯、消息、通信系统传输和处理的对象，泛指人类社会传播的一切内容。人们通过获得、识别自然界和社会的不同信息来区别不同事物，得以认识和改造世界。只要事物之间存在相互联系和相互作用，就会有信息发生，人类社会的一切活动都离不开信息，信息早就存在于客观世界，一直服务于人类社会。

信息是普遍存在的，但并非所有的信息都是资源，只有满足一定条件的信息才能构成资源。信息资源有狭义和广义之分。

狭义的信息资源是指信息本身或信息内容，即经过加工、处理，对决策有用的数据。开发、利用信息资源的目的是充分发挥信息的效用，实现信息的价值。

广义的信息资源是指信息活动中信息、信息技术及相应的设备、资金和人等各种要素的总称。

归纳起来可以认为，信息资源由信息生产者、信息、信息技术三大要素组成。信息生产者是为了某种目的生产信息的劳动者，包括原始信息生产者、信息加工者或信息再生产者；信息既是信息生产的原料，也是产品，它是信息生产者的劳动成果，对社会各种活动直接产生效用，是信息资源的目标要素；信息技术是能够延长或扩展人的信息能力的各种技术的总称，是对声音、图像、文字等数据和各种传感信号的信息进行收集、加工、存储、传递和利用的技术。

根据信息的不同属性，可以将信息资源划分为不同类型。

1）按照信息的存在形式划分

① 语言信息资源。

② 实物信息资源。

③ 文献信息资源：信息是用文字、图形、图像、音频、视频等方式记录在纸张、胶片、

光盘、磁盘等介质上，并通过书本、网络通信、计算机等方式进行展示的各种资源。在实际生活中，人们需要检索和利用的信息资源主要是正式出版的文献信息资源。

2）按照文献内容的特点划分

信息资源可以分为图书、期刊、会议论文、学位论文、科技报告、专利文献、标准文献、政府出版物、档案文献和产品资料等文献内容。

3）按照文献内容的加工深度划分

① 一次文献（也称原始文献）：是指以作者的研究成果为素材而创作出来的且经过正式公开发表的信息资源，其所记载的知识和信息内容具体、新颖、系统、详尽。一般所说的印刷型或电子型的图书、期刊、专利文献、学位论文、科技报告、标准文献、档案、产品数据等，均属于一次文献的信息资源。

② 二次文献：是指文摘、题录、目录、检索数据库、搜索引擎、导航数据库等检索工具。二次文献的生成过程就是对知识信息有序化的二次加工过程。它向用户指明信息的来源，为用户有效地利用一次文献提供了检索线索，使用户查找一次文献所花费的时间大大减少。比如，我们常用的《工程索引》（EI）、《科学引文索引》（SCI）、《全国报刊索引》、《中文科技资料目录》和《中国石油文摘》等。图 4.1 所示为《全国报刊索引》。

图 4.1　《全国报刊索引》

③ 三次文献：是指根据一定的目的和需求，在大量利用一次文献、二次文献信息资源的基础上，对有关知识进行综合、分析、提炼、重组而生成的一种再生信息资源，如字（词）典、百科全书、综述报告、评述报告、手册、年鉴和元搜索引擎等。三次文献信息资源既是检索工具，又是检索的对象，具有综合性强、针对性强、系统性好的特点，具有较高的利用价值。图 4.2 所示为中国大百科全书出版社出版的《科学历史百科全书》。

4）按照文献的展现形式划分

① 纸质印刷型信息资源。

② 网络电子型信息资源。

图 4.2　《科学历史百科全书》

2.　信息处理的方法与技术

信息处理技术是指信息的生产工具，是对信息进行收集、加工、组织、存储和传递等的手段和方法。

（1）信息收集是指通过各种方式获取所需要的信息。信息收集是信息得以利用的第一步，也是关键的一步。人们收集到的没有经过加工、处理的信息称为原始信息，包括在生产经济活动中直接产生或获取的数据、概念、知识、经验及其总结。

（2）信息加工是指对信息的接收、存储、操作运算和传送，或者对存储在信息加工系统中的各种符号结构的操作和处理。它是在原始信息的基础上生产出价值含量高、方便用户利用的二次信息的活动过程。只有在对信息进行适当加工、处理的基础上，才能产生新的、用以指导决策的有效信息或知识。

信息加工包括以下内容：

①信息的筛选和判别：在大量的原始信息中，不可避免地存在一些假信息和伪信息，只有通过认真地筛选和判别，才能防止鱼目混珠、真假混杂。

②信息的分类和排序：收集来的信息是一种初始的、零乱的和孤立的信息，只有把这些信息进行分类和排序，才能存储、检索、传递和使用。

③信息的分析和研究：对分类和排序后的信息进行分析比较、研究计算，可以使信息更具有使用价值乃至形成新信息。

按照处理功能的深浅，可以把信息加工分为预处理加工、业务处理加工和决策处理加工3类方式。第一类方式是对信息进行简单整理，加工出的是预信息；第二类方式是对信息进行分析，综合出辅助决策的信息；第三类方式是对信息进行统计推断，可以产生决策信息。

（3）信息组织是利用一定的规则、方法和技术对信息的外部特征和内容特征进行揭示与描述，并按给定的参数和序列公式排列，使信息从无序集合转换为有序集合的过程。

信息组织一般包括信息选择、信息分析、信息描述与揭示、信息存储、信息服务5个方面的内容。图4.3所示为大数据技术的数据源、数据采集、数据存储、数据管理、数据服务等5个方面的内容。

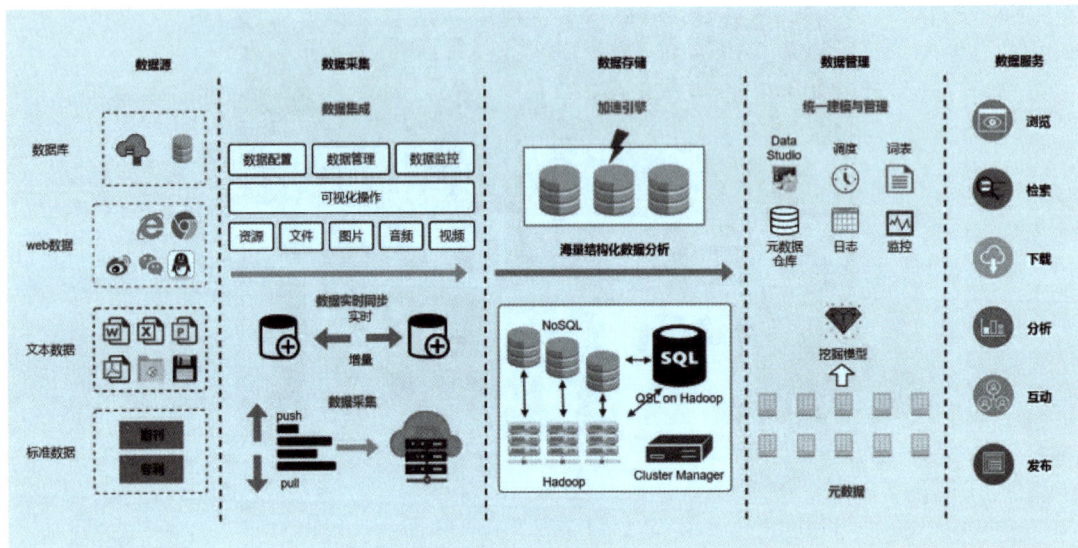

图 4.3　大数据技术的 5 个方面的内容

（4）信息存储是将获得的或加工后的信息保存起来，以备将来查询、检索、管理、共享等。信息存储和数据存储应用的设备是相同的，信息存储强调存储的思路，即为什么要存储这些数据，以什么方式存储这些数据，存在什么介质上，将来有什么用处，对决策可能产生的效果是什么，等等。

信息存储的介质包括纸、胶片、计算机等，信息存储应当决定什么信息存在什么介质中比较合适。总的来说，凭证文件应当用纸介质存储；业务文件应当用纸或磁带存储；主文件（如企业的组织结构、人事方面的档案材料、设备或材料的库存账目等）应当用磁盘存储，以便联机检索和查询。随着技术的发展，人们在进行信息存储时可以采用存储虚拟化技术、分级存储技术、数据保护技术等。

3. 信息检索的基本概念

二十世纪七十年代，美国核专家泰勒收到一份标题为《制造核弹的方法》的报告，他被报告精湛的技术设计所吸引，但使他更为惊异的是，这份报告竟出自哈佛大学经济专业的青年学生之手，并且这份四百多页的技术报告的全部信息都是从图书馆那些极为平常的、完全公开的图书资料中所获得的。

人们在生活、学习和工作中产生的对各种信息的需求，激励着人们进行信息的检索。信息检索（Information Retrieval）是人们进行信息查询和获取的主要方式，是查找信息的方法和手段，是人们获取知识的途径，也是科学研究的向导。

信息检索有广义和狭义之分。狭义的信息检索仅指信息查询（Information Search），即用户根据需要，采用一定的方法，借助检索工具，从信息集合中找出所需要信息的查找过程。广义的信息检索是指将信息先按一定的方式进行加工、整理、组织并存储起来，再根据用户特定的需要将相关信息准确地查找出来的过程，又称信息的存储与检索。一般情况下，信息检索指的就是广义的信息检索。

用户根据需要输入查询请求后，检索系统根据用户的查询请求在数据库中搜索与查询相关的信息，通过一定的匹配机制计算出信息的相似度大小，并按从大到小的顺序将信息转换输出。信息检索系统的体系结构如图 4.4 所示。

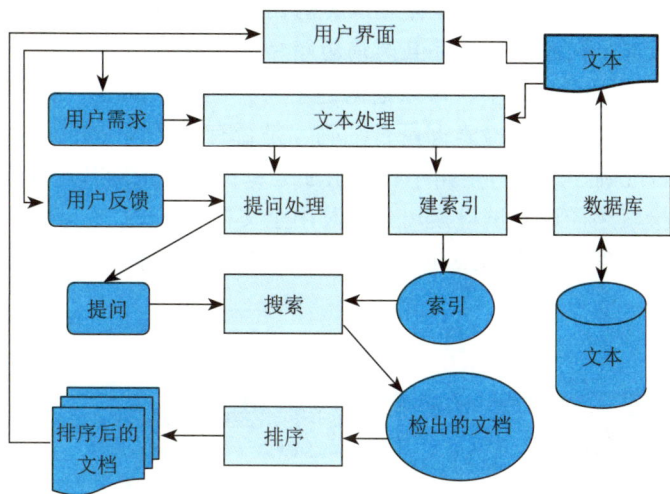

图 4.4　信息检索系统的体系结构

按照存储与检索对象划分，信息检索可以分为文献检索、数据检索、事实检索。

数据检索和事实检索是要检索出包含在文献中的信息本身，而文献检索则只需检索出包含所需要信息的文献即可。

按照存储的载体和实现查找的技术手段划分，信息检索可以分为手动检索、机械检索、计算机检索。其中，发展比较迅速的计算机检索是"网络信息检索"，是指互联网用户在网络终端通过特定的网络搜索工具或通过浏览的方式查找并获取信息的行为。

信息检索的基本步骤包括分析问题、选择检索工具、抽取检索词、构造检索式、文献检索及检索式的调整、检索结果的处理等。

（1）分析问题。分析检索的目的和要解决的实质问题，确定对应的主题概念及各主题概念之间的关系，以及涉及的学科范围、时间范围、语种等。

（2）选择检索工具。根据第一步（分析问题）的内容，从专业性、权威性等角度综合考虑，选择合适的检索工具。

（3）抽取检索词。确定检索词一定要准确、专业、全面，能够揭示主题内容的关键词应该是表示最小概念的词，不要将一些意义广泛的词（如研究、技术等）或虚词作为检索词。

（4）构造检索式。检索式是检索策略的逻辑表达式，是指计算机信息检索中用来表达用户检索提问的逻辑表达式，由基于检索概念产生的检索词和各种布尔逻辑运算符、截词符（通配符）、位置运算符、嵌套运算符（优先运算符）等构成。

提示：截词检索是预防漏检、提高查全率的一种常用检索技术。截词是指在检索词的合适位置进行截断，然后使用截词符进行处理，这样既可以减少输入的字符数目，又可以达到较高的查全率。不同的系统所用的截词符也不同，常用的有"?"和"*"等。"?"通常可以表示0或1个字符，如"apple?"可以表示"apple"或"apples"；"*"通常可以表示1个或多个字符，包括空字符，如通过"computer*"可以检索出"computer""computers""computering""computerization"等结果。位置检索是用一些特定的位置运算符（如"W""N""S"）来表达检索词与检索词之间的临近关系，并且可以不依赖主题词表而直接使用自由词进行检索的技术方法。"W"运算符表示其两侧的检索词必须紧密相连，除空格和标点符号以外，不得插入其他词或字母，并且两词的顺序不能颠倒，如"Artificial (W) Intelligence"；"N"运算符表示其两侧的检索词必须紧密相连，除空格和标点符号以外，不得插入其他词或字母，并且两词的顺序可以颠倒。

（5）文献检索及检索式的调整。可以根据题名、关键词、摘要、主题、全文等来检索。当检索结果不理想时，可以考虑检索词是否准确，是否有同义词、近义词或其他隐含的词未被抽取，检索式是否准确，是否有全角字符，组配运算符是否正确合理，检索途径是否合理，可以考虑从不同的检索途径进行试检索，必要时用全文检索。

（6）检索结果的处理。检索结果的处理包括文献信息的选择、下载、存盘，以及文献的阅读与引用。

任务 2　使用搜索引擎进行信息检索

4.2.1　任务描述

网络上的信息资源内容极其丰富，形式多样，包括目录、索引、全文、程序、声音、图像和多媒体等。对于网络信息资源的获取，人们常用的方式是使用搜索引擎。了解和学习一些搜索引擎的检索原理与检索方法，掌握其使用技巧，有利于提高对网络资源的利用效率。

4.2.2　技术分析

1. 搜索引擎的基本概念与原理

搜索引擎（Search Engines）是指收集了互联网上几千万到几十亿个网页并对其中的每个词（关键词）进行索引，建立索引数据库以提供给用户进行查询的一种检索系统机制。当用户查找某个关键词时，所有包含了该关键词的网页都将作为搜索结果被搜索出来。

搜索引擎的基本结构包括信息采集子系统、信息分析标引子系统、信息检索子系统和管理维护子系统，如图 4.5 所示。

搜索引擎的原理是：抓取网页（从互联网上采集信息）→处理网页（建立索引数据库）→提供检索服务（在索引数据库中搜索排序）。

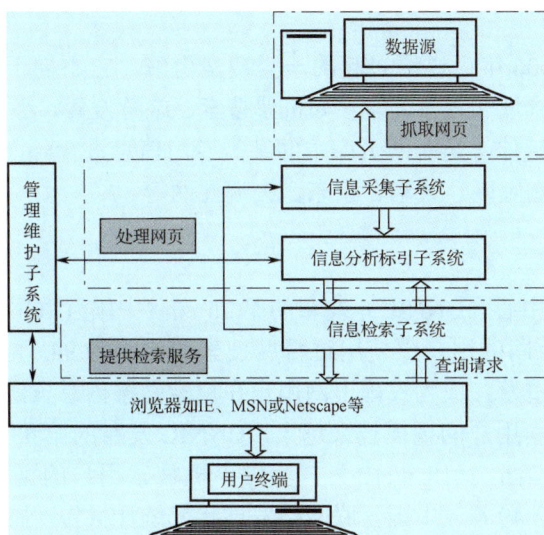

图 4.5　搜索引擎的基本结构

2. 搜索引擎的分类

搜索方式是搜索引擎的一个关键环节，根据搜索方式的不同，搜索引擎可以分为全文搜索引擎、分类目录引擎、元搜索引擎和垂直搜索引擎。

1）全文搜索引擎

全文搜索引擎是应用较为广泛的主流搜索引擎，国外有 Google、Bing 等，国内有百度、搜狗等。它们从网上提取各个网站的信息（以网页文字为主），建立起数据库，并能检索与用户查询条件相匹配的记录，按一定的排列顺序返回结果。用户只要在搜索框中输入能反映检索目标的关键词，单击"搜索"按钮，即可检索到需要的信息。全文搜索引擎的特点是查全率比较高。

2）分类目录引擎

分类目录引擎是网上最早提供 WWW 资源查询服务的引擎，它是将网页的内容按其网址分配到相关分类主题目录的不同层次的类目之下，形成像图书馆目录一样的分类树形结构的一种目录索引。当使用分类目录引擎进行搜索时，用户无须输入任何文字，只要根据网站提供的主题分类目录层层单击进入，不依靠关键词便可以查到所需的网络信息资源。这类搜索引擎的代表国内有新浪、搜狐等。

目前，全文搜索引擎与分类目录引擎有相互融合渗透的趋势。原来一些纯粹的全文搜索引擎现在也提供分类目录搜索，如 Google 就借用 Open Directory 目录提供分类查询。在默认搜索模式下，一些目录类搜索引擎首先返回的是自己目录中匹配的网站，如搜狐、新浪、网易等。分类目录引擎的特点是查准率比较高。

3）元搜索引擎

元搜索引擎是一种在接收用户检索请求后，在一个统一的搜索界面帮助用户同时在多个搜索引擎上实现检索操作的搜索引擎。著名的元搜索引擎有 InfoSpace、360 等。元搜索引擎一般都没有自己的网络机器人及数据库，它们的搜索结果是通过调用、控制和优化其他多个独立搜索引擎的搜索结果并以统一格式在同一界面集中显示的。

4）垂直搜索引擎

垂直搜索引擎是 2006 年后逐渐兴起的一类搜索引擎。它不同于通用的网页搜索引擎，而是专注于特定的搜索领域和搜索需求（如机票搜索、旅游搜索、小说搜索、视频搜索等）。它是搜索引擎的细分和延伸，是对网页库中的某类专门信息进行一次整合。使用这类搜索引擎的网站也有很多，如淘宝网、天猫、京东、去哪儿网等。

3. 搜索引擎的使用

中国互联网络信息中心（CNNIC）发布的第 35 次《中国互联网络发展状况统计报告》显示，早在 2014 年，上网的用户中使用过百度搜索的比例为 94.1%。这个数据表明百度作为全球最大的中文搜索引擎，成为我国上网用户在检索网络信息资源时的首选。随着移动互联技术的发展，手机搜索用户的规模越来越大，CNNIC 发布的第 43 次《中国互联网络发展状况统计报告》显示，截至 2018 年 12 月，我国手机搜索用户的规模达 6.54 亿，使用率为80.0%。CNNIC 发布的第 49 次《中国互联网络发展状况统计报告》显示，截至 2021 年 12 月，我国搜索引擎用户的规模达 8.29 亿，较 2020 年 12 月增长 5908 万，占网民整体的 80.3%。2017.12 ～ 2021.12 搜索引擎用户规模及使用率如图 4.6 所示。

图 4.6　2017.12 ～ 2021.12 搜索引擎用户规模及使用率

4. 社交软件搜索

由于移动终端的便捷性，越来越多的用户喜欢用微信上的搜索功能。CNNIC 发布的第49 次《中国互联网络发展状况统计报告》显示，微信搜索布局进一步巩固，2021 年 9 月，搜狗宣布完成私有化交易，成为腾讯全资子公司，在保留独立搜索品牌的同时，为微信提供搜索技术与内容支持，进一步提升微信的内容分发能力。该报告还显示，字节跳动旗下的搜索产品进一步发展，截至 2021 年 2 月，抖音视频搜索月活跃用户已超过 5.5 亿，搜索投入力度持续加大。在搜索方式方面，微信"搜一搜"的电脑端应用对搜索方式进行了升级，用户选中聊天信息后右击，在弹出的快捷菜单中选择"搜一搜"命令，即可直接实现搜索；在内容方面，微信"搜一搜"的电脑端应用新增公众号、小程序、新闻、视频等内容，进一步丰富了微信搜索生态，提高了竞争力。

4.2.3 示例演示——使用搜索引擎查找信息

微课：使用搜索引擎查找信息

1. 使用百度搜索引擎搜索信息

1）简单搜索

用浏览器打开百度网站后，在搜索框中输入"实现中国奇迹的关键驱动力"，单击"百度一下"按钮，就可以得到如图4.7所示的搜索结果，其中有一行小字显示"百度为您找到相关结果约854,000个"，搜索结果中排在第1位的是人民网，排在第2位的是光明网，可以根据需要单击进入对应结果页面。

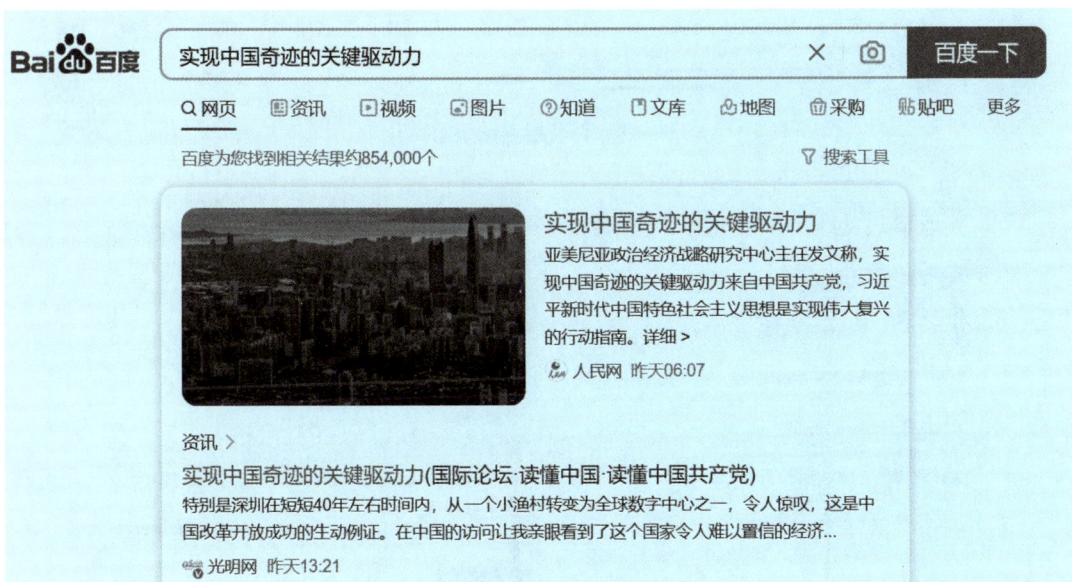

图4.7 百度的搜索结果

2）多关键词搜索

当用户输入多个关键词并且关键词之间使用空格隔开时，百度会对空格两边的关键词之间的关系进行逻辑AND的判断，即搜索出同时包含这些关键词的信息。如果在关键词之间加上"→"符号，则表明关键词之间为逻辑OR的关系，百度会搜索出包含其中任意一个关键词的信息。如果对关键词进行双引号标识，则表明这是一个完整的关键词，不能进行拆分和演变。例如，输入"北京 核酸检测 政策"、"'北京 核酸检测 政策'"和"北京→核酸检测→政策"的搜索结果是完全不一样的，如图4.8所示。

3）高级搜索

如果要进一步提高搜索结果的查全率与查准率，则可以借助百度的高级搜索功能。在百度搜索框的右侧，在"设置"菜单中选择"高级搜索"命令，即可打开百度的高级搜索设置界面，如图4.9所示。在高级搜索设置界面中，用户不仅可以对关键词的出现形式与位置进行限定，也可以对搜索结果的时间范围进行限定，还可以对要搜索的网页格式与网站进行限定等。

图 4.8　百度搜索结果对比

图 4.9　百度的高级搜索设置界面

4）将搜索范围限定在网页标题中

例如，在搜索框中输入"跳水 intitle:全红婵"，如图 4.10 所示。

图 4.10　将搜索范围限定在网页标题中

5）将搜索范围限定在特定网站中

例如，想要在网站"www.skycn.com"中搜索"百度影音"，可以在搜索框中输入"百度影音 site:www.skycn.com"，如图 4.11 所示。

图 4.11 将搜索范围限定在特定网站中

6）用 inurl 指令进行搜索

inurl 是高级搜索指令，它的作用是限定在 URL（统一资源定位符）中进行搜索。

"inurl:xxx"的作用是查找 URL 中包含"xxx"的网页，如"inurl:www.weibo.com"就是指在搜索引擎中查找 URL 中包含"www.weibo.com"的网页。例如，在搜索框中输入"inurl:toutiao"，查找 URL 中包含"toutiao"的网页，如图 4.12 所示。

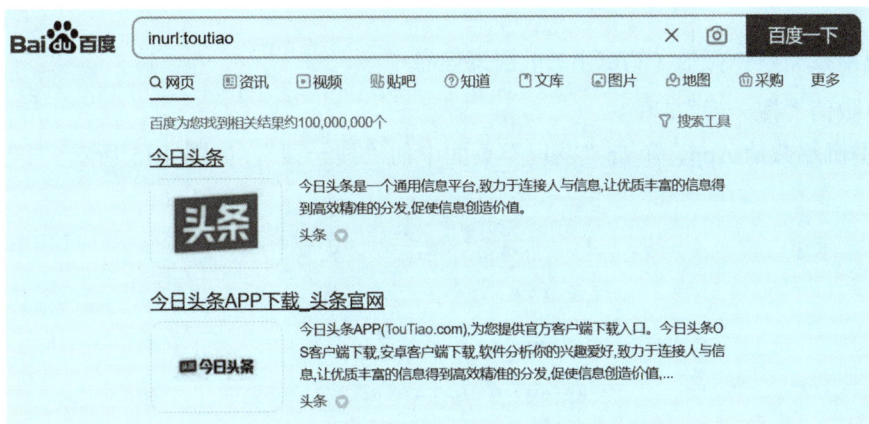

图 4.12 查找 URL 中包含关键词的网页

"inurl:xxx 关键词"或"关键词 inurl:xxx"表示在搜索引擎中查找满足 URL 和关键词这两个要求的网页。例如，在搜索框中输入"就业创业 inurl: gjzwfw"，查找网页正文中包含关键词"就业创业"且 URL 中包含"gjzwfw"的网页，如图 4.13 所示。

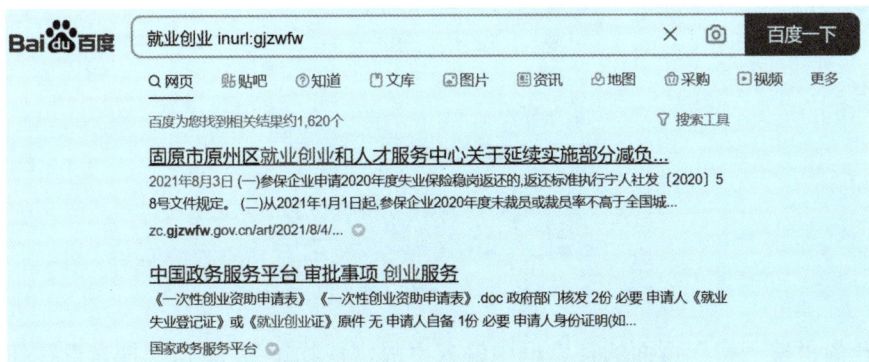

图 4.13 在限定 URL 中查找网页正文中包含关键词的网页

7）搜索结果排序

用户可以在个性化设置中让搜索结果更符合自己的需求，但并非所有的搜索结果都能合乎心意。这是因为搜索引擎返回的 Web 站点的顺序可能会影响人们的访问，为了增加 Web 站点的点击率，一些 Web 站点会付费给搜索引擎，目的是在相关 Web 站点列表中显示在靠前的位置。从 2016 年起，百度推广开始标注"广告"，如图 4.14 所示。一般情况下，搜索引擎会鉴别 Web 站点的内容，并据此安排其顺序，但不排除有失误的情况，因此，用户要对搜索结果进行仔细鉴别。

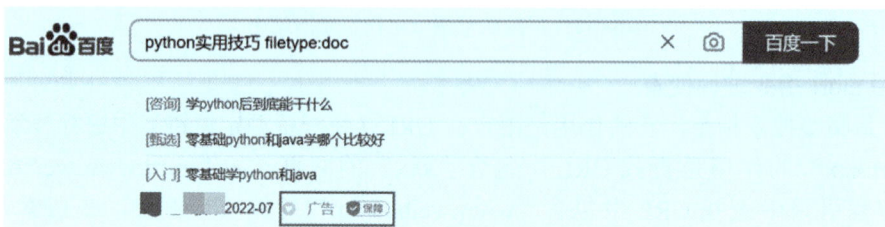

图 4.14　百度的广告标注

2. 使用社交媒体微信（WeChat）搜索信息

1）用微信"搜一搜"功能

打开手机端微信 App，单击"发现"页面中的"搜一搜"，如图 4.15 所示。

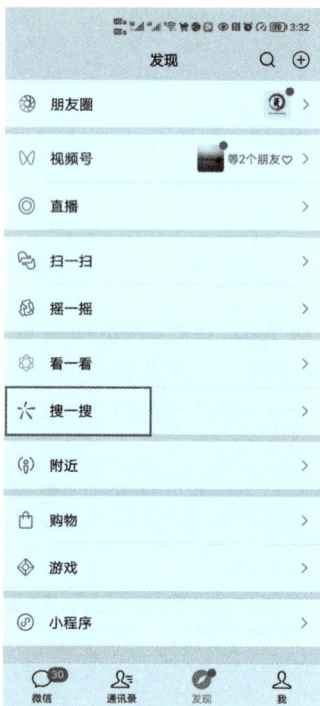

图 4.15　微信"搜一搜"功能

在打开的"搜一搜"页面的搜索框中输入"故宫博物馆"，单击"搜索"按钮，就会出现有关的搜索结果，如图 4.16 所示，可以看到搜索出来的公众号和小程序。

2）搜索音乐资源

在微信的"搜一搜"页面中单击"音乐"，在搜索框中输入"孤勇者"后单击"搜索"按钮，就可以搜索到与《孤勇者》有关的音乐资源，如图 4.17 所示。

图 4.16　微信搜索结果

图 4.17　使用微信搜索音乐资源

3. 在去哪儿网搜索机票

打开去哪儿网网站，如图 4.18 所示，输入出发地点和到达地点，并选择日期，单击"立即搜索"按钮，得到的搜索结果如图 4.19 所示。

图 4.18　在去哪儿网搜索机票

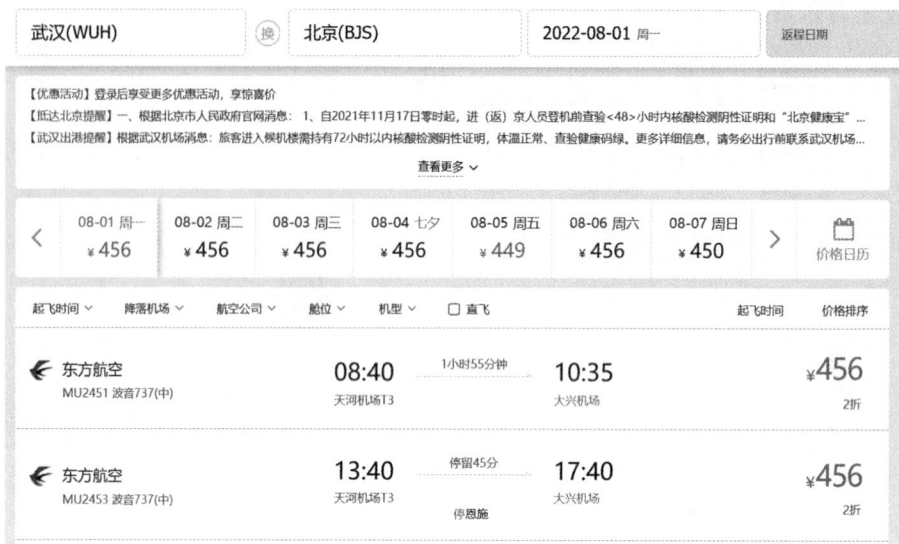

图 4.19　在去哪儿网搜索机票结果

选中相应的航班，打开后页面如图 4.20 所示，可以选择预订机票。

图 4.20　在去哪儿网预订机票页面

4.2.4　任务实现——使用百度搜索 Python 的学习资料

1. 使用百度搜索视频教程资源

打开百度网站后，在搜索框中输入"Python 的视频教程"，单击"百度一下"按钮，搜索结果如图 4.21 所示，发现排在前面的搜索结果基本上都是广告。

采取在 URL 中限定为视频资源的搜索方式可以获得比较良好的效果。例如，在搜索框中输入"Python 视频教程 inurl:video"，单击"百度一下"按钮，搜索结果如图 4.22 所示。

图 4.21 通过关键词进行搜索

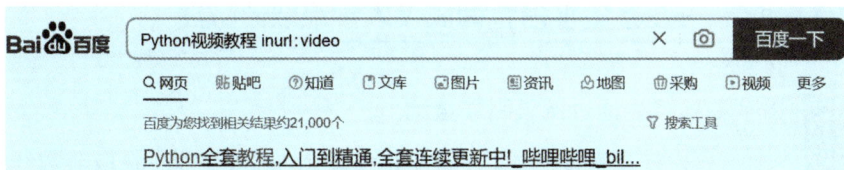

图 4.22 通过限定 URL 的方式进行搜索

2. 使用百度搜索 Python 编辑器和实用技巧文档资源

首先搜索 Python 编辑器，如图 4.23 所示。

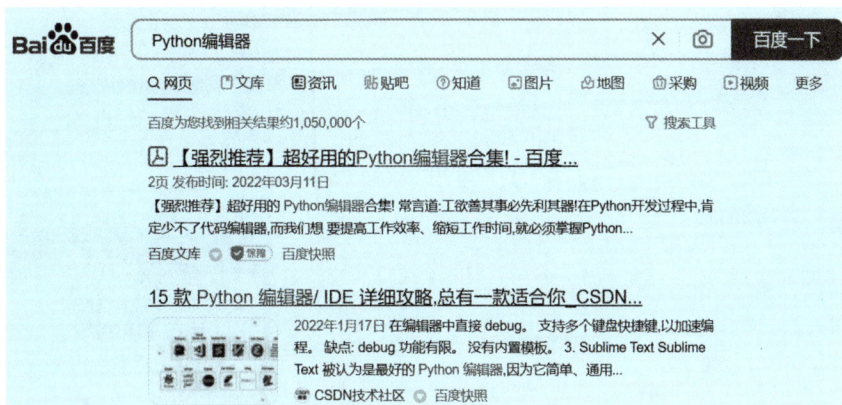

图 4.23 通过限定关键词的方式进行搜索

然后进入网站查看介绍后选用 PyCharm 编辑器，接着在百度搜索框中输入 "PyCharm 官网"，单击 "百度一下" 按钮，搜索结果如图 4.24 所示，单击进入官网进行下载。

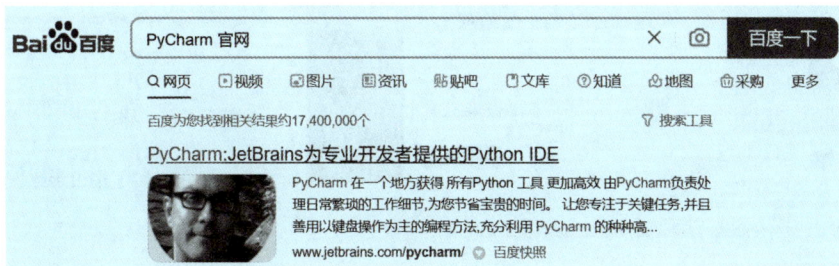

图 4.24 通过多关键词进行搜索

在百度搜索框中输入"Python 实用技巧 filetype:doc"或"Python 实用技巧 filetype:pdf"，查找关于"Python 实用技巧"的"doc"或"pdf"文档，如图 4.25 所示。

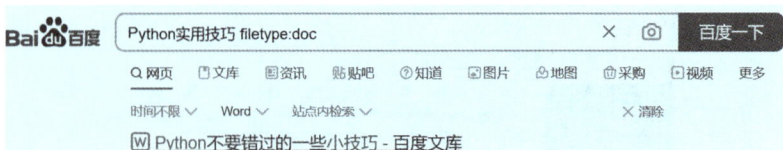

图 4.25　通过限定文档类型的方式进行搜索

4.2.5　能力拓展——在多个平台查询武汉大学录取分数线

微课：在多个平台查询
武汉大学录取分数线

1.　通过搜索引擎查询

打开百度网站，在搜索框中输入"武汉大学＋录取分数线"，单击"百度一下"按钮，搜索结果如图 4.26 所示。

2.　通过微信"搜一搜"功能查询

打开手机端微信 App，单击"发现"页面中的"搜一搜"，在"搜一搜"页面的搜索框中输入"武汉大学分数线"，单击"搜索"按钮，搜索结果如图 4.27 所示。

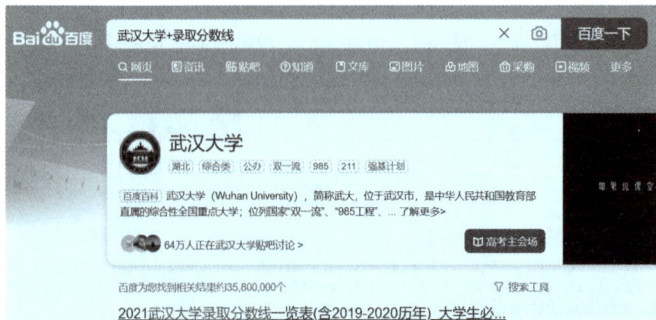

图 4.26　使用百度搜索武汉大学录取分数线

图 4.27　使用微信搜索武汉大学分数线

任务 3　使用专用平台进行信息检索

4.3.1　任务描述

在信息时代，我们每天都会接收到大量的信息，因此，明确自己的信息需求，获取到自己所需要的准确信息变得尤为重要。获取图书信息资源和期刊、专利文献、标准文献、政府报告等文献信息资源对我们的学习、工作、生活具有重要意义，需要我们掌握图书检索系统和文献检索系统的使用方法。

4.3.2　技术分析

图书作为历史悠久的一种文献信息资源，其使用范围广、种类丰富且阅读人群众多。图书信息资源包括纸质图书和电子图书。

纸质图书是指各类学校或公共图书馆内的藏书，学校或图书馆均会向用户提供馆藏书目检索系统，这是一种联机目录检索系统。这种联机目录检索系统主要用于检索和浏览图书信息，查询馆藏和借阅情况。该检索系统能向用户提供如分类号、书名、责任者、书号、出版社等检索途径。用户根据信息需求选择相应检索途径进行检索词的输入，检索系统就会反馈出该查询图书的相关信息，如摘要、借阅情况等。

电子图书（又称 e-book）是指以数字代码方式将图、文、声、像等信息存储在磁、光、电介质上，通过计算机或类似设备使用的一种新型图书信息资源。电子图书有着与传统书籍一样的编排格式，以适应读者的阅读习惯。电子图书的检索系统有很多，如中国国家数字图书馆的"文津"搜索系统、书生之家数字图书馆的检索系统等。很多高校的图书馆也提供对电子图书的检索。

除图书信息资源以外，其他如期刊、专利文献、标准文献、政府报告等文献也都有以专门数据库形式出现的信息资源检索系统，如中国知网、维普、万方等中文数据库系统，以及 SpringerLink、EI 等外文数据库系统。用户可以通过网络在线免费检索论文的题录等信息，也可以通过注册付费的形式下载论文全文。

CNKI（China National Knowledge Infrastructure，中国知识基础设施工程）也称中国知网，是以实现全社会知识资源传播共享与增值利用为目标的信息化建设项目，由清华大学、清华同方股份有限公司（后于 2006 年 5 月 30 日更名为"同方股份有限公司"）发起，始建于 1999 年 6 月。

中国知网（CNKI）数据库系统是全球全文信息量规模最大的中文数据库系统，其建设的《中国知识资源总库》由中国学术期刊全文数据库、中国优秀博硕士学位论文全文数据库、中国重要会议论文全文数据库、中国重要报纸全文数据库、中国工具书网络出版总库、中国专利数据库等十多个子数据库构成，并分有医药、农业、教育、法律、城建等多个行业知识库，以及古籍、图谱、年鉴、统计数据等多种特色资源库，可以实现跨库检索、分类导航、分组排序、分库专项检索，以及简单检索、高级检索、专业检索等功能，能提供如主题、篇名、关键词、分类号等多种检索途径，能实现检索结果分组浏览和排序、题录显示、全文下载、文献导出等。

万方数据知识服务平台是由北京万方数据股份有限公司建设的一个高效、先进的知识服务平台，始建于2000年。该平台整合了中国学位论文全文数据库、中国学术期刊全文数据库、中国学术会议全文数据库、中国科技报告数据库、中外专利数据库、中外标准数据库、合作数据库、中国科技成果数据库、中国地方志数据库、中国机构数据库、中国专家数据库、OA论文索引库、中国法律法规数据库等，涵盖中外学术期刊论文、会议文献、学术成果、标准文献、专利文献、特种图书、科技报告等多种信息资源。

国家智慧教育公共服务平台是由中华人民共和国教育部指导，由教育部教育技术与资源发展中心（中央电化教育馆）主办的智慧教育平台。教育部推出国家高等教育智慧教育平台（简称"智慧高教"平台），旨在解决各类学习者在使用中遇到的资源分散、数据不通、管理不规范等问题，这是一个为全国高校师生和社会学习者提供高效、便捷的教与学服务的国家级资源平台。国家智慧教育公共服务平台自2022年3月28日开通以来，正式运行国家中小学智慧教育平台、国家高等教育智慧教育平台、国家职业教育智慧教育平台、国家24365大学生就业服务平台。2022年7月14日，教育部召开新闻发布会，宣布自国家智慧教育公共服务平台上线后，截至7月12日，门户平台和4个子平台的总浏览量已超过30.3亿次，总访客量达4.3亿人。

4.3.3 示例演示——使用专用平台检索图书、期刊、论文等信息

1. 纸质图书信息资源检索

（1）通过馆藏书目检索图书信息。

用户根据索书号的指引，可以直接入馆查看图书或进行借阅。例如，图4.28所示为武汉大学图书馆的馆藏目录检索系统。

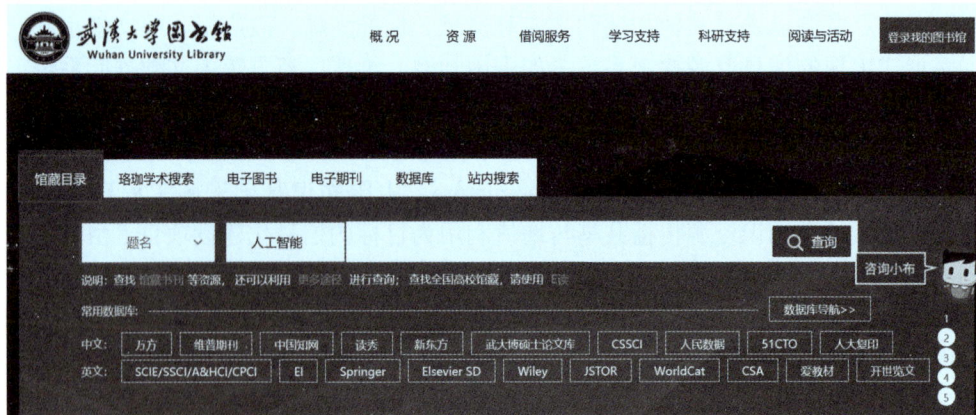

图4.28 武汉大学图书馆的馆藏目录检索系统

例如，查找书名中包含"人工智能"的图书信息。在武汉大学图书馆的馆藏目录检索系统中，通过题名途径检索到该大学图书馆包含"人工智能"的图书信息，并列出了各图书的

作者、年份、出版社、格式、评级等，还可以通过"馆藏副本"文字链接查看馆藏位置、索书号等馆藏信息，如图 4.29 所示。

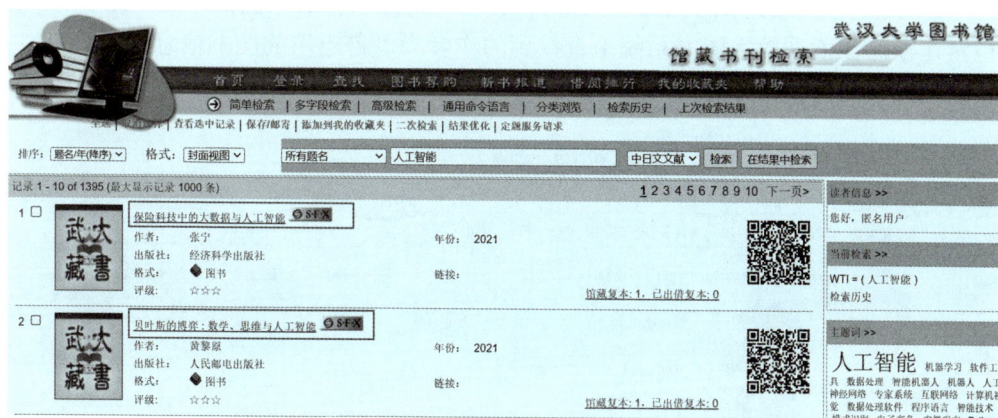

图 4.29　武汉大学图书馆中"人工智能"有关图书

（2）通过联合目录检索图书信息。

在 CALIS 联合目录公共检索系统内，以题名为途径，检索书名中包含"人工智能"的图书信息，以及各图书的基本信息（如题名、责任者、出版信息、主要内容等），如图 4.30 和图 4.31 所示。

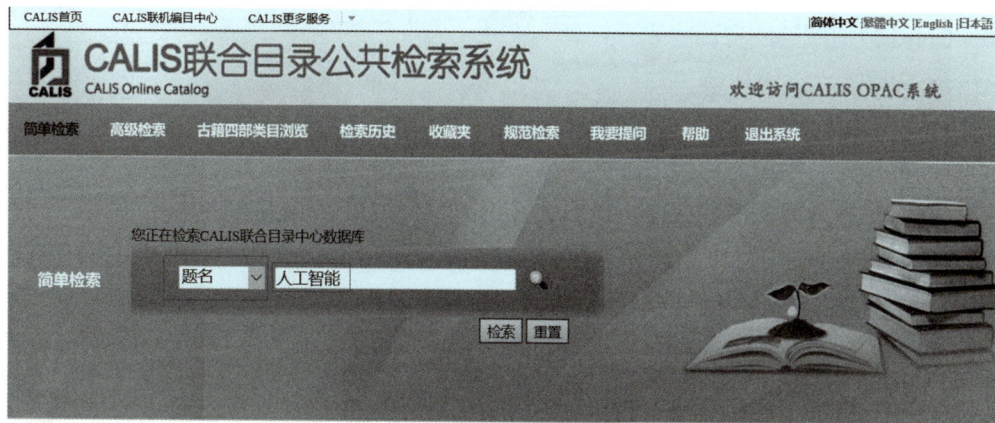

图 4.30　在 CALIS 联合目录公共检索系统中检索"人工智能"有关图书

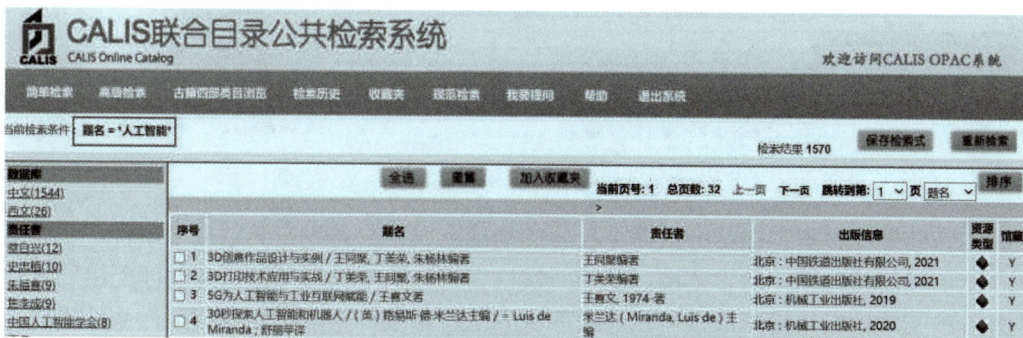

图 4.31　在 CALIS 联合目录公共检索系统中检索的结果

2. 电子图书信息资源检索

打开读秀数字图书的网站，查找作者为"鲁迅"的图书作品。例如，图4.32所示为以作者为检索途径，在读秀数字图书系统中查找到的作者为"鲁迅"的图书信息，用户可以在线阅读或到其提示的收藏馆内借阅。

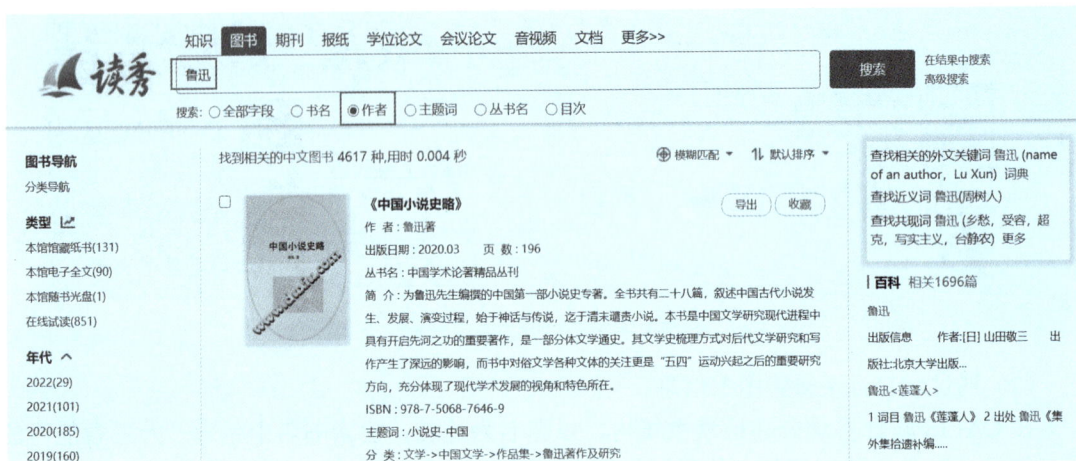

图4.32　读秀数字图书系统

3. CNKI数据库系统资源检索

（1）多库联合一站式检索。

例如，在中国知网中以关键词"人工智能"为检索途径，其检索界面如图4.33所示，检索结果显示符合该关键词的相关文献分布在学术期刊、学位论文等多个子数据库中，每个数据库中检索到的相关文献用数字标识在后面。用户单位如果已购买上述数据库，则可以直接阅读和下载原文。

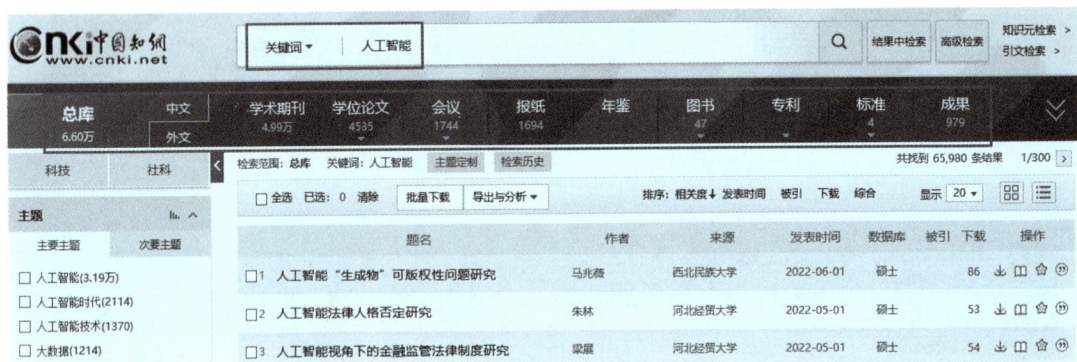

图4.33 CNKI数据库系统的多库联合一站式检索

（2）在结果中检索。在第一次简单检索的基础上，用户再设定其他检索条件，系统会根据所指定的其他条件缩小检索范围，从前一次检索的结果中进行筛选，从而匹配出同时符合其他条件的文献。在结果中检索可以通过多次限定检索条件来缩小检索范围，从而提高检索的准确率。

例如，在上一个例子的结果中，在学术期刊子系统中检索关键词为"物联网"的相关文献。选择"学术期刊"标签，选择"关键词"途径，在搜索框中输入"物联网"，单击"结果中检索"按钮，系统会检索到相关文献信息，如图 4.34 所示。

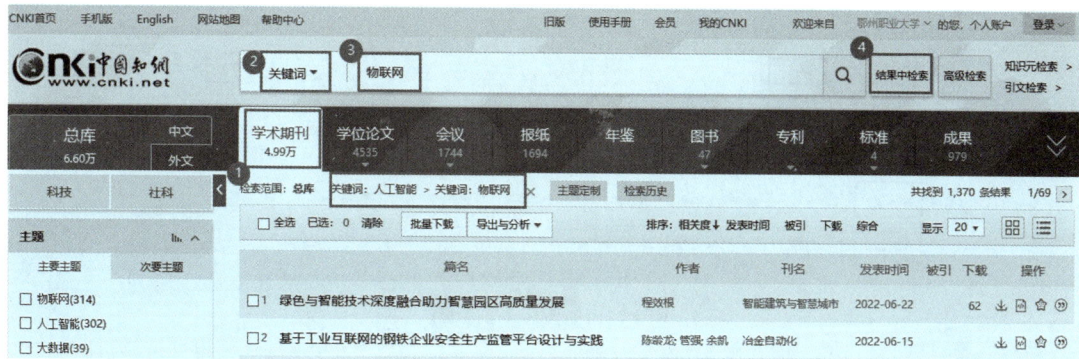

图 4.34　在 CNKI 数据库系统的学术期刊子系统中检索

系统对检索到的 1370 条信息进行分组浏览，默认为按发表时间排序。为了提高检索的准确率，再向系统指定第二项检索条件：在上述检索结果的基础上，再选择"主题"途径，并在搜索框中输入检索词"智能家居"，然后单击"结果中检索"按钮，则系统会在 1370 条信息中进行第二次检索，再次匹配出主题为"智能家居"的相关文献信息，其结果为 54 条，即同时满足主题为"智能家居"且关键词为"物联网"的相关期刊论文数，如图 4.35 所示。

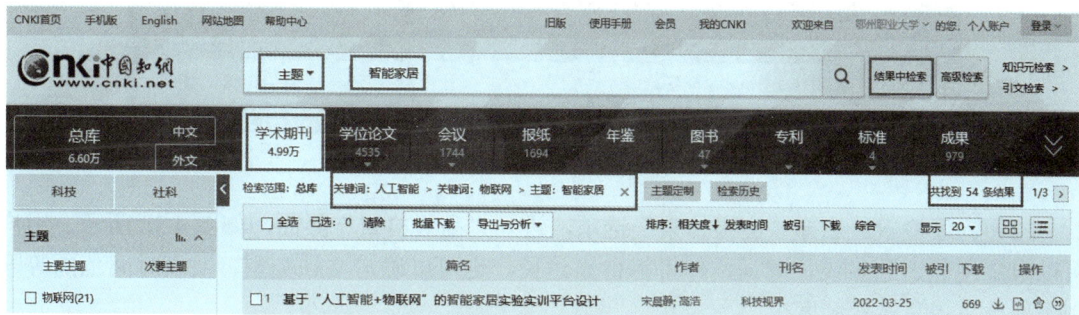

图 4.35　在 CNKI 数据库系统的学术期刊子系统中的第二次检索

（3）高级检索。在结果中检索虽然可以反复进行，逐步提高检索的准确率，但是由于需要反复进行，因此增加了检索时间成本。通过"高级检索"则可以对多项条件同时进行限定，使检索更加精准。例如，图 4.36 所示为 CNKI 数据库系统的学术期刊子系统中的"高级检索"界面。

在"高级检索"界面中，用户可以根据需求特征选择相应的检索途径进行条件限制，如主题、篇名、关键词、摘要等，然后在其后面的搜索框中输入检索词。如果一个检索项需要多项条件限制，则可以先选择"AND""OR""NOT"的逻辑运算关系，再输入其他检索词。单击检索项右侧的"⊞"或"⊟"按钮，可以分别增加或减少逻辑检索行。高级检索除能对多个检索词进行逻辑限定以外，还可以同时限定目标文献的发表时间范围、发表的期刊类别，甚至可以限定只检索同一作者或同一作者单位的相关文献等。

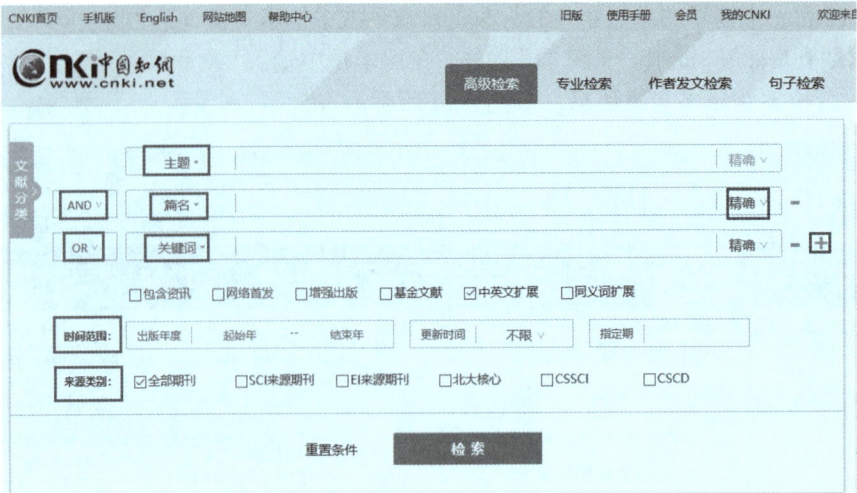

图 4.36　CNKI 数据库系统的学术期刊子系统中的"高级检索"界面

4. 万方数据知识服务平台资源检索

（1）基本检索。基本检索是系统默认的检索方式，打开万方数据的官方网站，如图 4.37 所示。用户选择子数据库项目（如期刊、学位、会议、标准等），然后在搜索框中输入相应的检索词，即可实现基本检索。

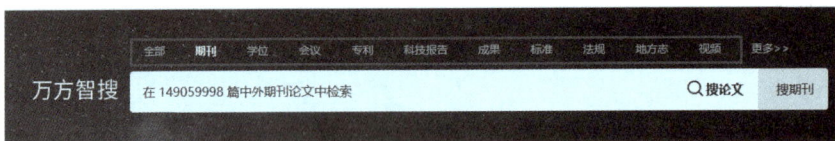

图 4.37　万方数据知识服务平台的基本检索界面

（2）高级检索。选择"高级检索"选项，进入"高级检索"界面，如图 4.38 所示。用户可以限定主题、题名或关键词、作者等检索途径，也可以确定文献类型、发表时间范围等限制条件，以提高检索精度。

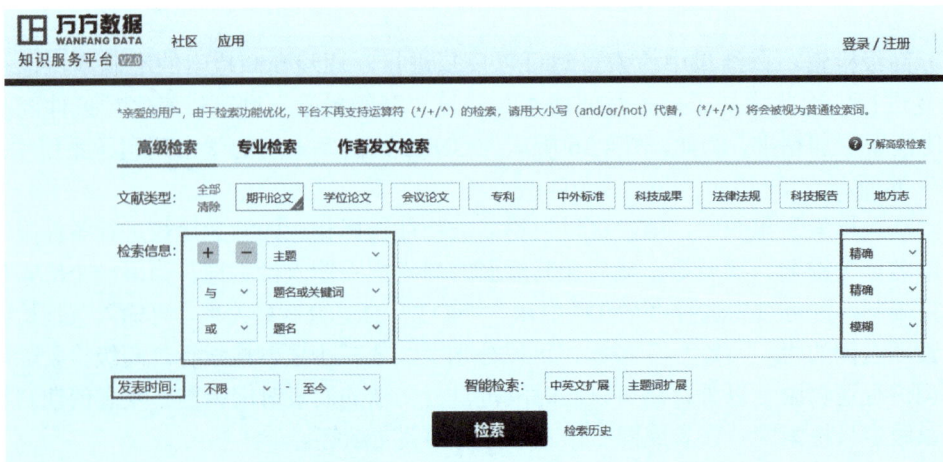

图 4.38　万方数据知识服务平台的"高级检索"界面

对于检索结果，如果用户单位购买了相关子数据库，则可以在指定网段内免费使用，或者通过支付宝、银联支付、我的钱包等网络付费方式按篇付费。

5. 国家智慧教育公共服务平台相关资源检索

（1）利用国家职业教育智慧教育平台检索资源。打开国家智慧教育公共服务平台网站，选择"智慧职教"选项卡，进入国家职业教育智慧教育平台，可以在搜索框中输入专业名称、课程名称、教师名称或学校名称检索相关资源。例如，在搜索框中输入"大数据技术"，然后单击搜索按钮，可以得到"大数据技术"的相关资源，如图 4.39 所示，选择对应资源单击进入，可以查看和学习相关资源。

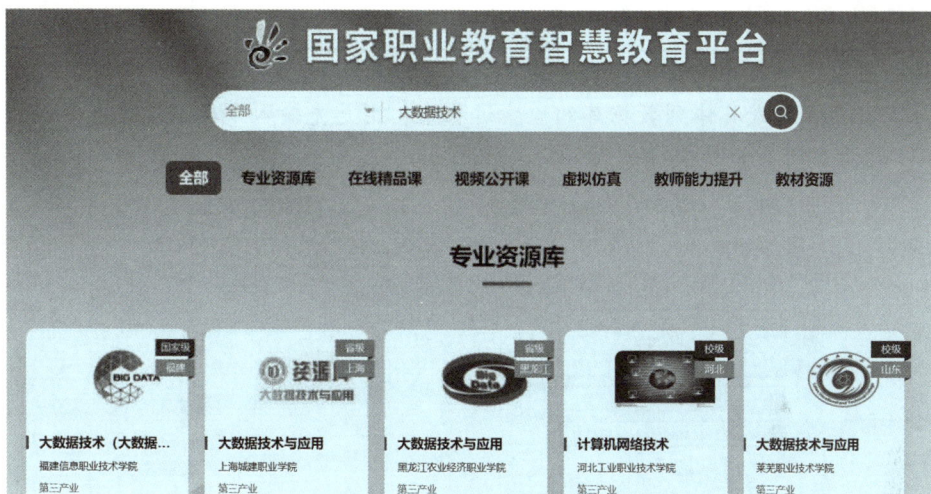

图 4.39　国家职业教育智慧教育平台

（2）利用国家 24365 大学生就业服务平台找工作。打开国家智慧教育公共服务平台的子平台"国家 24365 大学生就业服务平台"，如图 4.40 所示，可以查看职位信息、专场招聘、实习岗位、应征入伍等信息资源。毕业生和用人单位都可以注册账号登录，开展求职或招聘等工作。

图 4.40　24365 国家大学生就业服务平台

4.3.4　任务实现——检索某课题的文献信息资源

要对课题"高职院校大数据技术专业人才培养模式研究"进行文献信息的检索，首先制定第一次检索策略，如表 4.1 所示。

表 4.1　"高职院校大数据技术专业人才培养模式研究"的检索策略

检索系统	检索词	检索表达式	检索途径	时间范围	文献来源
CNKI 数据库系统的学术期刊子系统	人才培养模式、人才培养方案、高职院校、大数据技术专业	篇名＝高职院校 AND 大数据技术 AND(人才培养模式 OR 人才培养方案)	篇名	2018—2022 年	总库

注意： 布尔逻辑表达式的执行顺序是"NOT""AND""OR"，通过括号可以改变其执行顺序。上述检索表达式具体到数据库的检索过程中，则是先输入逻辑 OR 的检索词，再输入逻辑 AND 的检索词，如图 4.41 所示。

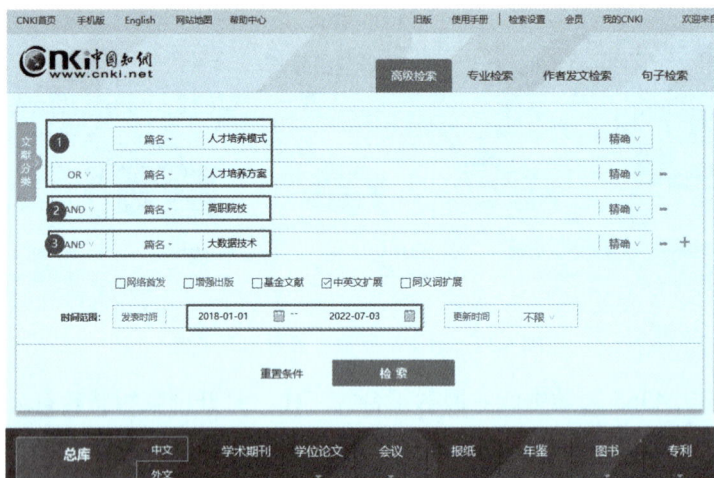

图 4.41　CNKI 数据库系统检索策略实施（检索词的输入顺序正确）

得到的检索结果共 9 条，非常精确，如图 4.42 所示。

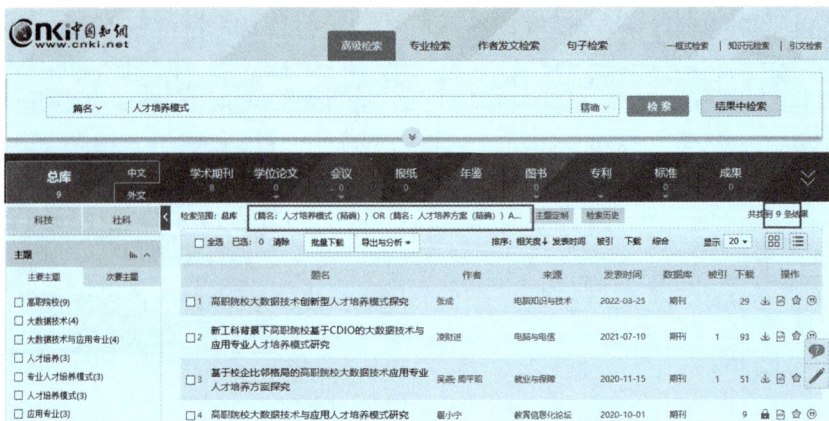

图 4.42　检索词的输入顺序正确时得到的检索结果

如果检索词的输入顺序颠倒，即先输入逻辑 AND 的检索词，再输入逻辑 OR 的检索词，如图 4.43 所示，则它所表示的表达式为"篇名 =(高职院校 AND 大数据技术 AND 人才培养模式)OR(篇名 = 人才培养方案)"，这显然背离了检索目标，得到的检索结果有 1610 条，如图 4.44 所示，检索结果太宽泛了。

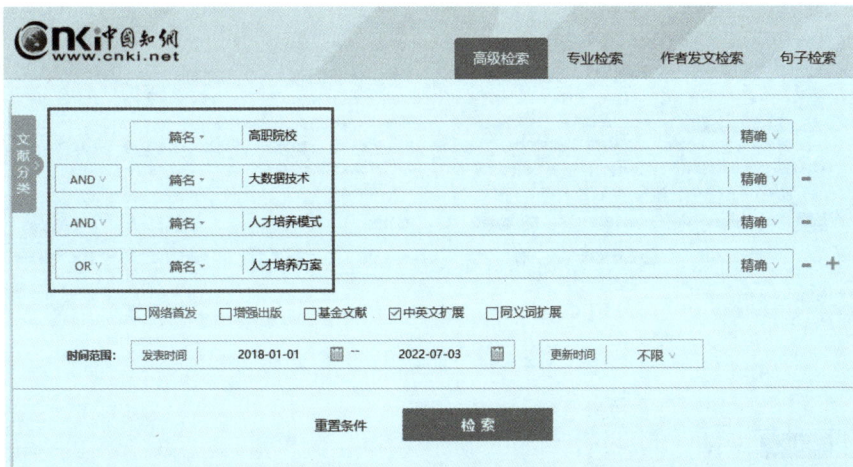

图 4.43　CNKI 数据库系统检索策略实施（检索词的输入顺序错误）

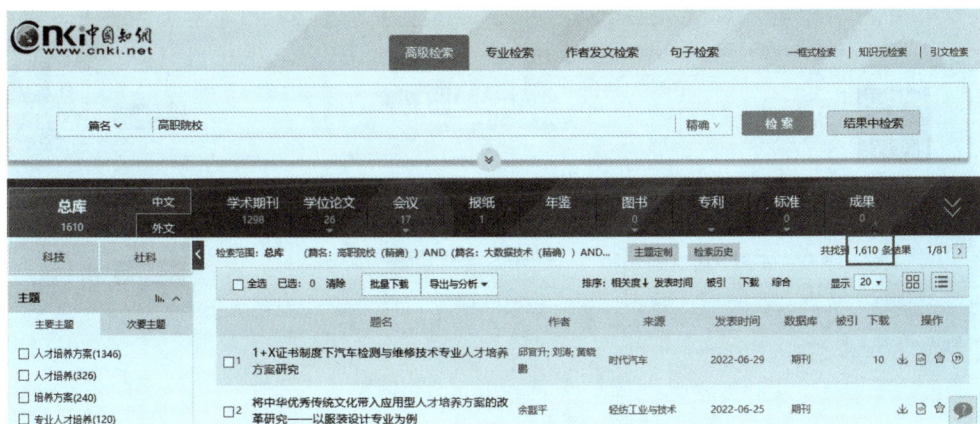

图 4.44　检索词的输入顺序错误时得到的检索结果

4.3.5　能力拓展——在国家 24365 大学生就业服务平台查询招聘信息

打开国家智慧教育公共服务平台网站，然后进入国家 24365 大学生就业服务平台，注册账号并完善自己的简历，查询北京市计算机类职位的大数据开发方面的招聘信息。

单击"职位信息"，在出现的页面中选择"北京"，在搜索框中输入"大数据开发"，职位类别选择"计算机 / 网络 / 技术类"，如图 4.45 所示。如果对显示的结果感兴趣，则可以进一步单击查看岗位或公司详情，然后投递简历；如果对多个招聘信息感兴趣，则可以先勾选招聘信息左侧的复选

微课：在国家 24365 大学生就业服务平台查询招聘信息

框，然后单击"投递简历"按钮，如图 4.46 所示。

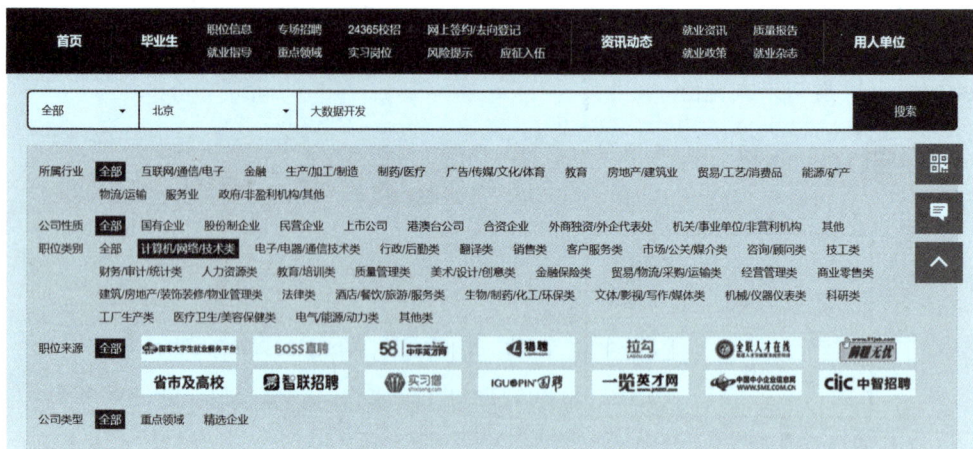

图 4.45　查询招聘信息

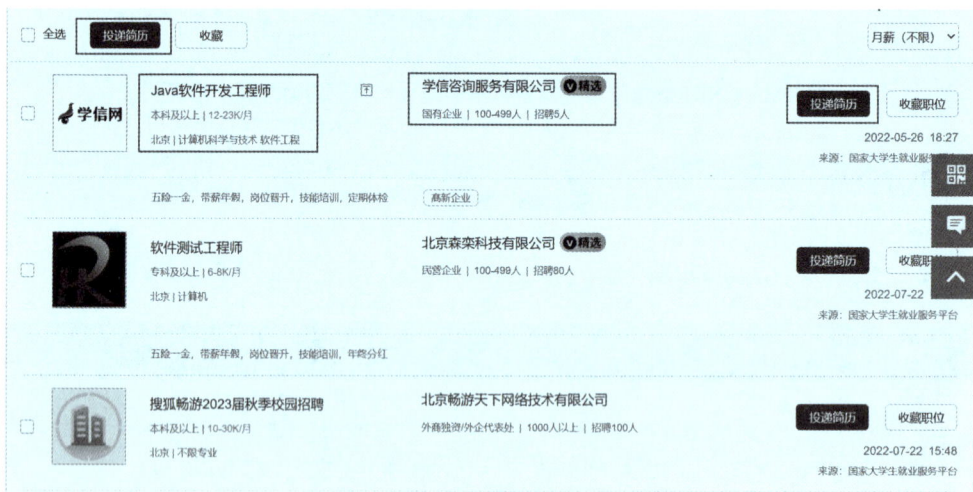

图 4.46　招聘信息查询结果

4.3.6　小组讨论

党的二十大报告指出，推进教育数字化，建设全民终身学习的学习型社会、学习型大国。国家智慧教育公共服务平台上有哪几个平台？可以提供哪些资源供人们学习？

项目 5

新一代信息技术概述

项目介绍

　　新一代信息技术是以人工智能、量子信息、移动通信、物联网、区块链等为代表的新兴技术。它既是信息技术的纵向升级，也是信息技术之间及其与相关产业的横向融合。信息技术是主要用于管理和处理信息所采用的各种技术的总称，它代表着当今先进生产力的发展方向。信息技术的广泛应用使信息的重要生产要素和战略资源的作用得以发挥，使人们能更高效地进行资源优化配置，从而推动传统产业不断升级，提高社会劳动生产率和社会运行效率。本项目包含新一代信息技术的基本概念、技术特点、典型应用、技术融合等内容。

素养目标

　　1. 理解"加快实施创新驱动发展战略"。
　　2. 积极学习"云、大、物、移、智"等新技术，主动投身于社会主义建设，特别是积极参与国家"新基建"等建设。
　　3. 了解我国在信息产业的成就，增强民族自豪感。

学习目标

　　1. 理解新一代信息技术及其主要代表技术的基本概念。
　　2. 了解新一代信息技术各主要代表技术的技术特点。
　　3. 了解新一代信息技术各主要代表技术的典型应用。
　　4. 了解新一代信息技术与制造业等产业的融合发展方式。

任务 1 信息技术的概述

5.1.1 任务描述

胡小凡学的是大数据技术专业，对大数据的知识了解一些，自从来到学校信息化技术中心实习后，接触到了很多信息技术的相关知识，但他对这些知识不是特别清楚，于是在空闲时间请教了张老师，张老师给的意见是让胡小凡整理一下信息技术的相关概念。

5.1.2 知识讲解

信息化是人类社会进步发展到一定阶段所产生的一个新的阶段。它是在计算机技术、数字化技术和生物工程技术等先进技术的基础上产生的。人类正以惊人的速度走出工业文明，步入信息时代。信息化与工业化不同，信息化不是关于物质和能量的转换过程，而是关于时间和空间的转换过程，在信息化这个新阶段，人类生存的一切领域（如政治、商业、个人生活等）都是以信息的获取、加工、传递和分配为基础的。信息时代的来临不仅改变着人们的生产方式和生活方式，还改变着人们的思维方式和学习方式。生活在二十一世纪的我们可以毫不犹豫地说："信息技术改变着我们的生活"。

1. 信息技术的概念

信息技术（Information Technology）是在信息科学的基本原理和方法的指导下扩展人类信息功能的技术。一般来说，信息技术是以电子计算机和现代通信为主要手段实现信息的获取、加工、传递和利用等功能的技术总和，主要包括传感技术、通信技术、计算机技术和控制技术。

2. 信息技术的分类

按照表现形态的不同，可以将信息技术分为硬技术（物化技术）与软技术（非物化技术）。按照工作流程中基本环节的不同，可以将信息技术分为信息获取技术、信息传递技术、信息存储技术、信息加工技术及信息标准化技术。按照使用的信息设备不同，可以将信息技术分为电话技术、电报技术、广播技术、电视技术、复印技术、缩微技术、卫星技术、计算机技术、网络技术等。按照技术的功能层次不同，可以将信息技术体系分为基础层次的信息技术、支撑层次的信息技术、主体层次的信息技术、应用层次的信息技术。

传感技术、通信技术、计算机技术和控制技术是信息技术的四大基本技术，信息技术是当代世界范围内新的技术革命的核心。信息科学和技术是现代科学技术的先导，是人类进行高效率、高效益、高速度社会活动的理论、方法与技术，是国家现代化的一个重要标志。

3. 信息时代中的"信息"

1）信息的概念

信息（Information）指音信、消息、通信系统传输和处理的对象，泛指人类社会传播的一切内容。人们通过获得、识别自然界和社会的不同信息来区别不同事物，得以认识和改造世界。在一切通信和控制系统中，信息是一种普遍联系的形式。在当今互联网时代，信息不仅存在于我们的日常生活与工作中，还具有更多深层次的意义，而且对"信息"也有了更清晰的定义：信息就是可以被传播、认知和识别的数据。

2）数据、信息、知识

在广泛意义上，数据（Data）就是对事实、活动等现象的记录。《辞海》（第七版）将数据定义为"描述事物的数字、字符、图形、声音等的表示形式"。按照《中华人民共和国数据安全法》中给出的定义，数据是指任何以电子或者其他方式对信息的记录。数据不仅指狭义上的数字，还可以是具有一定意义的文字、字母、数字符号的组合、图形、图像、视频、音频等，也是客观事物的属性、数量、位置及其相互关系的抽象表示。例如，"0、1、2"、"阴、雨、气温"和"学生的档案记录、货物的运输情况"等都是数据。数据经过加工、处理后就成为信息。

信息与数据既有联系，又有区别。数据是信息的表现形式和载体，可以是符号、文字、数字、语音、图像、视频等；信息是数据的内涵，加载于数据之上，对数据作出具有含义的解释。数据和信息是不可分离的，信息依赖数据来表达，数据可以生动、具体地表达出信息。数据是符号，是物理性的；信息是对数据进行加工、处理之后所得到的并对决策产生影响的数据，是逻辑性和观念性的。数据是信息的表达，信息是数据的内涵，二者是形与质的关系。数据本身没有意义，只有在对实体行为产生影响时才成为信息。例如，"水"、"温度"、"100℃"、"巧克力"、"质量"和"500 克"等都是数据，当这些数据汇合在一起时，我们的大脑便会对客观世界中的开水、巧克力等形成清晰的认识，获得其相关信息，并总结出一些经验知识。

知识是人类对客观事物的认识和经验的总和，是人类对客观事物规律性的认识，是信息中最有价值的部分。因此，数据指的是未经加工的原始素材，表示的是客观的事物。当我们对大量的数据进行分析后，从中提取出信息来帮助我们作出决策。信息论的奠基者香农认为：信息是用来消除随机性的不确定性的东西。所以，当有了大量的信息时，我们对信息进行总结归纳，将其体系化就形成了知识。把知识刻在甲骨、竹简、石碑上，或者印在图书、期刊上，或者写在磁带、光盘上，或者绘制在丝帛上，等等，都是人们用来记录知识、传递信息的载体形式，称之为"文献"。而计算机技术的发展，使所有记录在文献载体上的知识和信息都能转化为由"0"和"1"所表述的数据，由计算机处理后再呈现在计算机终端为人们所用。今天，我们只要有一台能连接网络的计算机或一部智能手机便能阅尽天下信息，实现"秀才不出门，便知天下事"的愿景。

因此，数据、信息、知识这 3 者是依次递进的关系，代表着人们认知的转化过程。

5.1.3 能力拓展

1. 观看微课科普视频，举例说明信息技术的应用行业有哪些？
2. 观看微课科普视频，举例说明新一代信息技术有哪些？

微课：信息技术应
用科普视频

任务 2　新一代信息技术

5.2.1　任务描述

经过查阅资料，胡小凡了解了信息技术的相关概念。他在查找资料时发现，目前信息技术行业出现了一批新的信息技术，其中包括大数据、云计算、人工智能、物联网、区块链等，抱着对知识的渴望，胡小凡请教了张老师。张老师对其中的信息技术进行了简单讲解，并推荐了相关的书籍和在线学习网站。胡小凡找到张老师推荐的书籍和在线学习网站，开始了对新一代信息技术的学习。

5.2.2　知识讲解

2022 年是实施"十四五"规划、开启全面建设社会主义现代化国家新征程的奠基之年。面对愈发复杂的国内外环境，以数字化赋能经济发展，在变革中增强产业链、供应链韧性，已成为我国经济高质量发展的重要举措。以关键信息技术创新应用为抓手，集聚数字发展动能，推动数字经济与实体经济深度融合，对于我国抢抓新一轮产业变革机遇意义重大。新一代信息技术产业是国家加快培育和发展的七大战略性新兴产业之一，新一代信息技术主要包括集成电路、新型显示、超高清视频、先进计算、互联网、大数据、云计算、人工智能、第五代移动通信技术（5G）、工业互联网、工业软件（工业 App）、新兴平台软件、增强现实 / 虚拟现实、区块链、北斗卫星导航系统等。

微课：大数据科普视频

1. 大数据

1）大数据的概念

现在的社会是一个高速发展的社会，科技发达，信息流通，人们之间的交流越来越密切，生活也越来越方便，大数据就是这个高科技时代的产物。大数据（Big Data）指无法在一定时间范围内用常规软件工具进行捕捉、管理和处理的数据集合，是需要新处理模式才能具有更强的决策力、洞察发现力和流程优化能力的海量、高增长率和多样化的信息资产。

麦肯锡全球研究所给出的大数据定义是：一种规模大到在获取、存储、管理、分析方面大大超出了传统数据库软件工具能力范围的数据集合，具有海量的数据规模、快速的数据流转、多样的数据类型和低价值密度四大特征。

2）大数据的特点

① 数据体量巨大（Volume）。

如今，一般的首页导航每天需要提供的数据超过 1.5PB（1PB=1024TB，1TB=1024GB），这些数据如果全部打印出来，相当于 5000 亿张 A4 纸。目前，人类生产的所有印刷材料的数据量大约为 200PB。典型个人计算机硬盘的容量为 TB 量级，而一些大企业的数据量已经接近 EB（1EB=100 万 TB）量级。

② 数据类型繁多（Variety）。

数据类型的多样性让数据被分为结构化数据和非结构化数据。相对于以往便于存储的以文本为主的结构化数据，非结构化数据越来越多，包括网络日志、音频、视频、图片、地理位置信息等，这些多类型的数据对数据的处理能力提出了更高要求。

③ 价值密度低（Value）。

价值密度的高低与数据总量的大小成反比。以视频为例，一部时长为 1 小时的视频，在不间断的监控中，有用数据可能仅有 1、2 秒。如何通过强大的机器算法更迅速地完成数据的价值"提纯"，成为目前大数据背景下亟待解决的难题。

④ 处理速度快（Velocity）。

处理速度快是大数据区别于传统数据挖掘的最显著特征。根据国际数据公司（IDC）的预测，预计到 2025 年，全球数据使用量将达到 175ZB（1ZB=10 亿 TB=1 万亿 GB）。在如此海量的数据面前，处理数据的效率就是企业的生命。

⑤ 数据真实性（Veracity）。

数据来源于现实世界，数据是真实有效的，能反映真实情况，数据质量有保障。

3）大数据的关键技术

大数据技术就是从各种类型的数据中快速获得有价值信息的技术。大数据行业已经涌现出了大量新的技术，从大数据的生命周期来看，大数据的关键技术包括大数据采集、大数据预处理、大数据存储管理、大数据分析。

① 大数据采集。

大数据采集是指对各种来源的结构化和非结构化海量数据进行采集。流行的数据库采集是通过在采集端部署大量数据库，并在这些数据库之间进行负载均衡和分片，利用 Sqoop 和 ETL 工具来完成大数据采集工作。网络数据采集是一种借助网络爬虫或网站公开的 API，从网页获取非结构化或半结构化数据，并将其统一结构化为本地数据的数据采集方式。文件采集包括实时文件采集、基于 Flume（日志收集系统）的数据采集、基于 ELK 的日志采集和增量采集等。

② 大数据预处理。

大数据预处理是指在进行数据分析之前，先对采集的原始数据进行诸如清洗、填补、合并、规格化、一致性检验等操作，旨在提高数据质量，为后期的分析工作奠定基础。数据预处理主要包括 4 个部分，即数据清理、数据集成、数据转换和数据规约。数据清理是指利用 ETL 等清洗工具对有遗漏数据、噪声数据、不一致数据等进行处理。数据集成是指将不同数据源中的数据合并存放到统一数据库的存储方法，它要着重解决 3 个问题：模式匹配、数据冗余、数据值冲突检测与处理。数据转换是指对所抽取出来的数据中存在的不一致进行处理的过程，它同时包含了数据清洗的工作，即根据业务规则对异常数据进行清洗，以保证后续分析结果的准确性。数据规约是指在最大限度保持数据原貌的基础上，精简数据量以得到较小数据集的操作，包括数据方聚集、维规约、数据压缩、数值规约、概念分层等。

③ 大数据存储管理。

大数据存储管理第一个要解决的是数据海量化和存储快速增长的需求。存储的硬件架构和文件系统的性价比要大大高于传统技术，存储容量计划应可以无限制扩展，并且要求有很强的容错能力和并发读 / 写能力。目前，谷歌文件系统 GFS 和 Hadoop 的分布式文件系统 HDFS 奠定了大数据存储管理的基础。大数据存储管理第二个要解决的是处理格式多样化的数据，这要求大数据存储管理系统能够对各种非结构化数据进行高效管理，代表产品有谷歌 BigTable 和 HBase 等非关系型数据库（NoSQL）。

④ 大数据分析。

大数据分析是指对规模巨大的数据进行数据分析。大数据是指无法在一定时间范围内用常规软件工具进行捕捉、管理和处理的数据集合，而数据分析是为了提取有用信息和形成结论而对数据加以详细研究和概括总结的过程。大数据分析包括可视化分析、数据挖掘算法、预测性分析能力、语义引擎、数据质量和数据管理。大数据分析可以分为 5 个步骤。第一步是问题识别，即要清晰界定需要回答的问题。对问题的界定有两个标准，一是清晰，二是符合现实。第二步是数据可行性论证，即论证现有数据是否足够丰富、准确，以致可以为问题提供答案，项目是否可行取决于这步的结论。第三步是数据准备，数据准备阶段需要梳理分析所需每个条目的数据，为下一步建立模型做好充分准备，这种准备可以分为数据的采集准备和清洗整理准备两步。第四步是建立模型，大数据分析项目需要建立的模型可以分为两类，即专业领域模型和数据分析模型。对于这两类模型，团队都需要在设立模型、论证模型的可靠性方面下功夫。第五步是评估结果，评估结果阶段是要评估上述步骤得到的结果是否足够严谨、可靠，并确保数据分析结果能够有利于决策。评估结果包括定量评估和定性评估两部分。

微课：云计算科普视频

2. 云计算

1）云计算的概念

云计算（Cloud Computing）是分布式计算的一种，指先通过网络"云"将巨大的数据计算处理程序分解成无数个小程序，然后通过由多台服务器组成的系统处理和分析这些小程序，得到结果并返回给用户。云计算早期就是指简单的分布式计算，用于解决任务分发，并进行计算结果的合并，因而，云计算又称网格计算。通过这项技术，可以在极短的时间内（几秒钟）完成对数以万计的数据的处理，从而提供强大的网络服务。

2）云计算的特点

① 超大规模。

"云"具有相当大的规模，Google 云计算已经拥有 100 多万台服务器，Amazon、华为、微软、腾讯等公司的"云"截止到 2022 年均已经拥有上百万台服务器。企业私有云一般拥有数百上千台服务器。"云"能赋予用户前所未有的计算能力。

② 虚拟化。

云计算支持用户在任意位置使用各种终端获取应用服务。用户所请求的资源来自"云"，而不是固定的有形实体。应用在"云"中某处运行，但实际上用户无须了解、也不用担心应用运行的具体位置。只需要一台笔记本电脑或一部手机，就可以通过网络服务来实现用户需要的一切，甚至包括超级计算这样的任务。

③ 高可靠性。

"云"使用了数据多副本容错、计算节点同构可互换等措施来保障服务的高可靠性，使用云计算比使用本地计算机可靠。

④ 通用性。

云计算不针对特定的应用，在"云"的支持下可以构造出千变万化的应用，同一个"云"可以同时支持不同的应用运行。

⑤ 高可扩展性。

"云"的规模可以动态伸缩，满足应用和用户规模增长的需要。

⑥ 按需服务。

"云"是一个庞大的资源池，可以按照需求调动计算力，避免浪费。

3）云计算的关键技术

云计算系统运用了许多技术，其中以编程模型、分布式数据存储技术、数据管理技术、虚拟化技术、云计算平台管理技术最为关键。

① 编程模型。

MapReduce 是 Google 公司开发的 Java、Python、C++ 编程模型，它是一种简化的分布式编程模型和高效的任务调度模型，用于大规模数据集（大于 1TB）的并行运算。严格的编程模型使云计算环境下的编程变得十分简单。MapReduce 模式的思想是：将要执行的问题分解成 Map（映射）和 Reduce（化简）的方式，先通过 Map 程序将数据切割成不相关的区块，分配（调度）给大量计算机处理，达到分布式运算的效果，再通过 Reduce 程序将结果汇总整理后输出。

② 分布式数据存储技术。

云计算系统由大量服务器组成，同时为海量用户服务，因此云计算系统采用分布式存储的方式存储数据，用冗余存储的方式保证数据的可靠性。云计算系统中广泛使用的数据存储系统是 Google 公司开发的 GFS 和 Hadoop 团队开发的 GFS 开源实现 HDFS。

③ 数据管理技术。

云计算需要对分布的、海量的数据进行处理、分析，因此，数据管理技术必须能够高效地管理大量数据。云计算系统中使用的数据管理技术主要是 Google 公司开发的 BigTable 数据管理技术和 Hadoop 团队开发的开源数据管理模块 HBase。

④ 虚拟化技术。

通过虚拟化技术可以实现软件应用与底层硬件相隔离，不仅包括将单个资源划分成多个虚拟资源的裂分模式，也包括将多个资源整合成一个虚拟资源的聚合模式。虚拟化技术根据对象可以分成存储虚拟化、计算虚拟化、网络虚拟化等。计算虚拟化又分为系统级虚拟化、应用级虚拟化和桌面虚拟化。

⑤ 云计算平台管理技术。

云计算资源规模庞大，服务器数量众多并分布在不同的地点，同时运行着数百种应用，如何有效地管理这些服务器，保证整个系统提供不间断的服务是巨大的挑战。云计算系统的平台管理技术能够使大量的服务器协同工作，方便地进行业务部署和开通，快速发现和恢复系统故障，通过自动化、智能化的手段实现大规模系统的可靠运营。

3. 人工智能

1）人工智能的概念

人工智能（Artificial Intelligence，AI）是研究、开发用于模拟、延伸和扩展人的智能的理论、方法、技术及应用系统的一门新的技术科学。人工智能是计算机科学的一个分支，它企图了解智能的实质，并生产出一种新的能以与人类智能相似的方式作出反应的智能机器。

微课：人工智能科普视频

2）人工智能的特点

① 通过计算和数据为人类提供服务。

从根本上说，人工智能系统必须以人为本，这些系统是人类设计出的机器，按照人类设定的程序逻辑或软件算法通过人类发明的芯片等硬件载体来运行或工作，其本质体现为计算，通过对数据的采集、加工、处理、分析和挖掘，形成有价值的信息流和知识模型，来为人类提供延伸人类能力的服务，来实现对人类期望的一些"智能行为"的模拟，在理想情况下必须体现服务人类的特点。

② 对外界环境进行感知，与人交互互补。

人工智能系统应能借助传感器等器件产生对外界环境（包括人类）进行感知的能力，可以像人一样通过听觉、视觉、嗅觉、触觉等接收来自环境的各种信息，对外界输入产生文字、语音、表情、动作（控制执行机构）等必要的反应，甚至影响环境或人类。借助于按钮、键盘、鼠标、屏幕、手势、体态、表情、力反馈、虚拟现实（VR）/增强现实（AR）等方式，人与机器之间可以产生交互与互动，使机器设备越来越"理解"人类乃至与人类共同协作、优势互补。

③ 拥有适应和学习特性，可以演化迭代。

人工智能系统在理想情况下应具有一定的自适应特性和学习能力，即具有一定的随环境、数据或任务变化而自适应调节参数或更新优化模型的能力，并且能够在此基础上通过与云、端、人、物越来越广泛深入数字化连接扩展，实现机器客体乃至人类主体的演化迭代，以使系统具有适应性、健壮性、灵活性、扩展性来应对不断变化的现实环境，从而使人工智能系统在各行各业产生丰富的应用。

3）人工智能的关键技术

人工智能包括计算机视觉、机器学习、自然语言处理、语音识别、生物识别等技术。

① 计算机视觉。

计算机视觉技术运用由图像处理操作及机器学习等技术所组成的序列来将图像分析任务分解为便于管理的小块任务，就是让计算机具备像人眼一样观察和识别的能力，更进一步地说，就是指用摄像机和计算机代替人眼对目标进行识别、跟踪和测量，并进一步进行图形处理，使用计算机将其处理成为更适合人眼观察或传送给仪器检测的图像。目前，计算机视觉应用广泛的是人脸识别和图像识别，其相关技术包括图像分类、目标跟踪、语义分割。

② 机器学习。

机器学习就是让机器具备像人一样学习的能力，它是人工智能的核心，专门研究计算机怎样模拟或实现人类的学习行为，以获取新的知识或技能，重新组织已有的知识结构使之不断改善自身的性能。机器学习按照学习方法可以分为监督学习、无监督学习、半监督学习和强化学习。

③ 自然语言处理。

对自然语言文本的处理是指计算机拥有与人类类似的对文本进行处理的能力。自然语言处理包括自然语言理解和自然语言生成两部分，实现人机间自然语言通信，意味着要使计算机既能理解自然语言文本的意义，也能以自然语言文本来表达给定的意图、思想等，前者称为自然语言理解，后者称为自然语言生成。

④ 语音识别。

语音识别就是让机器通过识别和理解过程把语音信号转变为相应的文本或命令的高新技

术，它包括特征提取技术、模式匹配准则及模型训练技术 3 个方面。语音识别是人机交互的基础，主要解决让机器听懂人说什么的问题。人工智能目前落地最成功的就是语音识别技术。

⑤ 生物识别。

生物识别可以融合计算机、光学、声学、生物传感器、生物统计学，利用人体固有的身体特性（如指纹、人脸、虹膜、静脉、声音、步态等）进行个人身份鉴定，最初运用于司法鉴定。

4．物联网

微课：物联网科普视频

1）物联网的概念

物联网（Internet of Things，IoT）即"万物相连的互联网"，它是在互联网基础上延伸和扩展的网络，是将各种信息传感设备与互联网相结合而形成的一个巨大网络，可以实现在任何时间、任何地点，人、机、物的互联互通。

2）物联网的特点

从通信对象和过程来看，物与物、人与物之间的信息交互是物联网的核心。物联网的基本特点可以概括为整体感知、可靠传输和智能处理。

① 整体感知。

可以利用射频识别器、二维码、智能传感器等感知设备感知获取物体的各类信息。

② 可靠传输。

通过对互联网、无线网络的融合，将物体的信息实时、准确地传送，以便信息交流、分享。

③ 智能处理。

使用各种智能技术对感知和传送到的数据、信息进行分析、处理，实现监测与控制的智能化。

3）物联网的关键技术

物联网是新一代信息技术的重要组成部分，其关键技术有射频识别、传感网、嵌入式系统等。

① 射频识别。

射频识别（RFID）是一种简单的无线系统，由一个询问器（或阅读器）和多个应答器（或标签）组成。标签由耦合元件及芯片组成，每个标签都具有唯一的电子编码，附着在物体上标识目标对象，它通过天线将射频信息传递给阅读器，阅读器就是读取信息的设备。RFID技术让物品能够"开口说话"，这就赋予了物联网一个特性，即可跟踪性，使人们可以随时掌握物品的准确位置及其周边环境。

② 传感网。

传感网是由微传感器、微执行器、信号处理器和控制电路、通信接口及电源等部件组成的一体化的微型器件系统。它的目标是把信息的获取、处理和执行集成在一起，组成具有多功能的微型系统，集成于大尺寸系统中，从而大幅度地提高系统的自动化、智能化和可靠性水平。

③ 嵌入式系统。

嵌入式系统是综合了计算机软 / 硬件、传感器技术、集成电路技术、电子应用技术为一体的复杂系统。经过几十年的演变，以嵌入式系统为特征的智能终端产品随处可见，小到人们身边的智能手表，大到航天航空的卫星系统，嵌入式系统正在改变着人们的生活，推动着工业生产及国防工业的发展。如果把物联网比作人体，那么传感器就相当于人的眼睛、鼻子、皮肤等感官；网络就是神经系统，用来传递信息；嵌入式系统则是人的大脑，在接收到信息后要进行分类处理。这个例子形象地描述了传感器、嵌入式系统在物联网中的作用。

5. 区块链

微课：区块链科普视频

1）区块链的概念

区块链就是由一个又一个区块组成的链条。每一个区块中保存了一定的信息，它们按照各自产生的时间顺序连接成链条。从狭义上讲，区块链是一种按照时间顺序将数据区块以顺序相连的方式组合成的链式数据结构，并以密码学方式保证的不可篡改和不可伪造的分布式账本。从广义上讲，区块链技术是利用块链式数据结构验证与存储数据，利用分布式节点共识算法生成和更新数据，利用密码学方式保证数据传输和访问的安全，利用由自动化脚本代码组成的智能合约来编程和操作数据的一种全新的分布式基础架构与计算范式。

2）区块链的特点

① 去中心化。

在区块链系统中，任意节点之间的权利和义务都是均等的，所有的节点都有能力去用计算能力投票，从而保证了得到承认的结果是过半数节点公认的结果。即使遭受严重的黑客攻击，只要黑客控制的节点数不超过全球节点总数的一半，系统就依然能正常运行，数据也不会被篡改。

② 无信任系统。

区块链实际上并没有消除信任，整个区块链系统所要做的就是减少系统中每个参与者所需要的信任量。区块链系统通过激励机制来保证每个参与者之间按照系统协议来合作，从而实现把信任分配给每个参与者。在传统的信用网络系统中，参与者需要对中央机构足够信任，随着参与网络人数的增加，系统的安全性下降。和传统情况相反，在区块链网络中，参与者不需要对任何人信任，但随着参与节点的增加，系统的安全性反而增加，同时数据内容可以做到完全公开。

③ 加密确保不可篡改。

由于区块链采用单向算法，因此能够按照时间顺序严格地推进，因为时间是不能倒退的，所以记录如果被篡改，很容易就会找到源头，能够被其他的节点排斥。比如，有人挖到一个虚拟币，区块链系统就会记录虚拟币是来自哪个人，挖到的人是谁，那么下一个挖到虚拟币的人也会记录上面的信息，而信息是相互连接的，就不会被篡改。

3）区块链的关键技术

① 分布式存储技术。

与传统的分布式存储有所不同，区块链的分布式存储的独特性主要体现在两个方面：一是区块链的每个节点都按照块链式结构存储完整的数据，而传统的分布式存储一般是将数据按照一定的规则分成多份进行存储；二是区块链的每个节点存储都是独立的、地位等同的，依靠共识机制保证存储的一致性，而传统的分布式存储一般是通过中心节点往其他备份节点同步数据，没有任何一个节点可以单独记录数据。

② 密码学。

密码学中非常著名的技术包括非对称加密技术和哈希算法。在非对称加密技术中，加密和解密使用的是不同的密钥，加密时使用公钥，解密时使用私钥，这样不仅保证了用户信息的安全性，也提高了效率。哈希算法是一种加密算法，也称散列函数或杂凑函数。它是一种单向密码体制，即一个从明文到密文的不可逆映射，只有加密过程，没有解密过程。

③ 智能合约。

智能合约（Smart Contract）是一种旨在以信息化方式传播、验证或执行合同的计算机协议。智能合约允许在没有第三方的情况下进行可信交易，这些交易可追踪且不可逆转。

④ 共识机制

区块链的共识机制具备"少数服从多数"及"人人平等"的特点。其中，"少数服从多数"并不完全指节点个数，也可以是计算能力、股权数或其他的计算机可以比较的特征量。"人人平等"是当节点满足条件时，所有节点都有权优先提出共识结果，该共识结果有可能在被其他节点直接认同后成为最终共识结果。共识机制可以在非常短的时间内通过投票对交易进行验证和确认，具体操作方法是：对于一个交易，如果若干个利益不相干的节点可以达成共识，则全网可以达成共识。

任务 3　新一代信息技术的典型应用

5.3.1　任务描述

通过张老师推荐的书籍和在线学习网站，胡小凡了解到了新一代信息技术的概念、特点和关键技术。到学校信息化技术中心实习已经有一段时间了，据张老师介绍，学校信息化技术中心的很多应用都使用了新一代信息技术，这让胡小凡对新一代信息技术的应用充满了好奇和学习动力。

5.3.2　知识讲解

数字本身只是为了方便计数，在其被赋予社会属性之后才发展为"数据"，并且为价值创造提供了原材料，这也是数据要素成为新型生产要素背后的逻辑。可使用数据的爆发性增长带我们进入了大数据时代。有了数据还不够，数据只有流通起来才有用。互联网、5G等通信网络的建设，扩大了数据的流通范围，提高了数据的流通速度和精准度。那么，在拿到数据之后应该怎么用呢？可以通过人工智能来帮忙，通过算法来分析。数据可用还不够，尚需安全来保障，区块链应运而生。以上，是我们耳熟能详的几个新一代信息技术的关联性。

技术进步，特别是新一代信息技术突飞猛进的发展，是数字化转型得以启动的原因。同时，随着全社会数字化转型的推进，又不断反哺新一代信息技术，为技术前沿的持续突破提供经济基础、制度支持及应用场景等。新一代信息技术包含的内容非常宽泛，如相对接地气、大众经常听说的"大数据"、"人工智能"、"物联网"和"5G"等，以及相对专业的"边缘计算"、"区块链"、"智能计算"和"计算机视觉"等。

5.3.3　大数据的典型应用

1．大数据的应用领域

大数据的应用领域主要有电商行业、医疗行业、政府行业、传媒行业、金融行业、交通行业等。

1）电商行业

对于大数据在电商行业的应用，相信大家已经屡见不鲜了，淘宝、京东等电商平台利用大数据技术对用户信息进行分析，从而为用户推送用户感兴趣的产品，以刺激消费。电商平台会利用大数据技术对消费者在消费过程中留下的海量数据进行分析，并且会根据消费者的购买习惯或某一时间段内商品的购买量进行商品推荐，如图5.1所示。

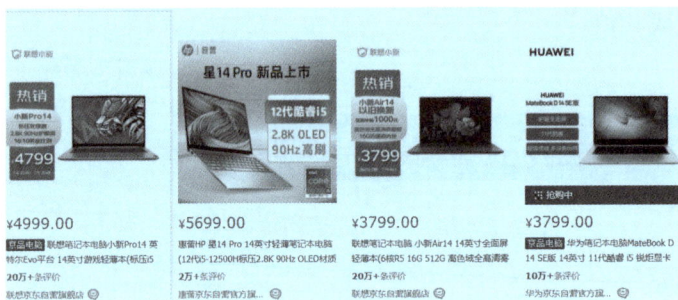

图5.1　网购商品推荐

因此，未来电商数据应用将会有更多的想象空间，包括预测流行趋势、消费趋势、地域消费特点、客户消费习惯、各种消费行为的相关度、消费热点、影响消费的重要因素等。

2）医疗行业

医疗行业通过临床数据对比、实时统计分析、远程病人数据分析、就诊行为分析等，辅助医生进行临床决策，规范诊疗路径，提高工作效率。医疗机构无论是病理报告、治愈方案还是药物报告等方面都是数据比较庞大的行业，面对众多病毒、肿瘤细胞都处于不断进化的过程，诊断时会发现对疾病的确诊和治疗方案的确定是很困难的，而未来，我们可以借助大数据平台收集不同病例和治疗方案，以及病人的基本特征，并以此来建立针对疾病特点的数据库。

3）政府行业

"智慧城市"已经在多地尝试建设与运营，通过大数据，政府部门得以感知社会的发展变化需求，从而更加科学化、精准化、合理化地为市民提供相应的公共服务及资源配置。智慧城市从概念提出到落地实践，历经十多年的建设与发展，我国智慧城市建设数量持续增长，截至2022年，总计约750多个城市提出或在建智慧城市。由此可见，智慧城市作为一种新型城市发展形态和治理模式已被社会群体广泛认可和接受。

4）传媒行业

传媒相关企业通过收集各式各样的信息，并对其进行分类筛选、清洗、深度加工，实现对读者和受众群体需求的准确定位与把握，并追踪用户的浏览习惯，不断进行信息优化。

5）金融行业

大数据在金融行业的应用十分广泛，其中大数据风控便是一个主要的应用场景。银行会通过收集历史数据进行统计分析和大数据建模建立风控体系，从而进行个人信用的评分与风险的控制。证券公司会利用大数据技术进行潜在客户的挖掘、存量客户的经营和优质客户的流失预警。随着金融改革进程的加快，建立多元化、安全、诚信的运作系统是未来金融行业发展的必然趋势。

6）交通行业

使用大数据技术可以预测未来交通情况，为改善交通状况提供优化方案，有助于交通部门提高对道路交通的把控能力，防止和缓解交通拥堵，提供更加人性化的服务。例如，基于城市实时交通信息，利用社交网络和天气数据来优化最新的交通情况。

2. 大数据的应用举例

智慧校园建设涵盖教学环境、教学资源、校园管理、校园服务、信息安全体系等各个方面，每一层面都涉及数据统计和分析，因此，推进大数据技术在智慧校园建设中的深度应用是相当有必要的。借助大数据储存量大、信息量多、处理速度快等优势，可以为智慧校园建设中各项自动化工作提供支持，为学校未来的发展决策提供科学依据。下面介绍大数据技术在智慧校园中的具体运用。

（1）构建公共数据集成与共享平台，提高校内信息传递速度。

大数据技术能够将学校管理和发展中涉及的各项数据进行深度挖掘并加以处理，同时在云计算技术的帮助下，将收集到的信息和分析结果共享给全校师生。通过构建公共数据集成与共享平台，可以提高校内信息的传递速度，促进各部门之间的沟通交流，有利于打破高校内部信息孤岛格局，增强全校人员建设智慧校园的参与积极性，有助于更好地实现高校可持续发展目标。

（2）打造智慧迎新管理平台，助力新生入学。

智慧迎新管理平台面向全校新生、各院系及职能部门，集各项迎新工作于一体，涵盖网上迎新预报到、宿舍分配及宿舍管理、现场迎新服务、迎新数据统计分析等全生命周期管理，利用智慧迎新管理平台既可以让学生提前选宿，也可以让教师一键智能分宿，使新生到校就能住进舒适的宿舍。同时，学工部、校领导可以即时查看新生入住情况、床位使用情况、宿舍利用率等。迎新工作数据化可以使宿舍管理更智慧。现场迎新全过程移动化，学生登录移动端即可进行扫码报到，获得便捷、智能的移动化体验，报到不排队，大大减少了现场迎新时间，提高了迎新效率。迎新大屏实时展示各类数据，如各学院的新生报到情况、报到率、缴费率等，校领导想知道的数据一目了然，再也不用一个个学院去询问，一遍遍去统计。

（3）创设智能学习环境，改进课堂教学方式。

运用大数据和云计算技术开发出的网络教学平台，为各学科提供了优质的教学资源，丰富了教学内容，改进了传统教学模式。学生可以通过电子设备随时随地查看教学内容，可以自主选择感兴趣的知识，有问题时可以通过在线反馈获取帮助。在云课堂中，教师采取随测随交的方式对学生进行随堂测试，使学生能够用心听课。大数据技术的迅猛发展促进了教学理念和教学方式的信息化转变，使学习环境更加人性化、智能化，使课堂氛围更加活跃，极大地提升了教学效率。

（4）采集、分析、处理海量数据，为学校管理提供决策支持。

通过大数据、云计算等技术对学校财务信息进行采集、分析，可以清晰展现各项收入、支出情况，为学校财务决策提供数据支持；通过对学生的学习成绩、就业方向和实习情况进行分析，可以了解人才市场需求，使学校能够及时加强学科专业建设，优化课程内容，增加学生专业能力，提高就业竞争力；通过大数据技术对历年招生情况进行分析、研究，可以制定合理的招生计划；通过对教职员工的数量及比例情况进行统计、分析，可以优化师资结构。随着信息技术的持续发展，智慧校园建设在学校管理中所占的比重也会越来越大，我们应不断提升大数据技术在智慧校园中的运用水平，使其更好地服务于现代化教育改革。

5.3.4　云计算的典型应用

1. 云计算的分类

云计算将计算作为一种服务（而不是一种产品）交付给用户，在这种服务中，计算资源、软件和信息如同日常的水、电一样通过互联网交付给计算机和其他的计算媒介。云计算的服务模式一直在不断进化，目前，业界将其按照服务模式大致划分为三大类：基础设施即服务（IaaS）、平台即服务（PaaS）和软件即服务（SaaS）。

（1）IaaS（Infrastructure as a Service）：基础设施即服务。消费者通过 Internet 可以从完善的计算机基础设施获得服务。IaaS 就是提供场外的服务器、存储和网络硬件，用户只要租用就可以，大大节省了维护成本及办公场地。IaaS 的作用就是将虚拟机或其他资源作为服务提供给用户。

（2）PaaS（Platform as a Service）：平台即服务。PaaS 为开发、测试和管理软件应用程序提供按需开发环境。它将应用运行所需的 IT 资源和基础设施以服务的方式提供给用户，包括了中间件服务、信息服务、连通性服务、整合服务和消息服务等多种服务形式。PaaS 模式基于互联网提供对应用完整生命周期（包括设计、开发、测试和部署等阶段）的支持，减少了用户在购置和管理应用生命周期内所必需的软件、硬件及部署应用和 IT 基础设施的成本，同时简化了以上工作的复杂度。

（3）SaaS（Software as a Service）：软件即服务。它是一种通过 Internet 提供软件的模式，用户无须购买软件，而是向提供商租用基于 Web 的软件来管理企业经营活动。通过 SaaS 模式，用户只要接上网络，通过浏览器就能直接使用在云端上运行的应用，而不需要管理或控制任何云计算基础设施。SaaS 主要面对的是普通的用户。

传统 IT 部署模式、IaaS、PaaS、SaaS 之间的比较如图 5.2 所示。

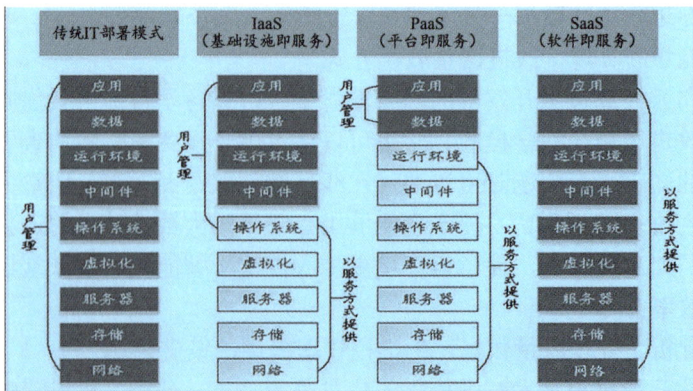

图 5.2　传统 IT 部署模式、IaaS、PaaS、SaaS 之间的比较

2. 云计算的应用举例

1）高性能计算应用

高性能计算通常指使用很多处理器（作为单个机器的一部分）或由某一集群中的几台计算机（作为单个计算资源操作）组成的计算系统和环境所执行的计算。大多数高性能计算系统将自己表现为集群系统中的单个计算资源。因此，它是一种分布式并行编程模式，需要按照并行编程技术来设计和开发一个能够分布到整个资源中的应用程序。

航天工业是高性能计算应用开展最早、应用最广泛的工业领域，该领域中有大量的问题都需要大规模的计算和仿真，如高超音速飞行器外形空气动力学设计和分析、不同载荷条件下推进剂行为模拟、火箭电磁兼容性分析等。汽车工业中的整车碰撞仿真、虚拟制造（三维虚拟装配、冲压仿真等）、虚拟试车场等也需要高性能计算作为支撑条件。类似的计算密集型的应用还有科学计算、天气预报和气象研究、地球地理信息系统等。

中国是一个制造大国，正在朝着制造强国的方向迈进，要实现市场和产业转型国家战略，工业产品研发和设计能力至关重要。作为必需工具的高性能计算能力得到了国家层面的空前重视，云计算、超级计算机等高性能计算能力的技术和应用获得国家的大力支持和发展。

人工智能是当前非常热门的技术领域。训练先进的人工智能算法的系统背后都有一套强大的硬件或软件高性能计算系统。目前，高性能计算应用的算力主要由超级计算机及提供超级计算能力的云计算服务来提供。

超级计算机是一个国家科技发展水平和综合国力的反映。没有超级计算机，天气预报不可能预报 15 天，中国的大飞机研制不可能进展得如此之快。另外，核武器的爆炸模拟、地震预警、药物研发等领域也离不开超级计算机。

神威·太湖之光超级计算机（见图 5.3）是由国家并行计算机工程技术研究中心研制，安装在国家超级计算无锡中心的超级计算机。神威·太湖之光超级计算机安装了 40960 个中国自主研发的神威 26010 众核处理器，该众核处理器采用 64 位自主神威指令系统，峰值性能达 3168 万亿次每秒，核心工作频率达 1.5GHz。2020 年 7 月，中国科学技术大学在神威·太湖之光超级计算机上首次实现了千万核心并行第一性原理计算模拟。2022 年，中国的神威·太湖之光超级计算机在全球超级计算机 500 强排名中位列前十。

图 5.3　神威·太湖之光超级计算机

高性能计算应用的发展对算力提出了更高的要求。然而，能提供超强计算能力的超级计算机的价格十分昂贵，不是一般人能够使用得到的。在绝大多数高性能计算的应用场景中，云计算才是解决问题的"王者"。

云计算是计算能力的放大器。在云数据中心里，成千上万台服务器等计算设备连接起来组成一个云，协同计算。云中单台计算机的性能可能非常一般，甚至其就是普通计算机，但是很多台性能一般的计算机加在一起的计算能力却不容小觑。

将 GPU 和 FPGA 等专有硬件芯片的计算能力部署在云端对外提供云服务，意味着优势的进一步放大。云计算甚至可以让用户体验每秒 10 万亿次的运算速度，计算能力堪比超级计算机。

2）访问量难预期、突变的应用

访问量难预期、突变的应用也是云计算的典型应用。工作量波动大的应用很难预测系统的工作量负荷，就像金融股票一样，市场决定交易量。尽管一般的数据中心都会对可能的超额负荷预留一些冗余系统，但是，对可能出现的最高峰值负荷提供冗余是不现实且不经济的。然而，如果不考虑系统冗余，一旦系统负载过大，则可能导致系统宕机、服务不能访问、客户体验降低等问题。

云计算基础架构可以很好地应对不同行业的业务需求变化。这些变化有的是由行业特点而产生的，如零售业在节假日等销售旺季会出现销售量猛涨的情况。当然，行业变化多种多样，有些是周期性、可预测的（如世界杯或奥运会），而有些则是完全难以预测的（如热点新闻事件或自媒体热文）。在这些情况下，如果针对预期的高峰情况构建基础架构，则大部分系统资源在平时都会被闲置浪费。云计算基础架构就能解决这个难题：或者接入外部的公有云服务来应对业务飞涨时的资源需求；或者让这些已经部署的冗余基础架构提供对外云服务，以产生更大的效益。

2012 年春节，经过两年试运行的中国铁路网上售票系统实现了所有车次的网上购票，但是由于春运期间的访问量出现了"井喷"，网上售票系统根本无法被访问，想要在网上抢到回家的车票完全得靠"人品"。

2015 年，春运火车票售卖量创下历年新高，而铁路系统运营网站 12306 却没有出现明显的卡滞，原因是 12306 网站与阿里云的合作。2015 年春运火车票售卖的最高峰日出现在 2014 年 12 月 19 日，12306 网站的访问量（PV 值）达到破纪录的 297 亿次，平均每秒 PV 超过 30 万次，当天共发售火车票 956.4 万张，其中互联网发售 563.9 万张，占比 59%，均创历年春运新高。

12306 网站这次能够扛住大量并发请求的集中"轰炸"的主要原因是：12306 网站把余票查询系统从自身后台分离出来，在"云"上独立部署了一套余票查询系统（见图 5.4）。余票查询环节的访问量近乎占 12306 网站的九成流量，这也是往年造成网站拥堵的主要原因之一。把高频次、高消耗、低转化的余票查询环节放到云端，而将下单、支付这种"小而轻"的核心业务仍留在 12306 网站自己的后台系统上，这样的思路为 12306 网站减负不少。

"双 11"即指每年的 11 月 11 日，大型的电商网站一般会利用这一天（或前后的一段时间）进行一些大规模的打折促销活动，以提高销售额。2020 年是"双 11"活动的第 12 个年头，受前期疫情影响、消费习惯的改变及直播电商的快速发展，2020 年"双 11"活动期间，人们的消费热情空前高涨，销售再创新高，全网"双 11"活动期间的成交额突破 7000 亿元，其中天猫的销售额突破 4900 亿元，京东的销售额突破 2700 亿元。可以想象得到，这些销售额数字也预示着"双 11"活动期间这些电商平台的访问量同样猛涨。

图 5.4　12306 网站"上云"

5.3.5　人工智能的典型应用

1. 人工智能的应用领域

人工智能目前所能实现的功能十分繁多，如机器视觉、指纹识别、人脸识别、虹膜识别、语音识别、自动规划、智能搜索、智能控制、图像理解、自然语言处理等。这些功能使得人工智能的应用领域十分广泛，包括计算机领域、金融领域、医学领域、工业领域、教育领域等。

1）医学领域

医学图像处理是目前人工智能在医疗领域的典型应用，它的处理对象是由各种不同成像机理（如在临床医学中被广泛使用的核磁共振成像、超声成像等）生成的医学影像。

传统的医学影像诊断主要通过观察二维切片图去发现病变体，这往往需要依靠医生的经验来判断。而利用计算机图像处理技术可以对医学影像进行图像分割、特征提取、定量分析和对比分析等工作，进而完成病灶识别与标注、针对肿瘤放疗环节的影像的靶区自动勾画，以及手术环节的三维影像重建等。该应用可以辅助医生对病变体及其他目标区域进行定性甚至定量分析，从而大大提高医疗诊断的准确性和可靠性。另外，医学图像处理在医疗教学、手术规划、手术仿真、各类医学研究、医学二维影像重建中也可以起到重要的辅助作用。

2）机器翻译

机器翻译是计算语言学的一个分支，是利用计算机将一种自然语言转换为另一种自然语言的过程。机器翻译用到的技术主要是神经机器翻译技术（Neural Machine Translation，NMT），该技术当前在很多语言上的表现已经超过人类。随着经济全球化进程的加快及互联网的迅速发展，机器翻译技术在促进政治、经济、文化交流等方面的价值凸显，也给人们的生活带来了许多便利。例如，我们在阅读英文文献时，可以方便地通过有道翻译、百度翻译等网站将英文转换为中文，免去了查字典的麻烦，提高了学习和工作的效率。

3）教育领域

科大讯飞等企业已经开始探索人工智能在教育领域的应用。通过图像识别，可以进行试卷批改、识题、机器答题等；通过语音识别，可以纠正和改善发音；通过人机交互，可以在线回答问题等。"AI+ 教育"可以在一定程度上改善教育行业师资分布及成本问题，从工具层面为师生提供更高效的学习方式。

4）智能安防

人工智能应用在安防方面有着十分显著的成效。随着物联网的普及，监控领域的数据量呈现爆炸式增长。计算机视觉、人脸识别技术可以在海量的数据中进行数据的处理、分析，从而保证在事故发生前进行预防。除此之外，基于人脸识别技术进行的人像识别与人脸对比还能为打击犯罪提供有效帮助。

5）智能服务

目前，智能服务的典型应用有智能客服机器人和智能音箱。智能客服机器人是一种利用机器模拟人类行为的人工智能实体形态，它能够实现语音识别和自然语义理解，具有业务推理、话术应答等能力。当用户访问网站并发出会话时，智能客服机器人会根据系统获取的访客地址、IP 地址和访问路径等快速分析用户意图，回复用户的真实需求。

智能音箱是语音识别、自然语言处理等人工智能技术的电子产品类应用与载体，随着智能音箱的迅猛发展，其也被视为智能家居的未来入口。究其本质，智能音箱就是能完成对话环节的拥有语音交互能力的机器。通过与它直接对话，家庭消费者能够完成自助点歌、控制家居设备和唤起生活服务等操作。

人工智能是计算机科学的一个分支，它企图了解智能的实质，并生产出一种新的能以与人类智能相似的方式作出反应的智能机器，该领域的研究包括机器人、语言识别、图像识别、自然语言处理和专家系统等。人工智能从诞生以来，理论和技术日益成熟，应用领域也不断扩大，可以设想，未来人工智能带来的科技产品将会是人类智慧的"容器"。

2. 人工智能的应用举例

1）人脸识别系统

由于疫情，很多高校为了保证师生的人身安全，在学校启用了人脸识别门禁测温系统。该系统上线以来，在很大程度上缓解了高校疫情防控压力，确保了广大师生的生命财产安全。人脸识别门禁测温系统安装在学校门口，对进出学校的人员进行检验，如图 5.5 所示。整个人脸识别过程大概分为 5 个步骤：人脸图像采集与检测、人脸图像预处理、人脸图像特征提取、人脸图像匹配与识别、测温。

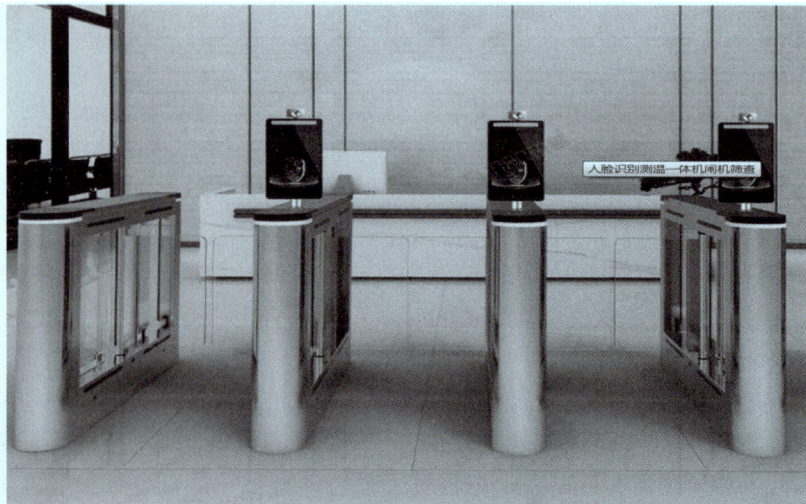

图 5.5　人脸识别门禁测温系统

人脸识别门禁测温系统集红外热成像测温、人脸智能检测、人脸识别等多项核心技术于一体，具有非接触、高效、便捷、直观和安全等优点，避免了使用传统的体温计对个体近距离测量体温易引起交叉感染的风险，可以有效地遏制疫情扩散，非常适合在门禁通道、人员进出口等人流量大的场景进行异常体温的快速排查，杜绝病毒传播感染风险。

人脸识别门禁测温系统通过前端的人脸识别热像仪快速读取图像中的脸部信息对应的区域的温度信息，计算出人体的体温，在识别读取的脸部信息后，直接显示在终端的显示画面上，人脸识别热像仪在检测出异常体温值时会发出警报音，并且将异常信息上传到管理平台，统计数据，学校其他相关管理人员可以通过报告书查看管辖区内人员的发热情况，防止交叉感染，变被动为主动。

2）在线客服系统

现在，许多网站都提供用户与客服在线聊天的窗口，图 5.6 所示为京东在线智能客服与用户聊天的窗口。但其实并不是每个网站都有一个真人提供实时服务。在很多情况下，和用户对话的只是一个初级 AI。大多数的聊天机器人无异于自动应答器，但是其中的一些聊天机器人能够从网站里学习知识，当用户有需求时可以将其呈现在用户面前。

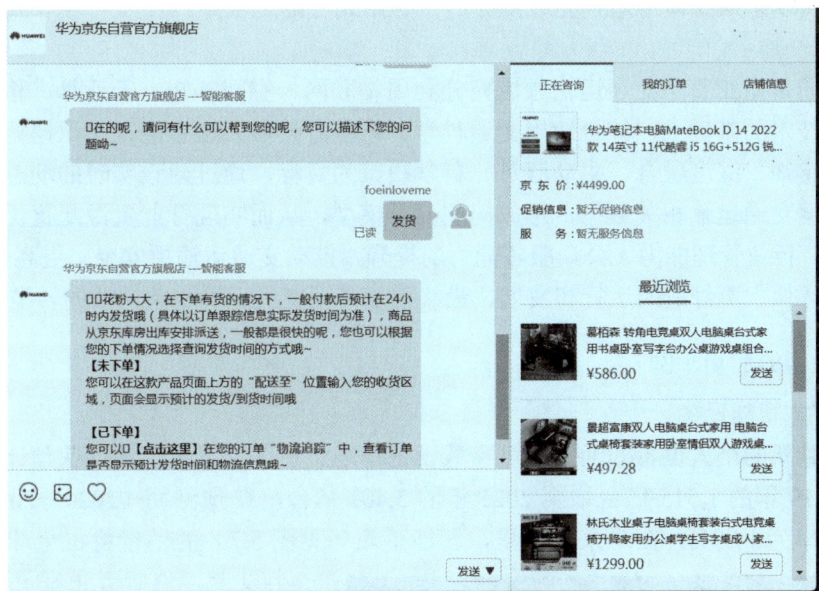

图 5.6 京东在线智能客服与用户聊天的窗口

最有趣也最困难的是，这些聊天机器人必须善于理解自然语言。显然，与人沟通的方式和与计算机沟通的方式截然不同。所以，这项技术十分依赖自然语言处理技术，如果这些聊天机器人能够理解不同的语言表达方式中所包含的实际目的，则很大程度上就可以用于代替人工服务。

5.3.6 物联网的典型应用

1. 物联网的应用领域

物联网的应用领域有很多，如智能家居、智能医疗、智能城市、智能环保、智能交通、智能物流、智能校园等。

1）智能家居

智能家居的工作原理是：利用先进的计算机技术、网络通信技术、综合布线技术、医疗电子技术，依照人体工程学原理，融合个性需求，将与家居生活有关的各个子系统（如安防、灯光控制、窗帘控制、煤气阀控制、信息家电、场景联动、地板采暖、健康保健、卫生防疫等）有机地结合在一起，通过网络化综合智能控制和管理，实现"以人为本"的全新家居生活体验。

2）智慧医疗

医生资源在全世界范围内都仍属于稀缺资源，这种供求关系在一定程度上决定了病患看病难的问题，而我国医疗长期存在"重医疗，轻预防；重城市，轻农村；重大型医院，轻社区卫生"的倾向，居民又过多依赖大型医院，这更加加重了就医矛盾，"一号难求"的现象频发。因此，便捷、快速地预约挂号成为病患对医院资源最大的诉求。智慧医院是在智慧医疗概念下对医疗机构的信息化建设。国内已兴起的智慧医院项目目前具备的功能有智能分诊、手机挂号、门诊叫号查询、取报告单、化验单解读、在线医生咨询、医院医生查询、医院周边商户查询、医院地理位置导航、院内科室导航、疾病查询、药物使用、急救流程指导、健康资讯播报等，实现了从身体不适到完成治疗的"一站式"信息服务。

3）智慧交通

智慧交通是指在整个交通运输领域充分利用物联网、空间感知、云计算、移动互联网等新一代信息技术的基础上，综合运用交通科学、系统方法、人工智能、知识挖掘等理论与工具，以全面感知、深度融合、主动服务、科学决策为目标，通过建设实时的动态信息服务体系，深度挖掘交通运输相关数据，形成问题分析模型，从而实现行业资源配置优化能力、公共决策能力、行业管理能力、公众服务能力的提升，推动交通运输更安全、更高效、更便捷、更经济、更环保、更舒适的运行和发展，最终得以带动交通运输相关产业的转型、升级。

2. 物联网的应用举例

1）可穿戴智能设备

由于大量新的个人设备的涌入，可穿戴设备市场正在蓬勃发展。该行业预计可穿戴智能设备将从 2019 年的 1.515 亿台增至 2025 年的 3.401 亿台，在预测期（2020—2025 年）内，复合年增长率为 19.9%。在未来几年里，智能手表（见图 5.7）的销量将占全球手表销量的一半以上。消费者正在寻找其智能手机与智能手表之间的无缝连接和交互，以跟踪、管理和保护其数据，特别是敏感的健康数据。智能手表目前的功能非常强大，在没有手机连接的情况下也可以独立接 / 打电话、在线播放音乐、下载应用，如图 5.8 所示。随着智能手表应用程序的不断丰富，其在运动、娱乐、健康领域也有不错的表现，如图 5.9 所示。

图 5.7 智能手表

图 5.8   使用智能手表接听电话、播放音乐与下载应用

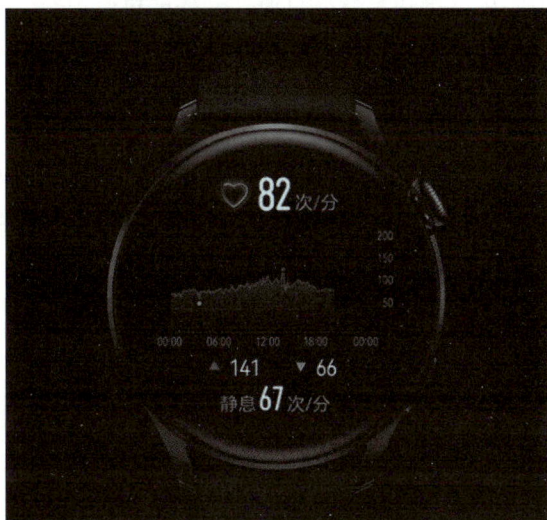

图 5.9   使用智能手表进行健康监测

2）智能家居

智能家居目前的应用大概分为智能门锁、智能安防、家电控制、智能影音、智能灯光和智能门窗 6 部分，如图 5.10 所示。

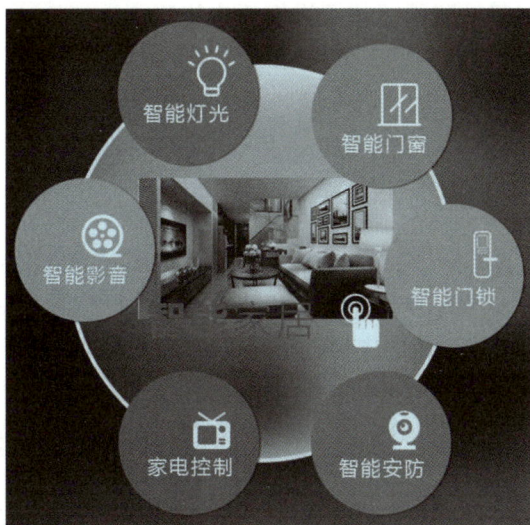

图 5.10   智能家居目前的应用

智能门锁是家庭安防的第一道防线，具备多种开锁方式、防盗警报、亲情提醒、智能家庭联动等功能。它适用于每个家庭成员，有了它，再也不用担心出门忘带钥匙了。

智能安防配合智能摄像头是家庭安全的守护者，利用红外夜视和 AI 增强移动侦测功能可以监控家庭、保护独自在家的老人和小孩子的安全。

家电控制是指通过智能控制终端实现对家电（包括家里的电视、冰箱、洗衣机等各种电器）的智能使用和控制。例如，通过语音和手机切换电视节目，通过手机终端设置家里冰箱的温度等各种功能的实现。

智能影音利用智能语音音箱帮助用户解放双手，能动口就绝不动手，控制家中设备、查询天气路况、听新闻、听音乐、讲故事等，只要一句话即可实现。

智能灯光根据人体感应器装置自动调节全屋的灯光。例如，当有人走向卫生间时自动亮灯，离开后自动关灯，无须手动操作；衣帽间和卫生间有人时自动亮灯，离开后自动关灯，无须手动操作。

智能门窗的功能结合智能窗帘应用。例如，对卧室窗帘进行远程操作，智能打开或关闭；离家时自动打开窗户通风，检测到刮风下雨时自动关闭窗户；配合人体传感器检测非法入侵，自动发送警报通知主人。

5.3.7　区块链的典型应用

区块链的典型应用有数字货币、金融应用、数字政务、数字版权应用、公益应用等。

1）数字货币

在经历了实物、贵金属、纸钞等形态之后，数字货币已经成为数字经济时代的发展方向。相比于实体货币，数字货币具有易携带存储、低流通成本、使用便利、易于防伪和管理，以及打破地域限制、便于整合等特点。

比特币在技术上实现了无须第三方中转或仲裁，交易双方可以直接相互转账的电子现金系统。2019 年 6 月，互联网巨头 Facebook 也发布了其加密货币 Libra（天秤币）白皮书。无论是比特币还是 Libra，其依托的底层技术都是区块链技术。

数字人民币（字母缩写按照国际使用惯例暂定为"e-CNY"）是由中国人民银行发行的数字形式的法定货币，由指定运营机构参与运营并向公众兑换，以广义账户体系为基础，支持银行账户松耦合功能，与纸钞、硬币等价，具有价值特征和法偿性，支持可控匿名。2022 年 8 月 23 日，数字人民币（试点版）App 上新"随用随充"功能，即银行卡账户资金与数字人民币钱包之间的自动充钱功能。

2）金融应用

区块链技术天然具有金融属性，它正使得金融业产生颠覆式变革。在支付结算方面，在区块链分布式账本体系下，市场多个参与者共同维护并实时同步一份"总账"，短短几分钟内就可以完成以往两三天才能完成的支付、清算、结算任务，降低了跨行跨境交易的复杂性和成本。同时，区块链的底层加密技术保证了参与者无法篡改账本，确保了交易记录的透明和安全，监管部门可以方便地追踪链上交易，快速定位高风险资金的流向。在证券发行交易方面，传统股票发行流程长、成本高、环节复杂，而区块链技术能够弱化承销机构的作用，帮助各方建立快速、准确的信息交互共享通道，发行人通过智能合约自行办理发行，监管部门统一审查核对，投资者也可以绕过中介机构进行直接操作。在数字票据和供应链金融方面，区块链技术可以有效地解决中小企业融资难问题。目前的供应链金融很难惠及产业链上游的中小企业，因为他们跟核心企业往往没有直接贸易往来，金融机构难以评估其信用资质。基于区块链技术，我们可以建立一种联盟链网络，涵盖核心企业、上下游供应商、金融机构等，核心企业发放应收账款凭证给其供应商，票据数字化上链后可以在供应商之间流转，每一级供应商可以凭数字票据证明实现对应额度的融资。

3）数字政务

通过区块链技术，可以让数据"跑"起来，大大精简办事流程。区块链的分布式技术可以让政府部门集中到一个链上，所有办事流程交付智能合约，办事人只要在一个部门通过身份认证及电子签章，智能合约就可以自动处理并流转，顺序完成后续所有审批和签章。区块链发票是国内区块链技术最早落地的应用。税务部门推出区块链电子发票"税链"平台，税务部门、开票方、受票方通过独一无二的数字身份加入"税链"网络，真正实现了"交易即开票""开票即报销"——秒级开票、分钟级报销入账，大幅度降低了税收征管成本，有效地解决了数据篡改、一票多报、偷税漏税等问题。扶贫是区块链技术的另一个落地应用。利用区块链技术的公开透明、可溯源、不可篡改等特性，实现扶贫资金的透明使用、精准投放和高效管理。

4）数字版权应用

通过区块链技术，可以对作品进行鉴权，证明文字、视频、音频等作品的存在，保证权属的真实、唯一性。作品在区块链上被确权后，后续交易都会进行实时记录，实现数字版权全生命周期管理，也可以作为司法取证中的技术性保障。例如，2022 年 7 月 12 日，人民网在北京举行"人民版权""人民云链"产品发布会。在发布会上，人民网与微众银行共同推出了"人民版权"平台，该平台基于 FISCO BCOS 区块链底层技术构建新闻版权联盟链，实现了数字版权确权、监测、侵权取证、诉讼的全流程线上化和自动化。

5）公益应用

区块链上存储的数据高可靠且不可篡改，天然适用于社会公益场景。公益流程中的相关信息（如捐赠项目、募集资金明细、资金流向、受助人反馈等）均可以存放在区块链上，并且有条件地进行透明公开公示，方便社会监督。

5.3.8 小组讨论

国家在云计算、大数据、物联网、移动互联网、人工智能、区块链、边缘计算等新一代信息技术方面有哪些创新和突破？分别有哪些典型厂商代表和典型技术？

项目 6

信息素养与社会责任

项目介绍

信息素养与社会责任是指在信息技术领域，通过对信息行业相关知识的了解，内化形成的职业素养和行为自律能力。信息素养与社会责任对个人在各自行业内的发展起着重要作用。本项目包含信息素养、信息技术发展史、信息伦理与职业行为自律等内容。

素养目标

1. 理解"培养造就大批德才兼备的高素质人才，是国家和民族长远发展大计"。
2. 增强信息伦理、网络信息安全意识，遵纪守法，做到职业行为自律。

学习目标

1. 了解信息素养的定义、组成要素、特征和表现。
2. 了解信息技术发展史及知名企业的兴衰变化过程，树立正确的职业理念。
3. 了解信息安全及自主可控的要求。
4. 掌握信息伦理知识，了解相关法律法规与职业行为自律的要求。
5. 了解个人在不同行业内发展的共性途径和工作方法。

任务 1　信息素养

6.1.1　任务描述

信息素养作为能力素养的重要要素之一，已经成为衡量现代人素质的重要标准。在信息社会中，信息无时不在、无处不在。例如，新闻告诉我们每天发生的大事件；课堂上，老师利用数字化的教学资源给我们传授知识；在做作业时，我们在网上查阅相关资料等。因此，能够有效地获取信息，以及客观地利用信息，从而高效地解决问题，成为我们必须具备的一项技能。

6.1.2　知识讲解——信息素养的定义、组成要素、特征和表现

1. 信息素养的定义

信息素养（Information Literacy）的本质是全球信息化需要人们具备的一种基本能力。"信息素养"这一概念是美国信息产业协会主席保罗·泽考斯基于 1974 年提出的。1989 年，美国图书馆协会（American Library Association，ALA）对信息素养进行了简单的定义，包括文化素养、信息意识和信息技能 3 个层面：能够判断什么时候需要信息，并且懂得如何去获取信息，如何去评价和有效利用所需的信息。

微课：信息素养

我国教育部在 2021 年 3 月发布的《高等学校数字校园建设规范（试行）》中的信息素养概述为：信息素养是个体恰当利用信息技术来获取、整合、管理和评价信息，理解、建构和创造新知识，发现、分析和解决问题的意识、能力、思维及修养。信息素养培育是高等学校培养高素质、创新型人才的重要内容。

2. 信息素养的组成要素

信息素养的组成要素包括信息意识、信息知识、信息应用能力、信息伦理与安全素养。信息素养的几个组成要素共同构成了一个不可分割的统一整体，其中，信息意识是先导，信息知识是基础，信息应用能力是核心，信息伦理与安全素养是保证。

1）信息意识

高等学校师生员工的信息意识包括：

① 具有对信息真伪性、实用性、及时性辨别的意识。

② 具有根据信息价值合理分配自己的注意力的意识。

③ 具有利用信息技术解决自身学习生活中出现的问题的意识。

④ 具有发现并挖掘信息技术及信息在教学、学习、工作和生活中的作用与价值的意识。

⑤ 具有积极利用信息和信息技术对教学和学习进行优化与创新，实现个人可持续发展的意识。

⑥ 能够意识到信息技术在教学和学习中应用的限制性条件。

⑦ 具有勇于面对、积极克服信息化教学和学习中的困难的意识。

⑧ 具有积极学习新的信息技术，以提升自身信息认知水平的意识。

2）信息知识

高等学校师生员工的信息知识包括：

① 了解信息科学与技术的相关概念和基本理论知识。

② 了解当前信息技术的发展进程、应用现状及发展趋势。

③ 了解信息安全和信息产权的基础知识。

④ 掌握学科领域中信息化教学、学习、科研等相关设备、系统、软件的使用方法。

⑤ 了解寻求信息专家（如图书馆员、信息化技术支持人员等）指导的渠道。

3）信息应用能力

高等学校师生员工的信息应用能力包括：

① 能够选择合适的查询工具和检索策略获取所需信息，并甄别检索结果的全面性、准确性和学术价值。

② 能够结合自身需求有效组织、加工和整合信息，解决教学、学习、工作和生活中的问题。

③ 能够使用信息工具将获取的信息和数据进行分类、组织和保存，建立个人资源库。

④ 能够评价、筛选信息，并将选择的信息进行分析归纳、抽象概括，融入自身的知识体系中。

⑤ 能够根据教学和学习需求合理选择并灵活调整教学和学习策略。

⑥ 具备创新创造能力，能够发现和提炼新的教学模式、学习方式和研究问题。

⑦ 能够基于现实条件积极创造、改进、发布和完善信息。

⑧ 能够合理选择在不同场合或环境中交流与分享信息的方式。

⑨ 具备良好的表达能力，能够准确表达和交流信息。

4）信息伦理与安全素养

高等学校师生员工的信息伦理与安全素养包括：

① 尊重知识，崇尚创新，认同信息劳动的价值。

② 不浏览和传播虚假消息和有害信息。

③ 在信息利用及生产过程中，尊重和保护知识产权，遵守学术规范，杜绝学术不端。

④ 在信息利用及生产过程中，注意保护个人和他人的隐私信息。

⑤ 掌握信息安全技能，防范计算机病毒和黑客攻击等。

⑥ 对重要信息数据进行定期备份。

3. 信息素养的特征和表现

信息技术的发展已使经济非物质化，世界经济正转向信息化非物质化时代，正加速向信息化迈进，人类已自然进入信息时代。21 世纪是高科技时代、航天时代、基因生物工程时代、纳米时代、经济全球化时代，等等，但不管怎么称呼，21 世纪的一切事业、工程都离不开信息，从这个意义来说，称 21 世纪是信息时代更为确切。

在信息社会中，物质世界正在隐退到信息世界的背后，各类信息组成人类的基本生存环境，影响着芸芸众生的日常生活方式，因而构成了人们日常经验的重要组成部分。虽然信息素养在不同层次的人们身上体现的侧重点不一样，但是概括起来，它主要具有四大特征：

① 捕捉信息的敏锐性。

② 筛选信息的果断性。

③ 评估信息的准确性。

④ 交流信息的自如性和应用信息的独创性。

信息素养主要表现为以下 8 个方面的能力：

① 运用信息工具的能力：能熟练地使用各种信息工具，特别是网络传播工具。

② 获取信息的能力：能根据自己的学习目标有效地收集各种学习资料与信息，能熟练地运用阅读、访问、讨论、参观、实验、检索等获取信息的方法。

③ 处理信息的能力：能对收集的信息进行归纳、分类、存储记忆、鉴别、遴选、分析综合、抽象概括和表达等。

④ 生成信息的能力：在信息收集的基础上，能准确地概述、综合、履行和表达所需要的信息，使之简洁明了、通俗流畅且富有个性特色。

⑤ 创造信息的能力：在收集到的多种信息交互作用的基础上，创造思维的火花，产生新信息的生长点，从而创造新信息，达到收集信息的终极目的。

⑥ 发挥信息的效益的能力：善于运用接收的信息解决问题，让信息发挥最大的社会和经济效益。

⑦ 信息协作的能力：使信息和信息工具作为跨越时空的、"零距离"的交往和合作中介，使之成为延伸自己的高效手段，同外界建立多种和谐的合作关系。

⑧ 信息免疫的能力：浩瀚的信息资源往往良莠不齐，需要有正确的人生观和价值观、甄别能力及自控、自律和自我调节能力，能自觉抵御和消除垃圾信息及有害信息的干扰与侵蚀，并且完善合乎时代的信息伦理素养。

6.1.3 小组讨论——当代大学生应具备的信息素养

当代大学生应具备哪些良好的信息素养？

信息素养——调查问卷：

		非常不同意	不同意	一般	有点同意	同意	非常同意
信息意识	我打算利用在线学习资源自学编程，如 C、Python 等语言						
	我愿意在社交平台（如微博、小红书、抖音等）上发布我搜索总结的信息						
	我常到学院资料室或学校图书馆借阅图书和期刊						
	我想了解学院资料室有哪些馆藏纸质资源						
	我想了解学校图书馆有哪些本专业的电子学术资源						

续表

		非常不同意	不同意	一般	有点同意	同意	非常同意
信息知识	我能够熟练地使用计算机应用软件，如 Office 办公软件、SPSS 等数据统计分析软件等						
	我能够熟练地掌握和使用云存储软件，如坚果云、百度网盘等						
	我了解所学专业的相关核心期刊、文献等权威信息来源						
信息应用能力	我能够将碎片化的信息进行分类整合，如分类整合同一主题信息等						
	我能够将通过各个渠道获取的相关信息运用到课程、论文、毕业设计中						
	我能够利用现有获取的信息提炼、总结并提出新的假设和观点						
	我能够熟练地掌握中文文献综述、中文学术论文的撰写						
	我能够熟练地掌握英文文献综述、英文学术论文的撰写						
	我能够根据索书号在学院资料室或学校图书馆迅速找到特定的书籍						
	我能够在学院资料室迅速找到特定期刊，即使某些期次已是过刊						
学术规范	我会在论文写作中如实、正确地标引他人观点或数据，尊重他人知识产权						
	我了解参考文献著录规则，并且能够规范运用						

任务 2　信息技术发展史

6.2.1　任务描述

当今社会，信息技术飞速发展，在各行各业应用广泛，给我们的生活带来了很大的便利。例如，我们可以网上购物、移动支付、扫码乘车等；在我国各领域中，信息技术企业相继推出了很多尖端技术产品，如智慧银行、大数据画像、AR/VR、小秘书机器人、机器狗等；信息技术的发展更是现代企业发展的催化剂。生活在现代社会，我们离不开信息，更需要信息技术。

但另一方面，与网络相关的违法事件的数量也在迅速增加：根据国家网信办发布的信息，

2021 年 4 月全国受理网络违法和不良信息举报 1495.6 万件，环比增长 38.4%，同比增长 2.6%。

更糟糕的是，2020 年以来全球勒索病毒肆虐，各国政府机构、能源、医疗、教育等行业饱受其害。

6.2.2　知识讲解——信息技术和信息安全

1. 信息技术发展史

信息技术（Information Technology，IT）是主要用于管理和处理信息所采用的各种技术的总称。它主要是应用计算机科学和通信技术来设计、开发、安装和实施信息系统及应用软件。它也常被称为信息和通信技术（Information and Communications Technology，ICT），主要包括传感技术、通信技术、计算机技术和控制技术。

微课：信息技术发展史

第一次信息技术革命是语言的使用，发生在距今大约 35 000 ～ 50 000 年前。

人猿经过千百万年的生存、劳动、进化，终于发展成为人，期间，语言伴随着劳动而产生。语言的产生是最伟大的信息技术革命，也是人类信息活动的基础条件。

第二次信息技术革命是文字的创造，大约在公元前 3500 年出现了文字。

文字的创造是信息第一次打破时间、空间的限制。

（1）陶器上的符号：我国的文字出现时间很早，在原始社会母系氏族繁荣时期，陶器上就已经有了刻画符号，我们在一些夏朝的遗址中也发现过不少刻画符号，其中有些符号看起来已经非常接近后来的文字。

（2）甲骨文：商朝时，我国出现了较为成熟的文字，因其刻在龟甲、兽骨上，所以得名"甲骨文"（见图 6.1），这些文字记载了商朝的社会生产状况和阶级关系等。甲骨文是世界上最古老的文字之一，它的发现说明了我国有文字可考的历史是从商朝开始的。

图 6.1　甲骨文

（3）金文（也叫铜器铭文）：除甲骨文以外，商朝和周朝的一些青铜器上也铸刻有文字，这些文字被称作"金文"（当时的"金"是指铜），和甲骨文相比，金文进一步稳定、规范、简化。和甲骨文一样，金文也记载了当时社会的政治、经济情况，是研究商周历史的珍贵史料。又因为这些文字常铸刻在钟或鼎上，所以这些文字也被称作"钟鼎文"。

第三次信息技术革命是印刷技术的发明，约在公元 1040 年，我国开始使用活字印刷技术（欧洲人在公元 1451 年开始使用印刷技术）。

汉朝以前使用竹木简或帛作为书写材料，如图 6.2 所示。直到东汉（公元 105 年）蔡伦改进了造纸术，这种纸叫"蔡侯纸"。从后唐到后周，官府雕版刊印了儒家经书，这是我国官府大规模印书的开始，印刷中心有成都、开封、临安、建阳。北宋时，平民毕昇发明了活字印刷技术，比欧洲早了 400 年。

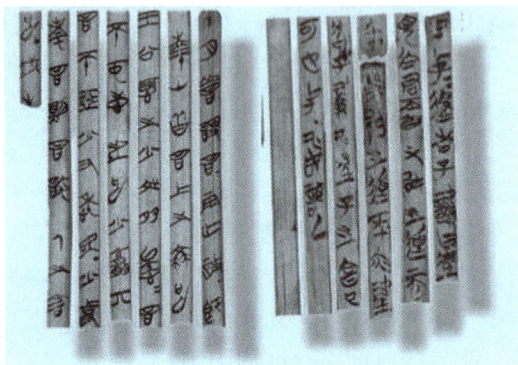

图 6.2　竹简

第四次信息技术革命是电报、电话、广播和电视的发明与普及应用。19 世纪中叶以后，随着电报、电话的发明及电磁波的发现，人类通信领域产生了根本性的变革，实现了通过金属导线上的电脉冲来传递信息，以及通过电磁波进行无线通信。

1837 年，美国人莫尔斯研制出了世界上第一台有线电报机，如图 6.3 所示。发报机利用电磁感应原理（有电流通过，电磁体有磁性；无电流通过，电磁体无磁性），使电磁体上连着的笔发生转动，从而在纸带上画出点、线符号。这些符号的适当组合（称为莫尔斯电码）可以表示全部字母，于是文字就可以以电波信号的形式经电线传送出去了。

图 6.3　电报机

1876 年，美国人贝尔发明了世界上第一台电话机，如图 6.4 所示，他用自制的电话同他的助手实现了通话。1878 年，在相距 300 千米的波士顿和纽约之间进行的首次长途电话实验获得成功。

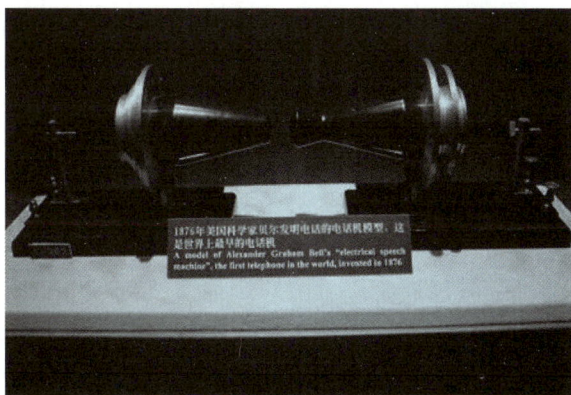

图 6.4　电话机

　　1894 年，电影问世。1924 年，第一台黑白电视机面世。静电复印机、磁性录音机、雷达、激光器等都是信息技术史上的重要发明。

　　第五次信息技术革命始于 20 世纪 60 年代，其标志是电子计算机的普及应用及计算机与现代通信技术的有机结合。

　　随着电子技术的高速发展，科研、军事领域迫切需要解决的计算工具也大大得到改进。1946 年，由美国宾夕法尼亚大学研制的第一台电子计算机 ENIAC 诞生了，如图 6.5 所示。第一代（1946—1958 年）计算机是电子管计算机，第二代（1958—1964 年）计算机是晶体管电子计算机，第三代（1964—1970 年）计算机是集成电路计算机，第四代（1971 年—20 世纪 80 年代）计算机是大规模集成电路计算机，至今正在研究的第五代计算机是超大规模集成电路智能计算机。

图 6.5　第一台电子计算机 ENIAC

信息技术的发展趋势如下：

• 多元化：信息技术应用到各个学科领域，产生了更多的交叉学科。
• 网络化：卫星通信、光缆通信等构成了立体化信息传送网络。
• 多媒体化：多媒体计算机和超文本技术相结合，形成了集文本、图形、图像、声音、动画和视频于一体的超媒体技术。
• 智能化：信息技术与认知学科的融合产生了人工智能。

- 虚拟化：由计算机仿真生成虚拟的现实世界，通过虚拟的现实情境去感知客观世界和获取有关知识、技能。

2. 知名企业的发展历程

随着新技术的诞生，越来越多的新设备也随之产生，与之相关的制造企业也逐步发展起来。有的企业名气越来越大，覆盖的范围越来越广，产品越来越多样化，而有的企业则如昙花一现。

微课：华为公司的
发展史

1）华为公司

"以客户为中心，以奋斗者为本，长期坚持艰苦奋斗！"——这是华为公司一贯秉持的核心价值观。

华为公司创立于 1987 年，是全球领先的 ICT 基础设施和智能终端提供商。目前，华为公司约有 19.5 万名员工，业务遍及 170 多个国家和地区，服务全球 30 多亿人口。

华为公司是中国最具传奇色彩的民营企业之一，是全球排名前列的通信设备商，同时是世界 500 强企业中少有的非上市公司。它的发展也是伴随着新技术、新设备的发展和应用。

1987 年，华为公司在深圳诞生，最初它是一家生产用户交换机的香港公司的销售代理。随后华为公司自主研发自己的模拟交换机、数字交换机，并在中国市场打开了局面。

1995 年，华为公司开始多元化发展，涉及有线通信和无线通信，并在海外建立分公司，设立研发中心，逐步打开了国际市场。

2006 年，华为公司重点投入 3G WCDMA 和 4G LTE，短短几年间，华为公司就已经成为 GSM 全球市场前三位的供应商，无线接入市场份额跻身全球第二。

2013 年，华为公司把重心转向手机终端产品，并加大了自主研发投入，逐步成为安卓智能机领头羊。华为公司作为 5G 项目的主要推动者，对构建无线未来技术发展、行业标准和产业链积极贡献力量。

目前，华为公司的发展重心迁移到云计算和 AI 领域。新技术必然带来新产品、新设备，从而迎来新一轮的发展。信息技术的不断发展进步，对社会的发展产生了巨大的推动力。

微课：微软公司的
发展史

2）微软公司

"在 Microsoft，我们致力于推动人类和组织的进步。"——这是微软公司简介。

微软（Microsoft）公司是一家美国跨国科技企业，由比尔·盖茨和保罗·艾伦于 1975 年 4 月 4 日创立。公司总部设立在华盛顿州雷德蒙德，以研发、制造、授权和提供广泛的计算机软件服务业务为主。

微软公司最著名和畅销的产品为 Windows 操作系统和 Office 系列软件，其也是全球最大的计算机软件提供商、世界 PC（Personal Computer，个人计算机）软件开发的先导。

1980 年，微软公司为 IBM 公司的新 PC 编写关键的操作系统软件，其名称为 Microsoft DOS（Disk Operating System，磁盘操作系统），这是微软公司发展中的一个重大转折点。之后，MS-DOS 系统被很多家公司使用。因此，在 20 世纪 80 年代，该系统成了 PC 的标准操作系统。随着微软公司的日益壮大，微软公司与 IBM 公司已在许多方面成为竞争对手。

1985 年，微软公司开始发行 Microsoft Windows 1.0，它是 Windows 系列的第一款产品，也是微软公司第一次对个人计算机操作平台进行图形化用户界面的尝试。

1995 年 8 月 24 日，微软公司发行 Windows 95 系统，该系统成为当时最成功的操作系统。

2021 年 6 月 23 日，微软公司的市值突破两万亿美元大关，这是继苹果公司的市值冲破两万亿美元之后，美国第二家市值突破两万亿美元大关的企业。而 2019 年时微软公司的市值首次达到一万亿美元，市值从 2019 年的一万亿到 2021 年的两万亿，微软只用了两年时间。

2022 年 1 月，微软公司宣布对美国游戏公司动视暴雪发起总价值高达 687 亿美元的现金收购，该交易金额创下了游戏行业的最高纪录。

3）苹果

"领袖和跟风者的区别就在于创新。"——史蒂夫·乔布斯。

在创立之初，苹果公司主要开发和销售个人计算机，截至 2014 年，苹果公司致力于设计、开发和销售消费电子产品、计算机软件、在线服务和个人计算机。苹果公司在高科技企业中以创新而闻名世界。

微课：苹果公司的发展史

（1）新品研发。

从 20 世纪 80 年代起，苹果公司的个人计算机业务遇到了新兴的竞争对手，其中分量最重的是计算机行业的"头号人物"——IBM 公司。

1983 年，苹果公司推出以 CEO 史蒂夫·乔布斯女儿的名字命名的新型计算机 Apple-Lisa，这是全球首款将图形化用户界面和鼠标结合起来的个人计算机。Lisa 是一款具有划时代意义的计算机，其具有 16 位 CPU、滑鼠、硬盘，以及支持图形化用户界面和多任务的操作系统。Lisa 在 1986 年被终止，余货被埋在犹他州的垃圾堆填区，该款计算机被视为苹果公司最烂的产品之一。

1984 年 1 月 24 日，Apple-Macintosh 发布，该款计算机配有全新的、具有革命性的操作系统，成为计算机工业发展史上的一个里程碑，Mac 计算机一经推出就受到热捧，人们争相抢购，苹果计算机的市场份额不断上升。Macintosh 延续了苹果公司的成功，但苹果公司始终难以重返它最辉煌时的水平。

1985 年，乔布斯获得了由美国总统里根授予的国家级技术勋章。由于乔布斯坚持苹果计算机软件与硬件的捆绑销售，致使苹果计算机不能走向大众化之路，加上 IBM 公司也开始醒悟过来，推出了个人计算机，抢占了大片市场，使得乔布斯新开发的计算机节节惨败，苹果公司的总经理和董事们便把这一失败归罪于董事长乔布斯。

（2）衰落时期。

1985 年 4 月，经由苹果公司董事会决议，苹果公司撤销了乔布斯对公司的经营权，乔布斯几次想夺回权力均未成功，便在 1985 年 9 月 17 日愤而辞去苹果公司董事长职位。之后，Windows 95 系统诞生，苹果计算机的市场份额一落千丈，几乎处于崩溃的边缘。

（3）东山再起。

1997 年，乔布斯再次回到苹果公司担任董事长。

2001 年，苹果公司推出了 Mac-OS-X。2001 年 10 月 23 日，苹果公司推出的 iPod 数码音乐播放器大获成功，配合其独家的 iTunes 网络付费音乐下载系统，一举击败索尼公司的 Walkman 系列，成为全球占有率第一的便携式音乐播放器，随后推出的数个 iPod 系列产品更加巩固了苹果公司在商业数字音乐市场不可动摇的地位。2001 年 5 月，苹果公司宣布开设苹果零售店。

2007 年，苹果公司推出了 iPhone——一款结合了 iPod 和手机功能的科技产品，它也是一款上网工具和移动计算机。不到 3 个月的时间，苹果公司便成了世界上第三大移动电话的出厂公司。

2008 年，史蒂夫·乔布斯在 Mac-World 上发布了 MacBook-Air，这是当时最薄的笔记本电脑。

（4）后乔布斯时代。

2011 年 8 月 24 日，乔布斯辞去苹果公司首席执行官职位。10 月 5 日，乔布斯逝世。库克接手苹果公司后并未对公司作出重大改变，大致上依照乔布斯时代的方向继续营运公司。

3. 信息安全及自主可控

CNNIC 发布的第 49 次《中国互联网络发展状况统计报告》显示，截至 2021 年 12 月，62.0% 的网民表示过去半年在上网过程中未遭遇过网络安全问题，与 2020 年 12 月基本保持一致。此外，在遭遇各类网络安全问题的网民中，遭遇个人信息泄露的网民的比例最高，为22.1%；遭遇网络诈骗的网民的比例为 16.6%；遭遇设备中病毒或木马的网民的比例为 9.1%；遭遇账号或密码被盗的网民的比例为 6.6%，如图 6.6 所示。

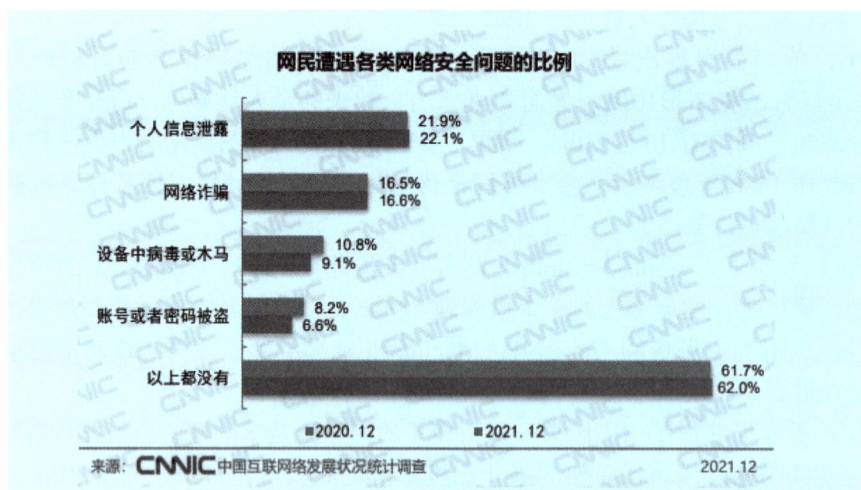

图 6.6　网民遭遇各类网络安全问题的比例

信息安全是指信息系统（包括硬件、软件、数据、人、物理环境及其基础设施等）受到保护，不会由于偶然的或恶意的因素而被破坏、更改、泄露，系统连续可靠正常地运行，信息服务不中断，最终实现业务连续性。

信息安全主要包括 5 个方面的内容，即需保证信息的保密性、真实性、完整性、未授权拷贝和所寄生系统的安全性。信息安全本身包括的范围很大，其中包括如何防范商业企业机密泄露、如何防范青少年对不良信息的浏览、如何防范个人信息的泄露等。网络环境下的信息安全体系是保证信息安全的关键，包括计算机安全操作系统、各种安全协议、安全机制（如数字签名、消息认证、数据加密等），直至安全应用系统，只要存在安全漏洞便可能威胁全局安全。

移动互联网发展到今天这样的程度，信息安全可谓无所不在，可以用一句话概括如今信息安全涵盖的范畴及重要性——没有信息化就没有现代化，没有信息安全就没有国家安全。

信息攻击的手段非常多，除了在芯片里预先留下一些问题，供应链攻击也是一个非常重要且广泛的攻击手段。除此之外，服务环节也是容易遭到攻击的重点环节，现在许多的智能设备在工作时是有能力收集信息的，这些被收集的信息可以通过服务环节泄露出去。例如，某些网络打印机实际上可以自主地对它所连接的安全网络发起攻击，即便是不发起攻击，也可以通过打印对内容进行监听，这样就可以在售后服务或维修设备时盗取信息，通过更换新的主板或进行例行维护把已经打印的信息传输出去。

网络空间已成为国家继陆、海、空、天四个疆域之后的第五疆域，与其他疆域一样，网络空间也需体现国家主权，保障网络空间安全也就是保障国家主权。

近年来，我国也高度重视关键信息基础设施的安全防护。习近平总书记在国家网络安全和信息化工作座谈会上指出，"金融、能源、电力、通信、交通等领域的关键信息基础设施是经济社会运行的神经中枢，是网络安全的重中之重，也是可能遭到重点攻击的目标"。同时，国家对企业提出了"自主可控"的期待和要求，一直以来，自主可控也被企业视为长期目标和努力方向。

自主可控就是依靠自身研发设计，全面掌握产品核心技术，实现信息系统从硬件到软件的自主研发、生产、升级、维护的全程可控。

自主可控是我们国家信息化建设的关键环节，是保护信息安全的重要目标之一，在信息安全方面意义重大。

自主可控是保障网络安全、信息安全的前提。能自主可控意味着信息安全容易治理，产品和服务一般不存在恶意后门并可以不断改进或修补漏洞；反之，不能自主可控就意味着具有"他控性"，就会受制于人，其后果是：信息安全难以治理，产品和服务一般存在恶意后门并难以不断改进或修补漏洞。

自主可控包括信息设备、基础芯片设备上所用的核心器件、最终服务的提供商及服务过程中所产生的数据都应该是自主可控的，并不是简单地被理解为计算机国产化，整个信息安全包含了网络设备及应用中所产生的文件，所有这些信息涉及的领域都要求达到自主可控的程度。自主可控可以分成两个阶段：第一个阶段应该做到"可控"，第二个阶段才是做到"自主"。

6.2.3　小组讨论——知名企业的兴衰和信息安全风险

1．Yahoo（中文名称为"雅虎"）公司从巅峰到被收购，传奇互联网公司经历了什么？搜索相关资料，讨论并列举类似的案例。

1994 年，年仅 25 岁的杨致远和同学大卫·费罗（David Filo）在斯坦福大学读书期间，共同创建了全球第一家提供互联网分类检索服务的网站——Yahoo。

Yahoo 公司开创了互联网领域最早成功的新商业模式——内容免费、广告收费的门户网站。Yahoo 公司陆续推出了具有开创性的 Yahoo 邮件、Yahoo 搜索和 Yahoo 游戏，2000 年，Yahoo 公司的市值一度达到 1280 亿美元，成为世界互联网的传奇。

2016 年，美国的拜仁公司仅用 48 亿美元就收购了 Yahoo 公司的核心业务，Yahoo 公司走到了历史的尽头。

2．结合下面的案例，讨论并列举更多的案例，我们应该如何应对和防范无处不在的信息安全风险？

【案例 1】2021 年 3 月 15 日，央视 3·15 晚会曝光了 3 起涉及个人信息安全的案例。

① 商家安装摄像头捕捉记录顾客人脸信息，多家门店共享并进行综合报价。

② 智联招聘、猎聘等平台中的简历给钱就可以随意下载，大量简历流入"黑市"。

③ 许多针对老年人开发的手机清理 App 暗中不断获取机主手机信息，并推送带有欺骗套路的内容。

【案例 2】中国台湾广达电脑公司被黑客入侵后遭到勒索。

2021 年 4 月，REvil 团伙称他们已经成功入侵中国台湾广达电脑公司。作为全球规模最大的笔记本电脑代工商之一，广达电脑公司参与到苹果公司官方产品的设计与组装流程中，最终导致苹果公司的产品数据及设计图落入攻击者手中。

遵循勒索行为的一贯套路，REvil 团伙在某暗网门户网站上发表帖子，表示由于广达电脑公司拒绝赎回这批失窃数据，因此 REvil 团伙决定将矛头指向信息内容涉及的各家主要客户。Evil 团伙共发布了 21 张 Macbook 产品设计图，并威胁除非苹果公司或广达电脑公司支付赎金，否则他们将每天披露更多新数据。

3．查阅资料并讨论，美国国家安全局为何要对西北工业大学进行网络攻击？用了哪些手段（工具）进行攻击？如何理解"没有网络安全就没有国家安全"？

2022 年 9 月 5 日，国家计算机病毒应急处理中心和 360 公司分别发布了关于西北工业大学遭受美国国家安全局网络攻击的调查报告，美国国家安全局（NSA）下属的特定入侵行动办公室（TAO）使用了 40 余种不同的专属网络攻击武器，持续对西北工业大学开展攻击窃密，窃取该校关键网络设备配置、网管数据、运维数据等核心技术数据。

作为拥有最强大网络技术实力的国家，美国以"国家利益"为幌子，违反国际法和国际关系基本准则，无视基本道德信义，对他国实施大规模网络窃密与监听监控，严重损害他国国家安全和公民个人信息安全。"网络霸凌"大国的种种行径暴露了美国才是全球网络空间不安全的罪魁祸首。

任务 3　信息伦理与职业行为自律

6.3.1　任务描述

现代社会信息技术飞速发展，这给我们的学习、工作和生活带来了极大的便利，但与此同时，我们也要认识到，互联网在为我们的生活提供便捷服务的同时，也存在很多信息伦理失范的现象，如生活中的虚假信息、隐私泄露、网络犯罪等。信息社会的每位公民对此都应该高度重视，自觉遵守信息伦理，并积极主动地参与到网络秩序的建设中来。

6.3.2　知识讲解

微课：信息伦理与职业行为自律

1. 信息伦理

信息伦理又称信息道德，它不是由法律来强制执行和维护的，而是以人们在信息活动中的善恶为标准，依靠人们内心的信念、相互之间的督促和网络平台的监督来维系的。

（1）信息伦理的提出是信息社会发展的必然产物。

1986年，美国管理信息科学专家梅森提出信息时代有4个主要的伦理议题：信息隐私权、信息准确性、信息产权、信息资源存取权，通常被称为"PAPA"议题。

在信息时代，信息的存在形式与以往的信息形态不同，它是以声、光、电、磁、代码等形态存在的。这使得信息具有"易转移性"，即容易被修改、窃取或非法传播和使用。加之信息技术应用日益广泛，信息技术产品所带来的各种社会效应也是人们始料未及的。例如，信息技术产品对传统人际关系的冲击。在信息社会，人与人之间的直接交往大大减少，取而代之的是间接的、非面对面的、非直接接触的新式交往。这种交往形式多样，信息相关人的行为难以用传统的伦理准则去约束。

信息社会中出现的信息伦理问题主要包括侵犯个人隐私权、侵犯知识产权、非法存取信息、信息责任归属、信息技术的非法使用、信息的授权等。一个普遍的现象是，网络信息的个体拥有性与信息共享性之间产生激烈冲突，由此产生了各种新的矛盾。这种矛盾应用以往的社会伦理法难以定义、解释和调解，为此制定的信息化相关法律和法规又具有相对的滞后性。这种现状需要信息化建设者、学术界和法律界共同研究和探讨。

（2）信息伦理是对信息法律的补充。

"信息伦理"作为一种伦理，主要还是要依赖于社会个体的自律。同时，只有借助于信息伦理标准提供的行为指导，个体才能比较容易地对自己所实施的各种信息社会行为作出伦理道德判断。在伦理标准"他律"的氛围下和自身反复实践的过程中，个体就可能将这种外在的准则内化为自己的道德意识。如果更多的个体将基本的伦理准则内化为自己自觉的道德意识，则可以推而广之，推断出信息社会的行为是非标准，这也是信息素养的体现。

同"网络伦理"相比，信息伦理包括网络伦理，但又不限于网络伦理。这是因为以数字化信息为中介的伦理关系不仅存在于网络之中，也存在于许多非网络的信息领域。因此，信息伦理的要求、准则、规约不仅要指导网络行为，还要作用于网络以外的其他形式的信息行为。

伦理、道德毕竟是一种软性的社会控制手段，在信息领域，仅仅依靠信息伦理无法完全解决问题，还需要硬性的手段（法律）来支撑。因此，信息立法就显得十分重要。信息领域的法律手段也需要信息伦理的补充，只有信息立法与信息伦理形成良性互动，才可能使信息领域、信息社会在有序中实现发展。

（3）信息伦理与构建和谐信息社会。

从伦理角度导入个人信息行为的规范，对于信息时代中不道德行为的防范将具有积极的效果。首先，信息伦理的构建将强调"人伦伦理"理念融入决策及生活细节中。伦理议题的复杂度高，范围广，社会、组织或协会所制定的规范条文不仅难以完全涵盖所有的情况，规范之间可能也会有冲突，因此，最积极的做法和最高的境界应当是从个人的伦理道德做起。

但是建立一套长久的一成不变且适用的伦理守则是不现实的。随着信息科技的成熟及信息化社会的形成，信息行为的决策者的行动不能从以往传统的单方面道德标准出发，而必须是随着情境而变，兼顾社会责任、权利、信息伦理等方面的因素，也就是在信息伦理的影响因素中，将由以个人经验和道德标准为主导转向以信息社会情境为主导来做决策。合法传播信息，崇尚科学理论，弘扬民族精神，塑造美好心灵，为信息空间提供有品位、高格调、高质量的信息和服务，是每个在信息社会生活的人应该树立的基本信息伦理标准。

2. 信息伦理相关法律法规

在信息领域，仅仅依靠信息伦理并不能完全解决问题，它还需要强有力的手段来做支撑，法律法规与国家强制力就是这个强有力的手段。在法律法规的威慑下，不仅可以有效地打击带来严重后果的行为者，还可以为信息领域构建一个较好的环境。

全球几个主要国家都已经发布了关于信息伦理与安全的法律法规。俄罗斯于 2006 年开始实施《俄罗斯联邦信息、信息技术与信息保护法》；美国于 2015 年开始实施《网络安全信息共享法》；欧盟于 2017 年开始实施《电子通信领域个人数据处理和隐私保护条例》，之后于 2018 年开始实施《一般数据保护条例》。

我国于 2017 年开始实施《中华人民共和国网络安全法》，于 2021 年开始实施《中华人民共和国个人信息保护法》、《中华人民共和国数据安全法》和《关键信息基础设施安全保护条例》。

习近平总书记在 2015 年 12 月 16 日第二届世界互联网大会开幕式上就讲过："网络空间不是'法外之地'。网络空间是虚拟的，但运用网络空间的主体是现实的，大家都应该遵守法律，明确各方权利义务。"

互联网经过超过半个世纪的发展，全球普及率已近三分之二，全球进入了数字文明构建的新时代和数字经济发展的新阶段，网络空间已经日渐成为与现实世界相一致的平行世界，现实世界中的各类问题也映射到了网络空间之中。

虚拟世界的背后是现实的网络空间主体，因此，无论是个人还是机构，其网上的行为依然是法律所规范的对象，网络空间绝对不是"法外之地"。

在网络上的社交通信、交易消费、视听娱乐及创新创业等社会行为都必须遵守法律法规，不得侵害别人的权利，更不能损害公共利益和危害国家安全。一个安全稳定的社会和一个风清气正的网络空间需要明确各方权利和义务，在法治的轨道上有序发展。我们既要尊重网民表达、交流的权利，也要维护良好的网络秩序，以保障广大网民的合法权益，促进数字社会的长治久安。

3. 职业行为自律

在信息社会中，我们无论从事何种职业，都应当自觉遵守信息伦理。尤其是作为准职场人的大学生们，更应当从各个方面明晰职业发展的行为规范。

（1）坚守健康的生活情趣。

古人说："欲多则心散，心散则志衰，志衰则思不达。"我们应当坚守健康的生活情趣，静心抵制诱惑，保持积极向上的人生态度，严防侥幸和不劳而获的心理。

我们的革命先辈已经为我们作出了表率。粟裕大将曾在抗日战争和解放战争中为新中国作出了巨大的贡献，除了擅长打仗，他基本没有什么其他爱好。他喜欢研究地图，被称为"图痴"。每到一地，他不是游山玩水，而是察看地形，思考怎么进攻、防守。老一辈革命家做到了坚守健康的生活情趣，那么作为接班人的我们也应努力做到。

（2）培养良好的职业态度。

职业态度是指个人对所从事职业的看法及在行为举止方面的倾向，积极的职业态度可以促使人自觉学习职业知识，钻研职业技术和技能，并对本职工作表现出极高的认同感。

当神舟十二号载人飞船的"太空出差"再次吸引世界目光之时，"时代楷模"、全国五一劳动奖章获得者徐立平早已带领中国航天科技集团公司四院固体火箭发动机药面整形班组投入到另外的工作中了，此前神舟十二号火箭逃逸系统固体燃料药面的微整形就是由他们班组完成的。

在火药上动刀，每次落刀都能听到心跳声。一旦操作不当，就会引起燃烧甚至爆炸。30多年间，徐立平一直保持着 100% 合格率及零失误。从青春岁月到年逾半百，徐立平守恒如常，日渐佝偻的脊背扛得起大国工匠的担当。

我国自古就有尊崇和弘扬工匠精神的传统。《诗经》中的"如切如磋，如琢如磨"反映的就是古代工匠在雕琢器物时执着专注的工作态度。"庖丁解牛""巧夺天工""匠心独运""技近乎道"……经过千年岁月洗礼，这种精益求精的精神品质早已融入中华民族的文化血液。

在当今时代，传统意义上的工匠虽然日益减少，但是工匠精神在各行各业传承不息。小到一颗螺丝钉、一块智能芯片，大到卫星、火箭、高铁、航母，它们背后都离不开新时代劳动者身体力行的工匠精神。

2020 年 11 月 24 日，习近平总书记在全国劳动模范和先进工作者表彰大会上指出，大力弘扬劳模精神、劳动精神、工匠精神。同年 12 月 10 日，习近平总书记致信祝贺首届全国职业技能大赛举办，强调培养更多高技能人才和大国工匠。

（3）秉持端正的职业操守。

从内涵上讲，职业操守主要是指人们在从事职业活动中必须遵从的道德底线和行业规范。它具有基础性和制约性的特点，所有从业者都应该做到。它既是对从业人员在职业活动中的行为要求，也是从业人员在社会上所承担的道德、责任和义务。

每个行业及每个岗位的从业人员都应秉持职业操守，保持高度的责任心。除了常见的员工手册、岗位说明书等相关文件里约定的职责、权限和工作规范，作为个体，更重要的是有内在的道德和尺度进行自我约束。法官履职时的公正审判、医生治病时的对症下药、企业销售人员提供服务时的合法合规营销等都可以看作是职业操守的践行。

我们应当秉持端正的职业操守，遵守行业规章制度，坚持严于律己，不做损人利己的事情，对工作的公、私事务和信息数据守口如瓶。

（4）维护企业的核心利益。

企业的核心利益包含核心的商业利益、核心的优秀员工、核心的竞争技术、本企业的营销方法和管理制度。作为企业的一员，应当自觉维护其核心利益，这也是在维护员工自身的利益，一旦员工出卖企业的利益谋利，轻则被企业除名，重则将受到法律的严惩。

"删库跑路"的段子一直在 IT 行业里广为流传，是很多程序员发泄压力的口头禅。其意思是互联网公司中掌握着重要信息的系统研发人员，在离开公司时由于各种不满情绪等，在未经公司许可的情况下，轻轻敲下一段代码便能删除所有文件，让公司损失惨重，从而达到自己宣泄情绪的目的。但这样做的后果是极其严重的。

广为人知的便是 2020 年 2 月 23 日，港股某上市公司的一位 IT 运维员工贺某因生活不如意、无力偿还网贷等，在其个人住所通过计算机连接公司虚拟专用网络，登录公司服务器后执行删除任务，只用了 4 分钟便将公司服务器内的数据全部删除。贺某的"删库"行为导致 300 余万名用户无法正常使用该公司的 SaaS 产品，故障时间长达 8 天 14 个小时。该公司"删库"事件发生后，次日开盘，该公司的市值蒸发超 6 亿港元。2020 年 9 月，贺某被判处有期徒刑 6 年。

企业在平时就应完善相应的安全机制和管理制度，做好备份恢复和权限管理，防患于未然；程序员是互联网公司中掌握着重要信息的系统研发人员，通过删除数据宣泄情绪是极其错误的行为，不仅会对公司经营造成严重影响，还将受到法律的严惩。

（5）规避产生个人不良信用记录的风险。

不良信用记录一般有贷款逾期、信用卡逾期、信用卡套现、给不良信用人担保等，一旦个人存在不良信用记录，就需要承担以下不良影响：

① 办理银行贷款、信用卡，以及在其他正规查征信的平台办理业务，难度会加大，甚至可能会被拒绝。

② 如果一个人存在严重不良信用记录，被列为失信被执行人，则其会被限制各种高消费，无法坐飞机、高铁卧铺等，影响出行；并且影响就业，尤其是国企、事业单位等，甚至一些私企的管理层也不能担任。

③ 个人无形资产的损失。

④ 影响未来的经济生活质量。

个人不良信用记录给本人带来的影响是多方面的，这也警醒着我们要保护好个人信息，珍惜信用，远离违约！规避产生个人不良信用记录的风险。

6.3.3　小组讨论

1. 近年来，我国不断推动以政务、商务、社会、司法等四大领域为主体的信用体系建设，逐步实现社会信用信息化的全面覆盖，积极利用新技术打造网络伦理约束新业态的格局雏形初现，包括由市场监管总局牵头的基于企业诚信的"金信工程"，由教育部牵头的基于学历验证的"学信网"，由人民银行牵头的基于信贷消费的"黑名单"（征信体系），由最高人民法院牵头的基于惩戒失信被执行人的"曝光台"等。其中，构造网络安全征信体系，须在信用记录建设、信用信息共享平台建设、失信行为联合惩戒制度、信用服务机构管理、制度标准建设等五方面实现突破。请列举相关案例并谈谈失信的代价。

2. 纵观世界，信息欺诈、信息侵权、数字破坏、病毒肆虐、黑客横行等一系列不道德甚至是违法犯罪的行为屡见不鲜，但更不能忽视的是，道德冷漠、道德观念紊乱、人性退化与人格嬗变、西方强势国家的思想渗透和文化侵蚀等不良现象已经严重危害到我们的国家安全与社会稳定。这些纷繁复杂的信息伦理问题已经成为我们必须面对的危机与挑战。找一个或若干个大家有兴趣的信息伦理问题组建小组讨论一下，并谈谈你的观点。

3. 讨论如何理解"德才兼备的高素质人才，也应该是信息素养高和社会责任感强的人才"？